撤退戦

戦史に学ぶ決断の時機と方策

齋藤達志
防衛省防衛研究所
戦史研究センター

中央公論新社

はしがき

クラウゼヴィッツによると〝戦争は拡大された決闘にほかならない〟[*1]という。決闘は、勝者と敗者を生む。それは戦闘における勝敗の積み重ねによる。当事者は、この勝敗をどのように見きわめ、それをいつ決断し、その後の行動を律するのであろうか、それも戦争という生死を賭けた特殊な環境のもとで。本書は、このように大小さまざまな戦場における戦闘において、当初の目的を諦め、新たな目的を達成するために行う撤退という行動について探究することがテーマであり、狙いである。

しかしこれは容易《たやす》いことではない。戦場の事実というものは一面をもってしては決して十分ではない。戦争経験があるということですらただ一面的断片的に、また不完全に戦争の現実を知っているに過ぎないのである。小隊長や中隊長も、師団長、軍司令官でさえも、戦争全体を見届けることはできないのである。もし、一面的な戦争の実相以上に戦争を知ろうとするならば、戦史に学ぶしかない。つまり、戦史は史料に基づき、冷静かつ専門的な言葉で戦争の実相を事実そのものに語らせるのである。これが先の狙いを達成するための本書のアプローチである。

また本書では、第一次世界大戦、第二次世界大戦、朝鮮戦争の戦例を取り上げている。しかし、なぜこのような古い戦史を用いるのか、という疑問が残るであろう。トゥキュディデスの名著、『戦史』は、紀元前五世紀前後のペロポネソス戦争を描いている。これは、エーゲ海を舞台にアテネとスパルタを中心とする同盟が覇権をめぐる物語である。ペロポネソス戦争の中でアテネとスパルタはさまざ

・ダーダネルス作戦、ガリポリ半島からの撤退――遠すぎたアチババ高地――
・ダンケルクへの撤退とダイナモ作戦の発動――イギリス遠征軍司令官ゴート卿の決断――
・中国軍介入と三八度線への撤退――国連軍司令官マッカーサーの決断――
・スターリングラード包囲環からの脱出――ドイツ第六軍司令官パウルス元帥の決断、服従か不服従か――
●第二部　軍最高統帥機関の決定で行われた撤退
・ガダルカナル島からの撤退――官僚組織にみる積み上げによる意志決定――
・インパールからの撤退――統帥乱れて――
・キスカからの撤退――天佑神助の撤退作戦――
●第三部　現地指揮官の決断で行われた撤退
・沖縄戦、第三二軍の南部島尻への撤退――作戦第一主義がもたらした決断――
・ノモンハン事件における、第二三師団捜索隊の無断撤退――自決に追い込まれた第二三師団捜索隊長――

撤退に関する著書では、個人の戦争体験記をまとめた斉藤芳郎『撤退』（田中書店、一九七五年）、有近六次他『撤退』（潮書房光人社、二〇一七年）、また軍事と企業経営の類似点を分析した杉之尾宜生・森田松太郎『撤退の本質』（日本経済新聞出版社、二〇一〇年）、太平洋戦争の失敗の本質についての対談をまとめた半藤一利・江坂彰『撤退戦の研究』（青春出版社、二〇一五年）などがある。確かにこれらの先行著書が示すようにこれからの日本は少子高齢化社会を迎え確実に人口減少が進み、さらに気候変動、各種感染症対策、科学技術の進化などは多くのイノベーションを生み、社会体制を

撤退戦

戦史に学ぶ決断の時機と方策

第一部　国家首脳の最高決断で行われた撤退

第一章　ダーダネルス作戦、ガリポリ半島からの撤退

―遠すぎたアチババ高地―

ハミルトン将軍の地中海遠征軍総司令官任命

ガリポリ半島は、北端ブライル地峡から南端ヘレス岬に至る南北約八三キロ、東西最広部は幅約二五キロ、最狭部はブライル地峡において約五キロであり、サロス湾及びエーゲ海に面する西南岸はほとんど一連の断崖をなし、諸所に狭小な砂浜を有する。半島は概ね標高五〇〜三五〇メートルの連山をもって覆われ、ザリバール、パシャダ、アチババの三高地は、特に戦術上重要である。

ダーダネルス作戦の目的は、政略上は、オスマン帝国の圧力を緩和させ、バルカン諸国を連合国側に引き入れ参戦させる、というものであり、戦略上は、①コンスタンチノープル（現イスタンブール）を攻略し、コーカサス、メソポタミア並びにエジプト方面におけるオスマン帝国の積極的行動を封鎖する、②海峡を開通し、ロシアと連合国との軍需品並びに糧食の調整を良好にする、というもので最大の推奨者は、イギリス海軍大臣ウィンストン・チャーチルであった。

英仏艦隊司令長官サックヴィル・カーデン中将は、海峡通過を強行すべき命を受け、一九一五年二月一九日からダーダネルスにおけるオスマン帝国の陸上砲台に対する砲撃を開始し、三月五日から本攻撃を試みた。しかし、海軍のみによる攻撃では目的を達成することは不可能であることが明らかとなり、イギリス政府において陸海軍協同作戦の必要性が議論されるようになった。そのため、イギリス、フランス両国の遠征軍を急遽ダーダネルス方面に輸送するに決し、陸軍大将サー・イアン・ハミルトン将軍を、地中海遠征軍総司令官に任命した。地中海遠征軍は、イギリス軍、フランス軍、植民軍団で編組されていた。[*1]

アチババ高地

ハミルトン将軍は、三月一五日、ロンドンを出発し、一七日、テネドス島（ヘレス南南西約二五キロ）に到着した。ハミルトン将軍は、直ちに英仏艦隊司令長官ジョン・ド・ロベック中将（カーデン提督の後任）らと軍事会議を行い、①レムノス島（ヘレス西南西約七〇キロ）ミュドロス湾に集合した遠征軍輸送船は、人馬、兵器などの搭載要領が揚陸に適さないため、直ちにアレクサンドリアに帰航し、揚陸に必要な積替えを行うこと、②ド・ロベック提督指揮下の全艦隊をもって、三月一八日総攻撃をゼナロスに試みること、が決められた。[*2]遠征軍輸送船のアレクサンドリア帰航については、輸

サー・イアン・ハミルトン将軍

送船への搭載要領が、歩兵大隊と運搬車両、荷馬車と馬、大砲と弾薬、砲弾と信管すら別々にされている[*3]など全く無計画なため、ハミルトン将軍の幕僚たちが、遅延によって起こる危険は、軽率な攻撃に比べればまだ安全であるとしたことによるものであった。[*4]

三月一八日朝以来、英仏艦隊は総攻撃を開始したが、戦艦三隻と多数の艦艇の損害を出し、約二〇〇〇名の将卒を失うなど失敗した。ハミルトン将軍は、この海軍の総攻撃とその惨憺たる姿をイギリス艦「フェトン」艦橋で観戦していた。[*5] 三月二二日、ド・ロベック提督は、ハミルトン将軍に、「貴下の全部隊の助力がなければやり抜くことができないことをはっきり知りました」と語った。[*6]

ダーダネルスに対する陸海軍協同作戦の計画は、英仏艦隊総攻撃以前からイギリス、フランス両政府により熟議されていたが、海軍の総攻撃失敗にともないさらに具体化された。

四月一七日、ハミルトン将軍は、ガリポリ半島の海岸線を偵察した結果、一般上陸地をヘレス岬方面及びザリバール方面に選定した。また、これらの地域のうち、ヘレス岬方面は、S、V、W、X、Y、ザリバール方面はZの六地点を選定した。ハミルトン将軍の上陸方針は、「連合軍の上陸は、海軍援助のもとに一部をもってアジア側に、主力をもってZ点及び半島南端付近に同時に強行上陸を開始し、第一回の上陸が終了すれば、速やかにその兵力を増加して占領地を保持する」というものだった。また一旦アレクサンドリアに帰航した船団が再びミュドロス湾に集合するのが、四月二〇日であったので、上陸決行日を四月二五日とした。上陸部署は、前々日に艦隊をもって陽動作戦を行うほか、以下のようにした。[*7]

①第二九師団及び海兵師団の一部

本上陸を、V、W、X点上陸部隊に区分し、四月二五日一七時三〇分、約三〇分の艦砲射撃の後、一斉に上陸を実施し、直ちにクリシヤに前進し、続けてアチババ高地を占領する。副上陸を、S、Y点上陸部隊に区分し、本上陸部隊に先立ち上陸を開始し、オスマン帝国軍を牽制して本上陸部隊の上陸を容易にする。

②オーストラリア及びニュージーランド軍団

二五日未明、Z点に上陸し、マイドス市に前進する。

③フランス軍

クムカレに上陸して、オスマン帝国軍を牽制し、ガリポリ半島におけるイギリス軍の上陸を容易にする。

ガリポリ半島への上陸

ミュドロス湾に集合した多数の遠征軍輸送船は、四月二三日午後五時出発し、二四日午前、テネドス沖に到着し、各種軍艦、各艦船等に移乗、二五日払暁前にヘレス岬付近の集合点に到着した。午前五時、戦艦四隻、巡洋艦四隻からなる第三艦隊は所定の位置につき、一斉にオスマン帝国軍陣地に対し砲撃を開始した。この間、上陸部隊は牽引されてきた各種舟艇に移乗した。[*8]

四月二五日早朝から開始された上陸作戦の二六日までの概況は、次の通りである。フランス軍混成

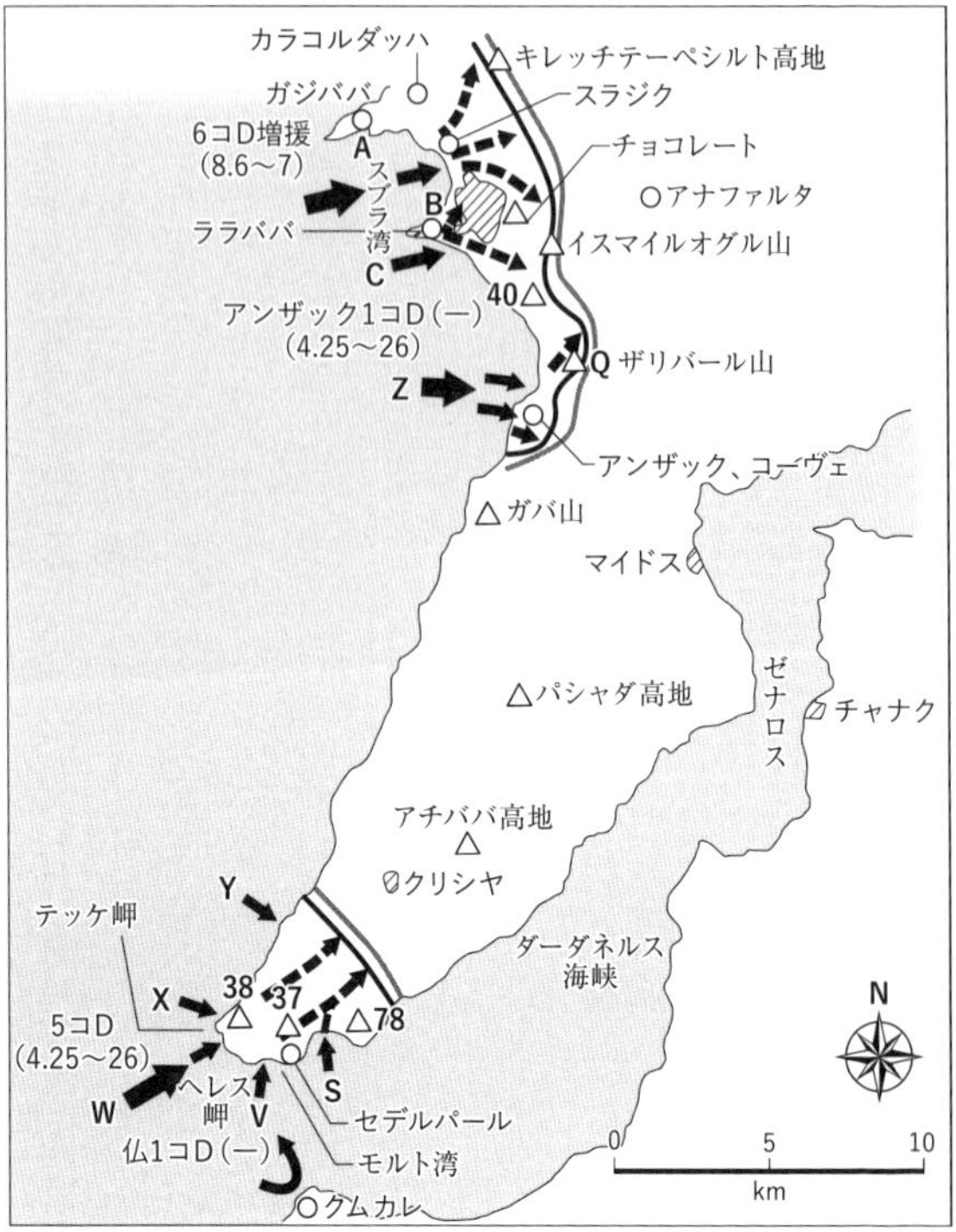

ガリポリ上陸作戦戦況図

約一個連隊は、クムカレに上陸したが、オスマン帝国軍の逆襲等により翌二六日に至り撤退するに至った。イギリス軍は、半島南端ヘレスのS、V、W、X、Y及びZの六ヶ所に同時上陸を開始し、S点は七八高地の旧砲台を占領し、V点は上陸困難を極めたが二六日に至りようやく三七高地を占領した。W及びX点はテッケ岬付近の三八高地において連絡し、半島の一角に地歩を占めた。Y点はクリシヤ方面からのオスマン帝国軍の逆襲により、二六日、上陸点を放棄し、退却乗船するのやむなきに至った。Z点におけるオーストラリア、ニュージーランド軍団の上陸は成功して、ザリバール付近において一地歩を獲得した。

ハミルトン将軍は、この状況から速やかに半島南端ヘレス上陸諸部隊にモルト湾東方七八高地からテッケ岬北方約四キロ、ザグヒール河口にわたる間を占領するよう総攻撃を命令した。イギリス軍は、直ちに攻撃前進に移り、大きな抵抗を受けることなく予定の線を占領した。二八日、ハミルトン将軍はさらに占領地区を拡張して後方における行動の自由を獲得することを目的として、クリシヤ占領を諸隊に命じた。しかし、オスマン帝国軍の逆襲が激化したため、現戦線を維持するに止まった。よってハミルトン将軍は、ケレベス河右岸よりクリシヤ南方を経てテッケ岬東北方約四キロの海岸にわたる現戦線を橋頭堡として堅固に確保するに決し、これを第二九師団に命じた。この上陸作戦において、イギリス軍の死傷者は約一万に上ったといわれる。一方、四月二五日Z地点に上陸したサー・ウィリアム・バードウッド中将指揮するオーストラリア・ニュージーランド（アンザック）軍団は、アンザック、コーヴェを中心とする橋頭堡を占領した。[*9]

ガリポリ正面の防衛を担うオスマン帝国軍の指揮官は、第五軍司令官ドイツ陸軍大将リーマン・フォン・ザンデルスであった。ザンデルス将軍は、ガリポリ市に位置し、四月二五日早朝、軍艦に掩護された輸送船がザロス湾に進入し、さらにガバ山付近に上陸、続いてガリポリ半島南半部にイギリス軍が上陸し激戦中、との報に接した。

これらからザンデルス将軍は、二五日夕に至り、イギリス軍の上陸は半島南半部に行われるものと判断し、第七師団及び第五師団をガリポリ市北方の埠頭から水路マイドスに向かい前進させるに決した。一方、アジア側のクムカレ正面を担当する第三師団長ニコライ大佐は、午前四時三〇分、監視隊からフランス軍のクムカレ上陸の報告を受け、師団主力をもって夜襲を行ったが天明となり後退を命じた。しかし、上陸したフランス軍が逐次撤退をはじめたため追撃を命じたが艦砲射撃により断念せざるを得なかった。[*10]

クリシヤ方面の状況

ハミルトン将軍は、五月二日、一層有利な地歩を確保しようと第二九師団、インド独立第二九旅団、海兵師団の一部及びフランス第一師団をもってクリシヤを攻撃するに決し、全軍の攻撃前進を命じたが、オスマン帝国軍に阻止され、三日後、多大の損害を受けて攻撃を中止した。ハミルトン将軍は、なお本作戦を続行する必要性を主張し、その兵力の不足を感じ五月一〇日さらに二個師団の増援をイギリス本国政府に要求した。然るにイギリス本国における世論においてダーダネルス方面の問題は重視されておらず、単に第五二師団を増派するに止まり、これが五月下旬にガリポリ半島南端に上陸した。また、六日から八日にわたり、アンザック方面から転用した部隊、新たに上陸した部隊も含め、艦砲射撃の掩護の下、再度攻撃を試みたが、局部的な成果を得るのみでオスマン帝国軍の逆襲により多大の損害を被り中止した。ハミルトン将軍は、さらに要塞に対する正攻法、つまり、塹壕戦、坑道戦等の準備を行い、六月四日第三回目のクリシヤ攻撃を行ったが、またもや失敗に終わった。

一方、三月一八日の総攻撃以降も、艦隊の前進派は、海上から要塞を鎮圧し、機雷敷設原を掃海し、海峡を突破し、マルモラ海に進入することが実行可能だと固く信じ、この仕事を果たすことが海軍の任務であると、ド・ロベック提督に迫っていた。彼らは陸軍の攻撃失敗を口惜しがり、海軍省に対し海軍の攻撃再開を意見具申せよと迫り、遂にド・ロベック提督は、五月一〇日、海軍の攻撃を再開しようとする決意を表明して海軍省に打電した。[*11]

当時海軍大臣であったチャーチルは、基本的に海軍が攻撃を再開することには賛成であったが実行させなかった。なぜならば、陸軍大臣元帥ホレイショー・ハーバート・キッチナー卿が、ハミルトン将軍へさらに部隊を増援する意図であったこと、第二にイタリアがまさに参戦しようとしており、英伊海軍協定により戦艦四隻、軽巡洋艦四隻の派遣の義務を負っていたこと、第三にドイツの潜水艦がすでにエーゲ海に到来していたこと、からだった。こうしてチャーチルは、ド・ロベック提督に、提督の任務は陸軍の前進を援助するにある旨を伝えた[*12]。

五月一四日には、イギリス本国において戦時会議が行われた。ここでは、遠征軍がガリポリ半島において困難な状態にあること、また、英仏艦隊が遊兵化していることが議論された[*13]。一七日、ハミルトン将軍は、兵力の不足を本国政府に訴え増援を要求した。これに対し、六月七日、ロンドンで、首相、陸海軍大臣など九人の閣僚で構成されたダーダネルス委員会の第一次集会があった。キッチナー卿は、増援とともにダーダネルスで一大決戦を敢行することの得策について主張し、もしガリポリ半島攻撃放棄を決定するならば自らは職を辞すると述べた。そこで一同は、新編成軍の二個師団をハミルトン将軍のもとに七月第二週に増援すること、海軍の艦艇、軽巡洋艦二隻、砲艦十数隻、潜水艦六隻などを送ることにした。これは九日の閣議に上程されたが、最終的には三個師団派遣することに落着した[*14]。しかし、この決定のために二、三週間の日数が無為にすごされ、オスマン帝国軍に貴重な時間を与えたのである。

また、七月第一週の末、キッチナー卿は、ダーダネルス派遣の途上にある増援軍に、さらに第五三地方師団と第五四地方師団を増派することを決心した。この二個師団は、ガリポリまで三週間の航海を必要とした[*15]。ガリポリ半島大攻撃の時期は、二つの要因、すなわち、新鋭軍隊の到着と月の明暗の状態に大きく関係していた。新地点に奇襲的に上陸を敢行するには、月のない夜に行うのが最も効果的だと考えられた。そのため七月の適当な時期に間に合わなければ、八月まで、待たねばならなかった。

スブラ湾におけるイギリス軍の上陸作戦

ハミルトン将軍は、ガリポリ半島に増援軍を得るに至り、この上陸正面を、①アンザック方面に増加し海峡最狭部を衝く、②アジア側に上陸し、チャナックを衝く、③エノスまたはイブリッジに上陸しブライル地峡を占領する、④スブラ湾に上陸し、ザリバール山を占領し半島の腰部を制する、と四案を考察したが、ドイツ潜水艦からの安全性、強風対処の容易性、飲用水確保の容易性、クリシヤ及びアチババ高地方面の敵を孤立させるなどの観点から④のスブラ湾正面への上陸を採用した。[*16] そして、ハミルトン将軍は、八月六日、この増援された部隊をアンザック及びスブラ方面に上陸させ、まずザリバール山を占領し、次いでガリポリ半島を横断し、該半島のオスマン帝国軍をその策源地から遮断して孤立させ、速やかにガリポリ半島を攻略しようと企図した。その間、オスマン帝国軍を半島南端に拘束するため、七月一三日第四回クリシヤ攻撃を開始したが、多数の死傷者を出し失敗した。

ハミルトン将軍は、編成したスブラ湾上陸軍を、第九軍団長サー・フレデリック・ストップフォード中将指揮する第一〇、第一一師団、総予備を第五三、第五四師団とし、イムブロス島に控置した。そしてハミルトン将軍は、第九軍団長ストップフォード将軍に、八月六日午後一〇時三〇分からスブラ湾におけるB点及びC点に上陸し、翌七日天明までに歩兵三個旅団を揚陸し、まずイスマイルオグル山、チョコレート山並びにスブラ湾東北方キレッチ山にわたる線を占領しこれを維持、爾後、第五

三、第五四師団をもってアナファルタ付近一帯の高地を占領し、爾後北方からザリバール山の敵を攻撃せよと命令した。

ストップフォード将軍は、ハミルトン将軍の命令に基づき、八月六日午後一〇時三〇分から第一一師団をもってA点に歩兵第三四旅団、B点に歩兵第三二旅団、C点に歩兵第三三旅団を揚陸させ、爾後第一〇師団をB点、C点から揚陸させ、ビユックアナファルタ方面に前進し、アンザック上陸軍を援助させることを計画した。[*17]

第九軍団は、八月六日午後一〇時三〇分から歩兵第三四旅団をA点に、歩兵第三二旅団をB点に、歩兵第三三旅団をC点に揚陸開始した。B点及びC点上陸部隊はなんら敵の抵抗を受けることなく揚陸を完了したが、A点上陸部隊は早期に発見され、ララババ及びガジババ高地から十字砲火を受け、ガジババ付近に上陸点を変更するのやむなきに至った。B点上陸部隊は、直ちに北進してその二大隊はララババのオスマン帝国軍を急襲して該高地を占領し、さらに北進してA点上陸部隊を救援した。A点上陸部隊の一大隊は、ガジババ付近に上陸後直ちにカラコルダッハ高地に前進し、同地のオスマン帝国軍を駆逐しこれを占領した。第一一師団は、ようやく七日天明までに揚陸を完了したが、ララババ高地南方より一〇高地並びにカラコルダッハ高地の一角を占領するに止まり、しかも暗夜敵前に揚陸したため混乱を極めた。七日正午頃、第一〇師団長は部下歩兵四個大隊を率いガジババ付近に揚陸し、すでにC点に揚陸した歩兵第五大隊とともにキレッチテーペシルト高地の占領に着手した。七日夕までには、第一線部隊は、概ねヘットマチャイル及びチョコレート山よりスラジックを経てキレッチテーペシルト高地西方にわたる線に進出し、オスマン帝国軍と対峙した。

八月八日朝、ハミルトン将軍は、スブラ湾方面に派遣した作戦主任参謀アスピナル大佐から、敵の兵力微弱にもかかわらず我が上陸部隊が攻撃前進しないとの報告を受けた。そのためハミルトン将軍は、スブラ湾に向かい午後五時頃、軍艦「ジョンクイル」内にいた第九軍団長ストップフォード将軍と会った。ストップフォード将軍は、万事うまくいき好都合であるが、高地をもし占領したならば、本格的戦端が開かれるかもしれぬから翌朝まで延期するに決したことなどを報告した。ハミルトン将軍はこの報告に不満を表明し、ストップフォード将軍にイスマイルオグル山及びテッケ高地を直ちに攻撃すべきことを力説した[*18]。

しかし、ストップフォード将軍が幾多の反対意見を述べたため、遂にハミルトン将軍は、海岸の第一一師団司令部を自ら訪れることに決した。第一一師団長ハムマースリー将軍は、情勢報告を判然と成し得ず、相当長い議論の末、スラジク付近にある第三二旅団が攻撃できると述べた。ハミルトン将軍は、師団長ハムマースリー将軍に、「この旅団を進撃させ、山頂に骨を埋めさせる心算だ」と自らの意図を伝えた[*19]。しかし、この命令下達などに多くの時を要し、ようやく翌九日午前四時攻撃を開始したが撃退された。こうしてスブラ湾上陸軍が攻撃を躊躇している間、オスマン帝国軍は陣地を堅固にし、続々増援軍を得て、爾後、塹壕戦へと移行した。八日朝までにスブラ湾に上陸したイギリス軍の総兵力は三万五〇〇〇人、オスマン帝国軍のこれに対するものわずかに四〇〇〇内外、実にイギリス軍はオスマン帝国軍に優る一〇倍近い兵力をもち、上陸当初、その奇襲的作戦が成功したにもかかわらず、上陸後の作戦拙劣を極め、遂に上陸の目標を達成できなかった[*20]。

この時、半島南端上陸軍は、スブラ湾方面の上陸を容易にするため、牽制の目的をもって八月六日午後、クリシヤ方面に対し攻撃を開始したが、すでにオスマン帝国軍は二個師団の増援を得ており、成功するに至らなかった。この正面も九日には戦闘が収束し、爾後対陣の姿勢に陥った[*21]。

一方、アンザック方面上陸軍は、四月上陸以来オスマン帝国軍と対峙していたが、七月下旬、クリシヤ方面から二個旅団を増加し、次いで八月四日から六日にも第一三師団及びインド独立第二九旅団を転送され、同時に新来の第一〇師団の歩兵第二九旅団が到着し、その兵力三万七〇〇〇、砲七二門となった。このアンザック上陸軍も八月六日総攻撃を開始し、スブラ湾上陸軍と相策応したが、右翼部隊は六日夕、激戦の後オスマン帝国軍の最堅固なるローンパインを占領し、左翼部隊は七日朝までにQ高地を、その一部は四〇高地を占領したが、若干の地歩を進めたに過ぎなかった。[*22]

スブラ湾上陸軍は、八月九日以後、数回オスマン帝国軍陣地に対し攻撃を試みたが、すでに機を失し、オスマン帝国軍はますます増援部隊を得てこれに対抗した。ハミルトン将軍は、八月一一日、予備としていた第五四師団を第九軍団に増援したがなんの効果もなかった。

ハミルトン将軍は、自分の思うように事が運ばないのは運が悪いのでもなければ、自分の計画がよくないのでもなく、指揮下の軍団長が無能だからであると思っていた。[*23]そして八月一三日になって、第九軍団司令官の失態が極めて重大であることが明らかになるに連れて、ハミルトン将軍は、「部下に実戦の体験のない老齢の将官を押しつけられるようなことになる前に、辞任するべきではなかったか」と考えるようになった。[*24]

スブラ湾上陸作戦においては、さらに八月一五日と二一日の激戦があった。第五四師団が上陸し、その掩護を受けて一五～一六日の二日間、第一〇アイルランド師団の二個旅団が、スブラ湾の北方の限界となっているキレッチテーペシルト高地を海軍の艦砲射撃の支援を得て攻撃した。はじめは好調に進撃したが、逆襲と砲撃により、その占領した陣地の大部分を放棄せざるを得なかった。オスマン帝国第五軍司令官ザンデルス将軍は、「もし一五、一六日における戦闘で、イギリス軍が、キレッチテーペシルトを占領確保したならば、我が第五軍の戦況は不利に陥ったであろう」と述べた。

八月二一日にも戦闘が開始され、イスマイルオグル山占領が目標となった。このために、第二九師団をヘレスから派遣し、さらに第一〇、第一一、第五二、第五四師団を増援するために、エジプトから義勇農民歩兵隊を派遣し、アンザック左翼部隊の精鋭も参加するなど可能な戦力をすべてスブラ湾に集中した。しかし、すでにオスマン帝国軍は、堡塁を整備し、強大な陣地を擁していた。戦闘は激烈を極めたが、全体の戦況は上陸軍にとってきわめて不利であった。この戦闘は、半島で行われた戦闘中最大のものであり、イギリスの戦死者は四万五〇〇〇に及んだ。八月一六日、ハミルトン将軍は、攻撃を続行するためには、五万の小銃と四万五〇〇〇の増援軍が必要である旨を、キッチナー卿に通告していた。[25]

ハミルトン将軍は、悪夢にうなされていた。「ダーダネルス上陸作戦は、我々を破滅させることになりかねない作戦である」[26]というのである。八月二三日、ハミルトン将軍は、八月二一日の戦況を報告し、かつ連日塹壕戦及び疾病のため部隊が減少するに及んで、スブラまたはアンザックのいずれかを撤去することにより戦線を短縮する必要性を説いた。キッチナー卿はこの報告を得て少なからず失望した。[27]八月二三日までに、第九軍団長ストップフォード将軍、第一〇、第一一師団長はいずれも更迭された。

一方、オスマン帝国軍はどう対応したのであろうか。イギリス軍のスブラ湾上陸直前のオスマン帝国軍の兵力は、半島南端上陸軍に対処する南方兵団（司令官ウエーベル・パシャ将軍〔ドイツ人〕）、第四、第五、第一一師団）、アンザック上陸軍に対処する北方兵団（司令官第三軍団長エッサート・パシャ将軍〔ドイツ人〕）、第九、第一一師団の各一個連隊）、中間地点に位置する軍総予備隊（第九師団)、半島東北部守備隊（第七師団、第一二師団）などが主なものであった。[*28]

第五軍司令官ザンデルス将軍は、諸情報により連合軍がザロス湾方面に上陸を企図するという兆候を認めた。八月六日、北方兵団に陸兵上陸との報告に接し、総予備である第九師団主力を北方兵団の左翼後方に召致し、連合軍の上陸に備えた。この日、南方兵団司令官ウエーベル・パシャ将軍はヘレス方面における連合軍を拘束する目的をもって総攻撃を開始した。軍司令官ザンデルス将軍は、この状況を承知し、ザロス湾防御のため半島東北部守備に任じる第七、第一二師団、アジア側守備に任じる第三師団主力をアナファルタ平地に、南方戦場にある第四師団を北方戦場に召致し、第九師団主力を北方兵団司令官の隷下に配属した。この態勢をもって塹壕戦となり、爾来四ヶ月対陣の姿となった。[*29]

この時期、イギリスの戦時内閣はすでにその主要な関心をフランス西部戦線へ移していた。このことは、現在のところガリポリ正面に対しては、通常の兵員の補充以外は何もできないということを意味していた。そのような時、九月二日、フランス政府が突然、新たに一軍をダーダネルスへ派遣するという決定をした。すでにヘレス岬にいる二個師団と合流するために、四個師団のフランス軍をダーダネルス海峡のアジア側に上陸させるというのである。これを知ったハミルトン将軍は全く信じられない思いがした。しかし、フランス軍総司令官ジョセフ・ジョッフル将軍は、西部戦線における九月の攻勢の終了まで、フランス軍をダーダネルスへ派遣するべきではない、と主張した。キッチナー卿は、ハミルトン将軍にこの新たな将兵が到着するのは早くても一一月中旬になるであろう、と言った。ハミルトン将軍はその日記に、「延期だ、この言葉は不吉な前兆のような気がする」と記した。[*30]

その後、さらに都合の悪いことが起きた。九月の最後の週に、ブルガリアが軍の動員を実施したのである。数日以内にブルガリア軍が、ドイツ軍及びオーストリア軍とともに、セルビアに進攻することは明らかであった。セルビアを救う道はギリシア領からブルガリアを攻撃することであった。キッチナー卿とジョッフル将軍は、フランス軍から一個師団、イギリス軍から一個師団、計二個師団を直ちにガリポリ半島からギリシア領サロニカへ派遣しなければならない、ということで意見の一致を見た。[*31]

ハミルトン将軍にこの知らせが届いたのは九月二六日であった。ハミルトン将軍は、スブラ地区を放棄して、彼自身は再びアンザック地区とヘレス岬の橋頭堡内において逼塞しなければならないであろう、と考えざるを得なかった。一〇月はじめの日記には、「歴史は、我々が、救いもなければ、望みもない状態のまま放置されたことを、一体、誰の責任であるとするであろうか」とある。その後、彼は二個師団をサロニカへ派遣した。[*32]

ハミルトン将軍の更迭

ブルガリア、セルビアを失うということは、ドイツ、オスマン帝国間に陸路で十分な連絡路が開かれるということであり、当然ガリポリ半島にもあらゆる種類の軍需品、特に銃砲及び弾薬が多量に供給されることになる。しかし、サロニカへの遠征は、苦境にあるガリポリ上陸軍の兵力をさらに減じ、援軍及び軍需品の補給を困難にする。このサロニカの問題は、一〇月九日に戦時会議に持ち出されたが、なんらまとまった決議を得ることはできなかった。しかし、大援軍をできる限り早く東方戦場に送らなければならないということは合意し、結局六個師団をフランスから抽出し、エジプトに送り、その後どうするかは後に解決するということで一致した。[*33] つまりハミルトン将軍と同じ階級を有する人物（司令官）をエジプトに派遣し、増援の兵力をガリポリに送るか、サロニカにするかを決定させるというのであった。[*34]

　このような中、一〇月一一日、キッチナー卿は、ハミルトン将軍に向け、「ガリポリ半島の撤兵を決心し、細心の注意を払って実行するとして、幾ばくの兵力損失ありと貴下は推算されるや」と電報を打った。この頃すでに現場の状況を訴え、撤兵を考えるべきではないと発表していたハミルトン将軍は、一二日、「ガリポリ撤兵に際しての兵力の損失を全兵力の半ば以下なりと推算するは愚の極みにして、この他最後まで使用すべき砲はもちろん軍需品、鉄道、軍馬等も同様なり。もし、損失が半ば以下の場合は非常なる幸運に恵まれたるなり」と返電した。[*35] ハミルトン将軍自身はひそかに、損害は半分以下、三五％から四五％になるであろうと考えていたが、彼の幕僚はもっと高い数字になるという考え方をした。そこでハミルトン将軍は、自分が撤退に対して反対の意見をもっていることを鮮明にするために、その数字を採用したのである。[*36]

　一〇月一一日、キッチナー卿が撤退に関する電報を発信した同じ日に、ダーダネルス委員会は、この撤退問題に取り組みはじめた。事実、委員のすべてのものが、ハミルトン将軍に対する評価を低下させていたというのが真相であった。ハミルトン将軍は有能な将軍であったが、スブラ地区における彼の作戦指導はきわめて拙劣であった。その上、最近帰国した元第九軍団長のストップフォード将軍が、陸軍省に対する報告のなかで、総司令部が行った干渉について、司令部の幕僚は半島から離れた島で過ごしており、そのためスブラ地区のオスマン帝国軍の兵力について非常に誤った受け取り方をしていた、など幾つかの非難をしていたのである。さらにもう一つ、別の要因があった。ハミルトン将軍がキッチナー卿直系の人物であったので、彼の失敗をキッチナー卿が覆い隠しているように思われはじめていた。また、一人の新聞記者が、軍の士気は崩壊しているなど彼の名声を揺るがす報道を政府首脳及びダーダネルス委員会のメンバーに宣伝していた。[*37]

一〇月一四日、再びダーダネルス委員会が招集され、撤退に関するハミルトン将軍の回答が各委員の前に提示され、その予想される膨大な損害に驚いた。これはサロニカへの兵力派遣を指示するグループを活気づけた。彼らはハミルトン将軍を解任するべきであると主張した。このことをハミルトン将軍に伝える仕事はキッチナー卿に委ねられた。キッチナー卿の電報は、一五日にはイムブロス島に届いた。ハミルトン将軍はうすうす自らの進退に関しては予想していたが、一六日朝これを確認した。電報には、「昨夜開かれた戦争指導会議は、貴下が極めて困難な状況に直面しながら、これを克服し、その作戦を成功に導くために自ら大いに努力された功績及び貴下の勇敢な行動について、十分にこれを評価するものであるが、同時に、最高指揮官の更迭を望む旨決議した。したがって、貴下は帰国することとされたい」とあった。[*38] ハミルトン将軍は更迭されたのである。その後まもなく彼は、イギリス本国に召還されることとなり、一〇月一七日、帰途についた。[*39] しかし、ハミルトン将軍は、この時、すべての閣僚とじっくり話し合い、必要とあれば彼らの足下にひざまずいてでも、ガリポリ作戦は全く絶望的なものとなっているのではないと説くつもりであった。[*40]

ガリポリ半島撤退の決断

ハミルトン将軍の後任として、サー・チャールズ・モンロー将軍が、地中海遠征軍総司令官に任ぜられた。モンロー将軍は、この時五五歳で、冷静かつ果断な指揮官として知られていた。彼は綿密周到かつ権威を重んじるタイプの人物であり、大胆な作戦を実施するようなタイプではなかった。また、戦争を勝利に導くのは西部戦線であるという極めて明確な考えをもっていたため、彼にとっては、オスマン帝国の問題はそれほど重視するものではなかった。[*41]

モンロー将軍は、①撤退、②半島攻略並びにダーダネルス海峡開通、③コンスタンチノープル占領、の三案を調査し、その可否を報告すべき命を受けた。モンロー将軍は、一〇月三〇日、ガリポリ半島に上陸した。モンロー将軍は六時間の間、アンザック、スブラ及びヘレスの一五マイルにわたる戦線の状態を詳細に調査した。そして、各軍団司令部に師団長等を召集して一人一人順々に、「貴下がこれ以上補給を受けざるものと仮定して、敵に重砲と多数のドイツ弾薬を有する強力な援軍が到着した場合にも現在の陣地を死守しうるや否や」と質問をした。モンロー将軍はこれに対する優柔不断な返答を得て、イムブロス島に帰った。[*42]

サー・チャールズ・モンロー将軍

しかし、モンロー将軍にとっては、将軍たちの返事を聞く必要などほとんどなかった。海岸の状況を一目見ただけで十分であった。壊れかかった桟橋、ロバに曳かせた輜重車とともに付近をうろついている士気喪失した兵の群、崖の中に設けられた掘っ建て小屋のような掩蔽部、そして雑然としているあらゆるもの、それらがすべてを物語っていた。翌三一日、モンロー将軍は、キッチナー卿に宛て、半島からの撤退を勧告する電報を発信した。その中で彼は、戦闘を継続しうる状態にあるのはアンザック軍団だけである。将兵が必要としているのは、休息と再編成と訓練である。現在と

ロスリン・ウェミス提督

るべき最良の処置は、できるだけ多くの将兵をエジプトへ返すことであり、そうすれば、彼らは二、三ヶ月後には再び戦える状態になるであろう、と述べていた。この後、彼は二通目の電報を発し、撤退による将兵の損害は三〇％から四〇％、つまり約四万に達するであろうと述べた[*43]。

モンロー将軍の電報は、キッチナー卿に衝撃を与えた。キッチナー卿は、一一月三日、エジプトへ出発するモンロー将軍からダーダネルス軍の指揮をまかされたアンザック軍団長バードウッド将軍に宛て、「……予は絶対に撤兵命令書に署名をするを得ず、そは撤兵こそ最大の不幸にして我が兵力の多数を殺戮乃至捕虜とするものなりと思惟すればなり。……」と電文を送った[*44]。この後、キッチナー卿は、バードウッド将軍をガリポリ派遣軍司令官に任じ、モンロー将軍にサロニカに向かうよう命じた[*45]。

一方、艦隊では再び海峡突破の案が浮上していた。ド・ロベック提督の参謀長ロージア・キース准将は、この間、適当な準備をすればイギリス艦隊はダーダネルス要塞を攻撃しうるし、十分な力をもてばダーダネルス海峡を突破し、マルモラ海に入ることができると信じていた。艦隊参謀部は、彼の構想を詳細な計画に具現し、これを副司令官ロスリン・ウェミス少将の支持を得て公表した。ド・ロベック提督は、これをよくは思わなかったが、キース准将がロンドンでこの意見を述べることを許可した。キース准将は、一〇月二八日ロンドンに到着した[*46]。そしてキース准将は覚書を海軍大臣アーサー・バルフォア以下海軍首脳、チャーチル、キッチナー卿に伝えた[*47]。覚書には、陸軍の攻撃とこれに協同する海軍による海峡攻撃を強く主張し、その成功を確信すること、もし成功を勝ち取れば、オスマン帝国の連絡線を昼夜を分かたず妨害することができる旨が書かれていた。[*48]

一一月三日、撤退問題を議するため首相、陸海軍大臣などで構成される戦時会議が開催された。キッチナー卿は、撤退に反対の立場であったが、これに先立ちモンロー将軍宛に電報して、半島に駐在する軍団司令官たちの意見を確認させた。モンロー将軍は、スブラ地区のバイング将軍は撤退説に賛成で、ヘレス地区のサー・フランシス・デヴィス将軍は、モンロー将軍の説に賛成で、アンザック地区のバードウッド将軍は撤退に反対であると返電した。また、エジプト軍司令官マクスウェル将軍は、エジプトへのオスマン帝国からの圧力を避けるために撤退反対の電報を寄せた。かくて陸軍の意見は二つに分かれてしまった。委員会ではさらにキース准将の覚書と作戦計画について審議した。戦時委員会は結論を保留せざるを得なかった。[*49]

一一月四日、夕方になって事態はまた後戻りした。キッチナー卿は、ダーダネルス派遣に先立つ閣僚による送別会の席上で、ガリポリかサロニカかをめぐって、依然として閣僚が二派に分かれていることを知った。植民地大臣アンドルー・ボナー・ローはガリポリ半島からのイギリス軍の撤退が行われなければ辞任すると実際に辞意を表明し、海軍大臣バルフォアは、陸軍も同時に攻撃を実施するのでなければ、海軍はダーダネルスにおいては全く何の行動もとらないと、その立場を明確にした。陸軍はどう考えるのか、という問いに対しキッチナー卿はわからないと言わざるを得なかった。[*50]この送別会の後、キッチナー卿は、バードウッド将軍に、「……問題を熟視すればするほど、予の計画の貫徹不可能なるもののごとし。故に、貴下も半島撤兵の準備方策を秘密裡に行われんことを望む」との電報を発した。[*51]しかしキッチナー卿は、途中、滞在したパリでフランス政府が撤退には反対であるということを確認した。彼はこれを聞くと、再びバードウッド将軍に打電して、まだ増援が得られる可能性がある旨を、またキース准将にもパリに向かうように伝えた。[*52] こうしてみると最も態度が不明だったのが、キッチナー卿であった。事実、一一月のはじめになると、一貫して確固たる立場をとり続けているのは、モンロー将軍とキース准将の二人のみであった。つまり、この問題は、二人のうちどちらが、自分の意志を相手に押しつけるのに成功するかどうかという問題であった。結局、キッチナー卿は指導者ではなくこの審判としてガリポリに行くことになった。[*53]

キッチナー卿がレムノス島に到着したとき、モンロー将軍、ド・ロベック提督、バードウッド将軍、エジプト駐屯軍司令官マクスウェル将軍及びエジプト高等弁務官ヘンリー・マクマホン卿の出迎えを受けた。マクスウェル将軍とマクマホン卿は、撤退が実行に移された場合のエジプトの安全に関する自分たちの不安を表明するために来ていたのである。また彼らはモンロー将軍と一つの合意に達していた。この二人はモンロー将軍に対して、オスマン帝国のアジア側の海岸で、イスケンデラン湾（地中海の最北東端）内のアヤスという小さな湾に対して新たに上陸作戦を実施するならば、ガリポリからの撤退に同意する用意があると提案したのである。これはオスマン帝国軍がエジプトのスエズ運河に迫るのを防止するためであった。モンロー将軍自体はそのようなことはあまり考えていなかったが、ガリポリから撤退したならばそうすることに同意してもよい、と思っていた。そこで三人は撤退に賛成の立場となった。ド・ロベック提督は、スブラ及びアンザック地区から部隊を撤退させることはできるが、ヘレス岬はダーダネルス海峡の封鎖に際して使用するために、基地として保持したいと言った。バードウッド将軍も撤退するという考えに傾きつつあったが、マクスウェル将軍及びマクマホン卿のいうように陸軍部隊をアヤス湾に上陸させるという計画には絶対に反対であった。いずれにしてもキッチナー卿以外は根本的には、彼ら全員が撤退論者であるということになった。[*54]

しかし、キッチナー卿は依然として承服しなかった。彼はアヤス湾に兵力を上陸させる案が気に入っており、その旨をロンドンに打電していた。イムブロス島において二日間議論した後、一一月九日、キッチナー卿はガリポリ半島に行き、三つの橋頭堡を綿密に視察して廻った。彼もモンロー将軍と同じように、ガリポリ半島の地形が作戦の実施に困難なことや、軍が確保している海岸の足場が危うい状態にあるのを確認して弱気になった。しかし、彼は、軍は冬季はなんとか持ちこたえることができるであろうし、また、もし撤退することとなったとしても、予測されていたよりも少ない損害で、恐らくは二万五〇〇〇以下の損害を被るだけで撤退できると考えていた。彼は、一一月一五日、イムブロス島からロンドンに宛てた電報の中で、これらのことについて述べたが、何をなすべきかについては、何の勧告もしなかった。このようにして時間は経過していった。[*55]

この当時、イギリス軍の砲一門に対する弾薬の割り当ては、一日二発に減らされ、冬服はまだ到着していなかった。また、二ヶ月にわたる膠着状態の間に、多くの部隊の兵力が当初の編制定数の半分に減少していた。しかし、どの部隊でも撤退する考えなどなかった。撤退は死に等しかったからであった。[*56]

一一月二二日、キッチナー卿は、アヤス湾攻略計画が軍事委員会により否認されたので、スブラ及びアンザックの撤兵に同意したが、ド・ロベック提督がその固守を熱心に主張していたヘレスのみはそのままにしておきたい意向を示した。[*57] しかし、軍事委員会は、これらのスブラ、アンザック、ヘレスの占領地帯の放棄を決議した。これに対しド・ロベック提督は、「自分は理解できない」と抵抗した。遂に、一一月二四日、キッチナー卿はロンドンに打電して、ヘレス岬は「当分の間」保持するべきであるが、スブラとアンザック地区は放棄するべきである、と勧告した。一方、モンロー将軍はガリポリとサロニカ戦域の最高指揮官としてレムノス島に止まり、バードウッド将軍が撤退の指揮に任じることになった。また、ド・ロベック提督は病気休暇で帰国し、ウェミス提督がその後任者となった。[*58]

一一月二七日からダーダネルス海峡を数十年ぶりの荒天が見舞った。特に降雪と寒気は、どのような砲撃よりも彼らを苦しめた。ヘレス岬では歩哨が銃を手に立ったまま凍死していた。三〇日、やっと風が吹き止んだとき、連合軍の兵力は、一〇分の一を損失していた。溺死者が二〇〇名、凍傷にかかっているものが五〇〇〇名で、さらにその他の死傷者が五〇〇〇名であった。このような惨害を被ったため、これまで踏みとどまることを望んでいた兵士も、今やその多くが、この呪わしい場所から一刻も早く逃れることしか考えなくなっていた。[*59]

一方、ウェミス提督は、海軍によるダーダネルス海峡における形勢回復のため、最後の努力を傾注した。彼は何通もの電報を発して、冬季における撤退の危険性を強調し、従来の失敗を転じて勝利を獲得するために今一度努力を尽くすべきであると力説した。そして、艦隊はあくまでその職分を尽くし、もし陸軍が協力できない場合は、海軍のみにてキース准将の作戦計画を実行し、ダーダネルス海峡を強行突破すると主張した。この艦隊司令官の強硬な提言によってすべては振出に戻った。このため内閣は、軍事委員会の決議を覆し、新連合国常置会議を一二月五日、カレーで開催した。そこでキッチナー卿は、再び元気を取り戻し、陸軍参謀本部と結んでサロニカ遠征に強硬に反対した。その前、一二月二日には、モンロー将軍に私信として、「閣議は終日ガリポリの情勢を協議せり。政治的影響より、撤退に対しては部分的ではあるが強力な反対論あり。ヘレスを維持すべしとは一般的意見なり。スブラの情勢を改善するために、攻撃用としてサロニカの四個師団を貴下の掌中に委ねるとしたら、貴下はスブラを安全に維持し得るや否や。海軍も又攻撃作戦に協力するはずなり」と打電した[*60]。しかし、モンロー将軍は頑として兵力転用の要請に応じなかったし、依然として攻撃はできないと返電した[*61]。

一方、一二月前後になるとイギリス潜水艦及び一部の砲艦は、マルモラ海においてオスマン帝国軍の兵站線を脅かし、オスマン帝国第五軍を非常なる困窮におとしめていた。当時、ウェミス提督及びその幕僚は、海峡を強行突破しなくても海軍の力によってドイツからのガリポリ半島への増援軍の来着を阻止し、かつ半島におけるオスマン帝国軍の死命を制することができるという確信を持っていた[*62]。

しかしフランスとロシアはイギリス側に対して、サロニカを放棄することはできないと通告したのである。そこで一二月七日、内閣はいよいよ、「アンザック及びスブラの両地区から撤退して、戦線を縮小する」ことにした[*63]。また、一二月八日、フランス軍総司令部で開催された英仏連合参謀会議は満場一致でサロニカの防御軍即時編成とガリポリの即時撤退を声明した。そしてこの時以来、イギリス政府部内の混乱は終わりを告げ、政府はこの決定を覆そうとはしなかった[*64]。

ウェミス提督はキース准将とともにこれに従わなかった。同月八日、彼らは、内閣、軍事委員会、英仏連合会議、陸海軍相などに電報を発した。これには、①海軍は海峡を強行突破してオスマン帝国軍の補給線を遮断する準備をしている、②この際、陸軍に求めるのは、トルコ軍の全兵站線を完全に遮断することである、③現半島情勢から陸軍の攻撃は必ず成功する、④攻撃あるいは撤退のいずれが命ぜられるともバードウッド将軍の状況判断を求めること、⑤海峡撤退は戦術上及び用兵上大失敗、海上攻撃は実効的にして決定的である、⑥今こそ戦機であり攻撃が必ず成功することを確信する、旨を記した[*65]。

しかし、撤退というイギリス政府の決心は変わらなかった。一二月一二日、ウェミス提督は遺憾と危惧の念を抱きながらもこの命令に服従した。そして撤退計画を作成し、撤退期間を一二月一九日あるいは二〇日の夜と決定したのであった。ところが、政府はスブラの撤退を命令するに当たって、当分の間、ヘレスを保有することには同意した。このため、ウェミス提督は、ヘレスを安固ならしむために、ヘレスの司令官ダーヴィー将軍と協力して、陸海両軍によるアチババ高地の連合攻撃計画案を作成した。この段階で両司令官は完全にアチババ攻撃で一致していた[*66]。

ところがそこへモンロー将軍がサロニカから帰ってきた。モンロー将軍はバードウッド将軍及び各軍団司令官等に対し、彼の許可なくして海軍側ウェミス提督と協議することを禁止していた。さらにまた一四日、モンロー将軍は本国へ電報して、ウェミス提督の意見に全然関係しないこと、及びウェミス提督が陸軍問題について意見を発表することに対する抗議を具申した。しかし、モンロー将軍はヘレスを保持するには、アチババの確保が必要であるという意見には同意した。全員、ヘレスを保持するためにはアチババの占領が絶対必要であることは認識していた。しかし、これが実行不可能であることを全員が確認できた時、遂にガリポリ半島からの全面撤退が必然と認識された[*67]。ウェミス提督自身、イギリス軍の疾病及び塹壕戦による日々の人員損耗の状態をみて、遂にその主張を撤回するに至ったのである[*68]。つまり、ガリポリ半島には連合軍の手が届かないアチババ高地がそびえ立っていたのである。

ガリポリ半島からの撤退の実施

半島撤退に決するやモンロー将軍は、第一段としてアンザック及びスブラ湾上陸軍の撤退、第二段、半島南端へレス上陸軍の撤退計画を立て、バードウッド将軍に細部計画の作成を命じた。この際、陽動については現状実施困難なため行わないこととした。バードウッド将軍は、第一次、陣地戦に必要としない軍隊、馬匹及び糧秣を撤退させる、第二次、防御に直接必要ではない軍隊、火砲、馬匹及び器具材料を撤退させる、第三次、撤退掩護に必要な最小限の軍隊、火砲、材料を残し、自余の軍隊を迅速に乗船させ、次いで最後の軍隊、材料を撤退させる、という計画を策定した。[*69]

モンロー将軍は、一二月八日付、半島撤退に関する本国からの命令に接し、直ちにバードウッド将軍にアンザック及びスブラ湾上陸軍の撤退を命じた。バードウッド将軍は、ウェミス提督と協議し、一二月一〇日から撤退を開始し、天候順調ならば一二月一九日夜をもって完結することとした。そして一〇日から計画に従い撤退をはじめ、一八日払暁、第二次計画の撤退も支障なく完了し、ここに最も困難なる第三次計画に入った。一九日夜は、月明かりなく、午前一時半、最後残置部隊の撤退は、スブラ及びアンザック両方面ともに開始され、午前五時半に至り撤退を完了した。[*70]

モンロー将軍は、一二月二八日、本国からヘレス撤退命令を受領し、バードウッド将軍になるべく速やかに撤退するよう命じると同時に、成し得る限り軍需品のすべてを撤退し、これを一夜中に完結すべき旨を訓令した。バードウッド将軍はヘレス撤退を一月八日以後、天候静穏な夜をもって実施するに決した。八日朝になって二四時間以内には大きな気象の変化をみないとの予報により、撤退実施を決心し、すべての準備を完了した。ヘレスの撤退計画も、第一次から第三次に区分された。一月八日、第一次撤退部隊は、午後八時、予定通り乗船出発した。午後一一時、風、波が強くなり、W点の海岸の桟橋が激しい波のため流出し、艀船から駆逐艦への移乗が困難となったが、第二次撤退部隊は午後一一時半までに乗船した。午前二時四〇分頃より、波浪ますます高くなり、第三次撤退部隊の行動が憂慮されたが、午前三時半、大きな損害を被ることなく完了した。オスマン帝国軍は、遺棄物資の爆音、火炎によりはじめてイギリス軍の撤退を発見したが、時すでに遅かった。[*71]

この撤退における兵員の移動には、傷病者の「後送ルート」の方法が応用された。傷病者の後送ルートは、まず、第一線の後方、砂浜に設置された連隊治療所（Regimental Aid Post）、その後方に前進応急手当所（Advanced Dressing Station）、さらに策源地までの後送ルートの出発点として傷病兵現場救護所（Casualty Clearing Station）があった。この後送ルートは、既存の通信壕、新たに構築した患者後送壕をもって防護されていた。さらに重傷者は、「ライター」と呼ばれる病院船もしくは兵員輸送船に後送された。ここで傷病兵は慎重に診察され、三週間以内に快復することが見込まれる者は、レムノス島、より重傷者はアレクサンドリアに移された。撤退計画の策定と実行の段階において、イギリス海軍及び陸軍の参謀は、この医療・衛生部隊による傷病兵の後送経路の設定と運用の方法及び経験を参考にしたといわれる。[*72]

第二章　ダンケルクへの撤退とダイナモ作戦の発動

──イギリス遠征軍司令官ゴート卿の決断──

フランス＝ベルギー国境沿いの防御線

ドイツ軍のポーランド侵攻にはじまる第二次世界大戦勃発とともに、イギリス遠征軍（ＢＥＦ：The British Expeditionary Force）は、フランスへ移動を開始した。一九三九年一〇月半ばまでには、二つの軍団に編成された四個師団と戦車数個大隊がフランス＝ベルギー国境沿いに防御陣を構成した。一九四〇年三月までにはさらに六個師団が加わり合計自動車化歩兵師団一〇個となった。このＢＥＦを指揮するのは、第六ゴート子爵ジョン・ヴェレカー大将である。ゴート卿は、当時五三歳で、背が高くがっちりした体格の持ち主で、彼の遠征軍司令官としての資質について疑念を抱く者はいなかった。また、第一次世界大戦の塹壕戦では、近衛擲弾兵連隊の将校としてヴィクトリア勲章を授与されていた。ゴート卿の立場は、イギリス国民にとっては、ＢＥＦの安全について国王、イギリス政府及び国民に対し責任を負う最高指揮官であったが、フランス側にとっては幾つかある野戦軍のなかの一

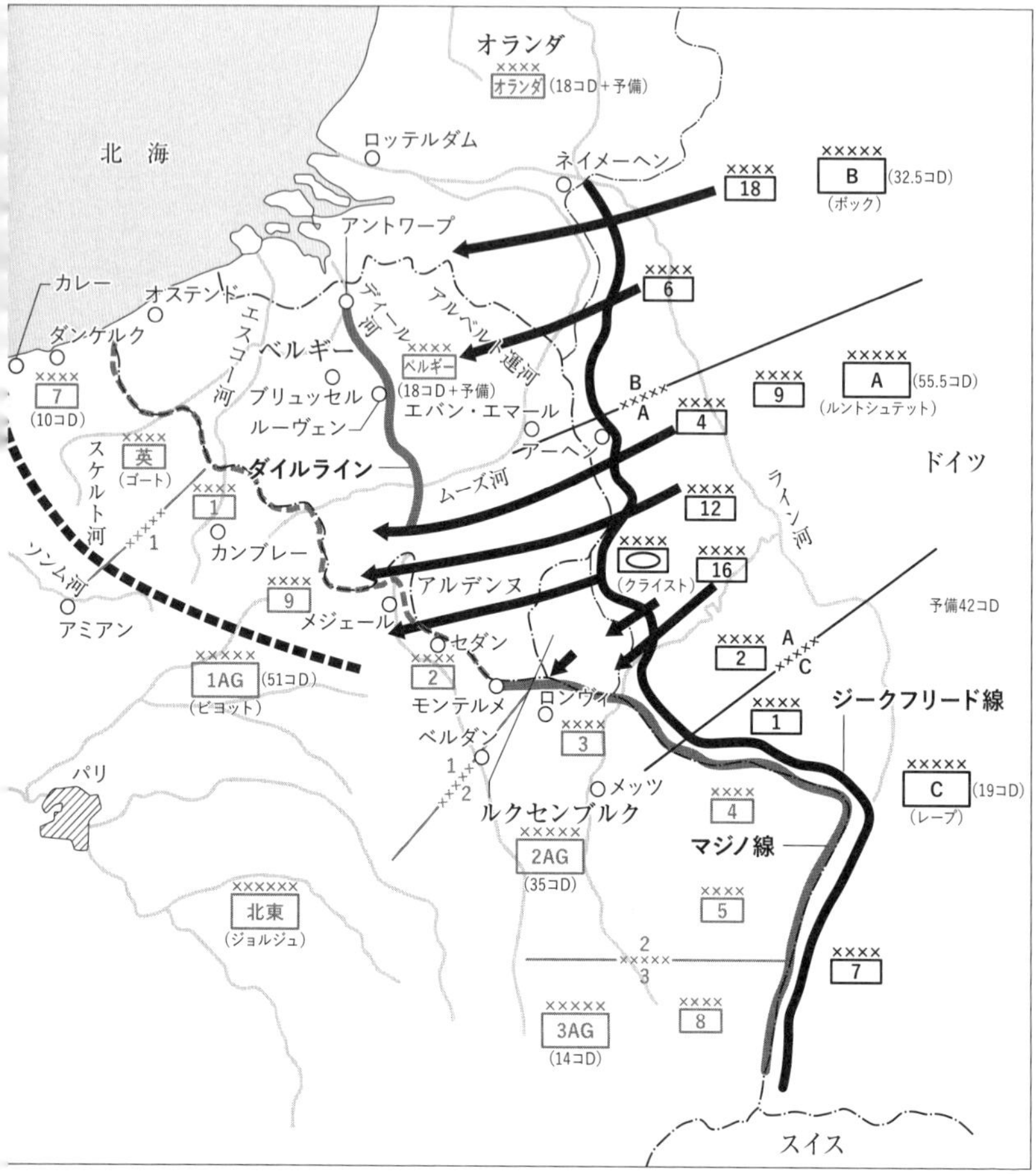

オランダ
オランダ (18コD＋予備)
北海
ロッテルダム
ネイメーヘン
18
B (32.5コD)
(ボック)
アントワープ
6
カレー
オステンド
ダンケルク
エスコー河
ディール河
アルベルト運河
ベルギー
ベルギー (18コD＋予備)
7
(10コD)
ブリュッセル
ルーヴェン
エバン・エマール
B
A
4
9
A (55.5コD)
(ルントシュテット)
スケルト河
英
(ゴート)
アーヘン
ドイツ
ダイルライン
ムーズ河
12
ライン河
1
カンブレー
ソンム河
(クライスト)
16
9
アルデンヌ
アミアン
メジェール
予備42コD
セダン
2
A
C
1AG (51コD)
(ビヨット)
2
モンテルメ
ロンヴィ
ジークフリード線
1
ベルダン
3
パリ
メッツ
C (19コD)
(レープ)
ルクセンブルク
4
2AG
(35コD)
マジノ線
北東
(ジョルジュ)
5
2
3
7
3AG
(14コD)
8
スイス

軍司令官に過ぎなかった。[*1] ＢＥＦは、ガストン・ビヨット将軍の指揮する第一軍集団のなかの五個軍の一つであった。他の軍は、フランスの第一、第二、第七及び第九の各軍である。ビヨット軍集団司令官の上には北東部戦区司令官アルフォンス・ジョルジュ将軍がおり、さらにその上に連合軍総司令官モーリス・ガムラン将軍がいた。

連合軍最高司令部は、ドイツがフランスに侵攻する場合、アルデンヌ地方の地形は通過困難な上、マジノ線の堅固な防御地帯があるのでドイツ軍の主攻撃は、一九一四年の時と同様、ベルギー平原を通過して指向されるだろうと考え、最精鋭師団をベルギー平原に面して連合軍の北翼に集中、一般師団や防衛師団はアルデンヌに面した地区や南部マジノ線に配置した。一九三九年一一月一七日、パリで開かれた連合軍最高会議では、「ドイツ軍をできる限り東方に押さえておくことが重要であり、ドイツのベルギー侵入に際しては、ムーズ＝アントワープの線（ダイルライン）を維持するために、あらゆる努力を払うことが絶対必要である」（計画Ｄ）と決定された。[*2]

このマジノ線以北、ムーズ河沿いに配備される連合軍は、ビヨット将軍の第一軍集団であり、フラ

作戦全般要図

第六ゴート子爵ジョン・ヴェレカー大将

ンス、イギリス両軍あわせて五一個師団によって、ディール河に沿い、ロンヴィと海岸との間に配備された。その中の、BEFは、北翼ベルギー軍、南翼フランス第一軍の間、ルーヴェンとリマールの間のディール河沿いを担当した。

一方、一九四〇年三月頃におけるドイツ軍の作戦計画は、その重点をアルデンヌに向け、この地域には七個装甲師団、三個自動車化歩兵師団を含む四五個師団が集結されることになっていた。第一線に三個軍、予備に二個軍を置いた。これらは、ゲルト・フォン・ルントシュテット将軍の指揮するA軍集団であり、北から南へ、ヘルマン・ホト将軍指揮する装甲軍団を配属された第四軍、第一二軍、第一六軍及び予備として控置された第二軍、第七軍であった。A軍集団内の装甲及び自動車化歩兵師団は、ホト装甲軍団を除く全部隊を二個軍団（ハインツ・グデーリアン将軍指揮の第一九装甲軍団、ジョージ・ハンス・ラインハルト将軍指揮の第四一装甲軍団）に編成し、エワルド・フォン・クライスト将軍の指揮する「装甲集団」として集結された。

このA軍集団の任務は、クライスト装甲集団とホト装甲軍団の先導により、南部アルデンヌを突破する主攻撃となり、モンシャウから南方ルクセンブルクに至る正面を前進し、セダン付近でムーズ河の障害を突破する。そして、ムーズ河を渡河できたならば、その主攻をアミアン及びアベヴィーユ方向に指向し、連合軍の北翼を遮断する、というものであった。一方、ベルギー正面を担当するフェードア・フォン・ボック将軍指揮するB軍集団は、総兵力二九個師団で、装甲師団は三個、自動車化歩兵師団が二個であった。B軍集団は、フォン・キュウヒラー将軍指揮する第一八軍（オランダ正面）とヴァルター・フォン・ライヘナウ将軍指揮する第六軍（リェージュ及びマーストリヒト突出部正面）に区分されていた。B軍集団の任務は、アーヘンから北方ネイメーヘンに至る正面を前進して、オランダ南部及び北部ベルギーを席捲し、それによって連合軍北翼の攻撃を北方に吸引する、というものであった。一九四〇年五月一〇日における西部戦線のドイツ軍総兵力は、一三六個師団で、完全に自動車化された師団は一六個に過ぎなかった。

ドイツ軍の西方電撃戦

一九四〇年五月一〇日午前五時三五分、空軍の猛襲に続いてドイツ軍はオランダとベルギーに対し侵攻を開始した。ドイツ第一八軍はオランダ軍の背後に大規模の空挺部隊を降下させ、これに続いて数ヶ所からオランダに侵入した。オランダ軍はまもなく前線と後方地区で撃破され、五月一四日夕、降伏のやむなきに至った。

ベルギーも同じように第一六装甲軍団を増強されたドイツ第六軍が、国境防御線を奇襲した。また空挺部隊がマーストリヒト付近のアルベルト運河を急襲し、エバン・エマール要塞をグライダーで攻撃した。こうして少なくとも一週間は確保できると考えられていたベルギーの国境抵抗線はもろくも一日で突破されてしまった。五月一一日、ベルギー軍は、ディール河の陣地に向かって後退しなければならなかった。

五月一〇日、オランダ、ベルギー正面でドイツ軍の猛攻が始まったという報告で連合軍最高司令部は、即座にドイツ軍の主攻はベルギー平原を通過して指向されるものと確信した。連合軍最高司令部は午前七時三〇分、北東五個軍に対し計画Dの実行を命じた。この計画では、連合軍北翼はベルギー領内に前進し、後退中のベルギー軍と並んでディール河の後方に陣地を占領することになっていた（ダイルライン）。アンリ・オノレ・ジロー将軍率いる第七軍は、アントワープを経由しオランダ救援に、第一線の諸軍――左翼のBEF、中央のジョルジュ・ブランシャール将軍指揮するフランス第一軍、右翼（アルデンヌ）のアンドレ・ジョルジュ・コラップ将軍指揮のフランス第九軍――は、ディール河、ゲンブロー隘路、ムーズ河に、チャールス・ウンチージェ将軍指揮する第二軍は南部アルデンヌに位置し、マジノ線との接合部を守備した。後退するベルギー軍は、ルーヴェンとアントワープの中間においてBEFの左翼に陣地を占領するとされ、連合軍は、約二〇時間で全軍新配置についた。連合軍最高司令部の注意はベルギー平野に釘付けになり、アルデンヌの森によって掩護されているフランス第九軍正面には全く関心を示さなかった。実際、フランス第九軍、第二軍の両司令官は、アルデンヌに通じる六五キロの正面を騎兵四個師団とベルギー軍の雑種部隊で担当させていた。

ドイツ軍のアルデンヌを通る前進は、オランダと北部ベルギーの攻撃と同じ日にはじまった。クライスト装甲集団は、アルデンヌに点在するベルギー軍の抵抗を一掃し、セダン付近のムーズ河に向かい圧迫を加えた。一方その右翼にあるドイツ第四軍は、ムーズ河畔のディナンに向かい前進を続けていた。

五月一二日夜、グデーリアン将軍指揮する第一九装甲軍団は、ムーズ河畔セダンのフランス軍陣地に到達した。連合軍総司令官ガムラン将軍は、この状況を重く見て、五月一二日、ベルギー国王のレオポルド三世、北東部戦区司令官ジョルジュ将軍、第一軍集団司令官ビヨット将軍とモンスで会議を開いた。ゴート卿は、第一線視察中であり、連絡をとることができなかったので、かわりに参謀長のパウノル将軍がこの会議に参加した。ところがこの会議で決定をみた事項は、第一軍集団司令官ビヨット将軍が北東部戦区司令官ジョルジュ将軍の責任の若干を引き継いで、フランス第一軍、第七軍及びBEFの行動を調整するということだけであった。まだBEFにも緊張感はなかった。[*3]

五月一三日午後、ムーズ河岸まで前進したグデーリアン指揮する装甲集団は、ドイツ空軍の掩護下、突撃歩兵をもってゴムボートで渡河攻撃を開始した。連合軍総司令官ガムラン将軍は、直ちにドイツB軍集団の猛攻を受けていた連合軍北翼から増援を命じたが、自動車を欠いていたこれら部隊の迅速な対応は望むべくもなかった。五月一四日早朝、フランス軍は、セダンにおいてムーズ河の線を確保するため戦車一個大隊をもって反撃に出たが、グデーリアン将軍指揮する装甲集団によって、甚大な損害を受けて撃退された。ドイツ軍は陸軍参謀総長フランツ・ハルダーが計画したよりも二四時間早く部隊の渡河を終え、西方に突進する態勢を完了した。グデーリアン将軍は、直ちに第一、第二装甲師団にアルデンヌ運河への突進を命じた。五月一四日の日没までにセダン付近の橋頭堡は深さ約二五キロ、幅約五〇キロに達した。グデーリアン将軍指揮する装甲集団の打撃は、フランス第二軍とフランス第九軍の接際部を破砕した。

一方、フランス第九軍の戦線は、ラインハルト将軍指揮する装甲集団によってモンテルメで、ホト将軍指揮する装甲軍団によってディナン付近で突破されていた。五月一四日の夜、フランス第九軍司令官コラップ将軍は、戦線の後方約一〇キロの新陣地へ後退を命じた。しかし、この新陣地も翌一五日早朝にロンメルの第七装甲師団によって突破され、第九軍は総崩れとなった。ディナンからセダンまで、連合軍の戦線に八〇キロという大穴があいてしまった。

北部、ベルギー平野における戦況は違ったものであった。この方面では、連合軍北翼がディール河の線に到達し、ベルギー軍と連繋してボック将軍指揮するB軍集団と対していた。五月一二日〜一五日、双方、戦果の拡大を図ったが成功しないなど、ベルギーの戦況は膠着状態に陥っていた。

一方、戦線南部では、連合軍は全く不利な状況に陥り、五月一四日には、BEFとビヨット将軍の第一軍集団司令部との間の通信連絡すら困難になっていた。ゴート卿は、ドイツ軍がセダン付近においてムーズ河を渡河したことは知っていたが、すでに破局が訪れていたことは、右翼に連なるフランス第一軍に波及してから知った。通信連絡が確保できたパリ及びビヨット将軍の第一軍集団司令部は、驚愕状態に陥っていた。ビヨット将軍とその幕僚は、すっかり途方に暮れ、南部崩壊後の作戦指導に専念しなければならないときに、その関心はすでに崩壊した南部に集中してしまった。ブランシャール将軍の率いる第一軍司令部はもっとひどい状況にあった。BEFから連絡将校としてこの司令部に派遣されていたマイルズ・リード大尉は、戦況の悪化とともに、混乱の度を加えつつあった第一軍司令部内の動きに、ほとんど絶望的な気持ちになった。この段階におけるBEFにとって最も重要な事実は、BEFはディール河の線においてほとんど孤立状態に陥っていることであった。[*4]

五月一四日、北東部戦区司令官ジョルジュ将軍は、フランス第九軍に第七軍を増援することを計画したが失敗に終わった。そのような輸送力はなかったのである。また、フランス第一軍も左翼のアフリカ師団が突然崩壊したため、BEFの右に連なる戦線に新たに五キロにわたる間隙を生じさせていた。この頃、フランス軍部隊の戦闘力について重大な懸念を抱きはじめていたゴート卿は、フランス第一軍司令官ブランシャール将軍に対し、戦線の間隙閉塞のため、BEF一個旅団を派遣することを提案したが、第一軍は新たな線に後退することに決まった、と回答してきた。このBEF右翼崩壊の危機に対しゴート卿は、第一軍集団司令官ビヨット将軍からの命令がないため途方に暮れた。もしフランス第一軍が後退すれば、BEFもベルギー軍も危険な状態に陥るであろうし、BEFは、ルーヴェン前方の突角となった戦線の防御困難な地区において単独で戦闘しなければならないこととなるのは明らかである。このような状態において、各軍の行動を調整する立場にある軍集団司令部が何らかの措置をとらなければならないことは明らかであった。そこでゴート卿は、第一軍集団司令官ビヨット将軍の指示を仰ぐために、先任の将校を同将軍のもとに派遣した。するとビヨット将軍は、段階的に連合軍全体の戦線をまずセンヌ河の線、次いでダンドル河、最後に五月一七日夜にはスケルト河の線に後退させ、同地において全力で防御するという命令を発した。[*5]

五月一五日午前七時半頃、イギリス首相ウィンストン・チャーチルは、フランス首相ポール・レイノーから電話で起こされた。レイノー首相は、「我々は負けました。戦いに敗れたのです」とチャーチルに告げた。また、「セダン付近で戦線が破られたのです。敵は戦車と装甲車とともに大部隊でなだれ込んでいます」と続けた。ドイツ軍の電撃戦は、その核心的な狙いである敵の戦争指導者の統帥神経を破壊したのである。実際、チャーチルは、一五日の夕方までにフランス戦線は、約五〇マイルにわたって穴があき、そこからドイツ軍機甲部隊の大軍が戦線から六〇マイル侵入していることを知った。イギリス陸軍省でも一六日には、セダン付近の国境から六〇マイルあまりにわたってドイツ軍が侵入した事実が確認され、深刻な危機であることを認識した。[*6]一五日午前一一時にはオランダ軍最高司令部が投降し、オランダの戦闘も終了した。

五月一五日夕刻、BEFは、連合軍からディール河の線を捨てて西方のエスコー河の線に後退せよとの命令が下された。フランス第九軍のセダン付近ムーズ河の敗戦のため、後方が危うくなったのである。健闘していたベルギー軍にとってはやりきれない事態の変転であった。フランス第九軍、第一軍の敗北のために、ベルギーの首府ブリュッセル、アントワープ、そしてナミュールは戦わずして敵手に渡すことになってしまったのである。

五月一六日午後、チャーチルはフランスに飛び、レイノー首相、国防大臣エドゥアール・ダラディエ、連合軍総司令官ガムラン将軍から戦況を聞き、さらには現段階を打開するための戦略予備すらないことを知った。このことは、ゴート卿にも知らされないまま、一六日、BEFは、エスコー河の線に後退を命ぜられていた。この時、ガムラン将軍をはじめ、フランス軍最高首脳は、チャーチルに連合軍空軍の劣性を訴え、イギリス空軍に爆撃機と戦闘機、特に戦闘機の増派を要請した。しかし、イギリス戦時内閣がこれを拒否したため、一七日、ガムラン将軍は、「負けた」と情勢判断し、「私には今日と明日（一八日）と、明晩だけしかパリの安全を保障できない」と明言した。[*7] 一七日午後、ドイツ軍はブリュッセルに入城した。

BEFの後退と反撃構想

五月一八日朝までに、イギリス、フランスの各軍は、スケルト河に向かって退却を続けた。しかし、午前中には、第一軍集団司令官ビヨット将軍からゴート卿に、BEFはどうしてもセンヌ河の線に止まり、ブリュッセルを掩護してもらわなければならない旨の電報が入電した。その後まもなく、さらに後方の北東部戦区司令官ジョルジュ将軍の司令部からは、これを否定する命令が届いた。それからビヨット将軍は、また自らの考えを変えた。ゴート卿は、上級部隊の命令がこのように混乱状態にあるのをみて、こんなことではＢＥＦが危険な状態に陥りかねないと判断し、自分の上級指揮官であるフランス軍の将軍たちの命令を無視した方がよいと考えはじめた。[*8]

五月一八日正午、Ｂ軍集団の一部はアントワープを占領し、Ａ軍集団の装甲部隊は、カンブレーとサンカンタンに到達した。この迅速な突進は、装甲部隊の指揮官であるドイツＡ軍集団第一線のグデーリアン将軍、ラインハルト将軍、第七装甲師団長エルヴィン・ロンメル将軍らが、突進こそ敵の統帥神経の破砕に通じ、勝利の要諦であると確信していたことによる。グデーリアン将軍の第一、第二装甲師団は、続けてペロンヌに向かい、その北方ではロンメル将軍の第七装甲師団が、夕刻にはカンブレーを占領した。

一八日夜半、ゴート卿は、司令部に第一軍集団司令官ビヨット将軍の訪問を受けた。ビヨット将軍は、ゴート卿に対し戦線南部における破局的な戦況について説明した後、予備隊もなければ、戦況を安定させうる見込みもほとんどないため、どのように対処したらよいかわからないと、その本心をうち明けた。ゴート卿は、ビヨット将軍のこのような話を聞いて、改めてこの戦いはもはや負けたようなものであると悟り、ＢＥＦを海岸に向かって後退させ、そこから撤退させるべき時である、と考えはじめたのであった。[*9]この瞬間からＢＥＦは、海岸への退却の可能性を現実のものとして考えはじめた。

五月一九日、連合軍総司令官ガムラン将軍は、現状打開策として南方に向かって直ちに攻勢に転ずることを要求した。同日午前下達した彼の命令は、北方軍は包囲されてしまわないうちに、装甲師団を攻撃しつつ、あらゆる犠牲を払ってソンム河に向かって南下しなければならないというものだった。あわせて、フランス第二軍と新設の第六軍は、メジェールに向けて北上せよとされていた。突進するドイツ装甲部隊に対して、北と南から反撃を加えるというのである。連合軍は、ドイツ装甲部隊の突進によって戦線が分断されたとはいえ、その突出部の北方には約四〇個師団があり、しかもその大部分は激しく圧迫されていたが、まだ戦闘力は失っていなかったのである。南にも、まだ戦いを交えていない大部隊がいた。しかしこの命令の発出は、セダンがドイツ軍に突破されてからすでに五日経過していたのである。

同日午後四時三〇分、チャーチルは、ゴート卿から「やむを得ない場合には、ダンケルクに向けて退却することも検討する」意向だという報告を受けた。イギリス陸軍参謀総長エドムンド・アイアンサイド将軍は、戦時内閣と同様、南下攻撃すべきだという意見だったので、この提案を受け入れることはできなかった。チャーチルは、アイアンサイド将軍をゴート卿のもとに派遣して、BEFを西南の方向に移動させ、あらゆる抵抗を突破して南部のフランス軍に合流させるよう指示した。[*10]

しかし、一九日、BEF司令部では、結局のところダンケルクに向かって退却せざるを得ないという見通しによって計画を準備し始めた。ゴート卿は、一九四一年三月に発表された報告のなかで、「現在（一九日夜）の形勢は、もはや戦線が曲げられたとか、一次的に突破されたとかというものではなく、要塞を包囲されたというべきものである」と述べていることから、彼はすでに状況を絶望的なものとみていたのである。[*11]一方、首相、戦時内閣、参謀総長は、すでに非常の場合に備えて小舟艇の船団をイングランド南岸諸港に集結することを承認してはいたものの、ゴート卿からの海岸への退却の申請を却下し、南方に向かって直ちに攻勢を取ることを要求した。[*12]

この時、西方フランス海岸のディエップ、ル・アーヴル及びルーアンが脅威を受けていることを知ったゴート卿は、これら大量の補給物資が揚陸されるBEFの後方連絡線でもある港及び施設を掩護するため、同日、臨時編成の部隊を設け、ベチューヌ河の線に配置した。〝ヴィックフォース〟という名称のこの部隊は、一七〇〇名、五個大隊に編成され、一ヶ月以上の期間にわたってドイツ軍の前進を遅滞させた。最終的にこの部隊は、ベチューヌ河の各橋梁を爆破した後、六月一九日、遥か西方、シェルブール港のノルマンディまで後退し、派遣された駆逐艦に乗艦した。*13

また、五月一九日の段階で、ル・アーヴル、ナント、シェルブール及びブレストに至るBEFの後方連絡線上にはすでにドイツ軍の戦車五個師団がいた。幸いなことに、ゴート卿の参謀は、第九軍が突破されたのを知るとすぐに、アミアン経由、アラスに至る鉄道に依存していたBEFの主補給線をさらに西方のユー及びアベヴィーユを経てベチューヌに至る経路に切り替えた。このような後方の安全に対する事前の処置がなければ、BEFは移動することも戦闘を継続することもできず、ダンケルクへ撤退することもできなかったであろう。また、BEFの所在地のすぐ後方のカレー、ブーローニュ及びダンケルクに、英国本土から送られてきた補給物資を陸揚げする計画も急速に立案された。*14

一方、この重大な時期に連合軍総司令官ガムラン将軍が更迭され、急遽、シリアから召還されたマキシム・ウェイガン将軍が連合軍総司令官の職に就いた。彼がまずやったことは、五月一九日のガムラン将軍の反撃命令の中止であった。彼は、パリ地区から抽出した部隊をもってエーヌ河に沿い、臨時の防衛線構築を開始した。連合軍は北翼と南翼の両方から部隊を抽出して、さらに南方バレンシェヌとラ・フェールの間に防御線を構成しようと努力していた。五月二〇日までに、連合軍はエスコー河の線に陣地をとり、北にベルギー軍、その南にBEFがツールネーまで、さらに南にフランス第一軍がドエーにわたる間に連なりドイツ軍を阻止していた。ドエーの南のアラスを守っているのはイギリス軍の一個師団であった。アラスと南方戦線の北端ペロンヌの間はわずか四〇キロである。ゴート

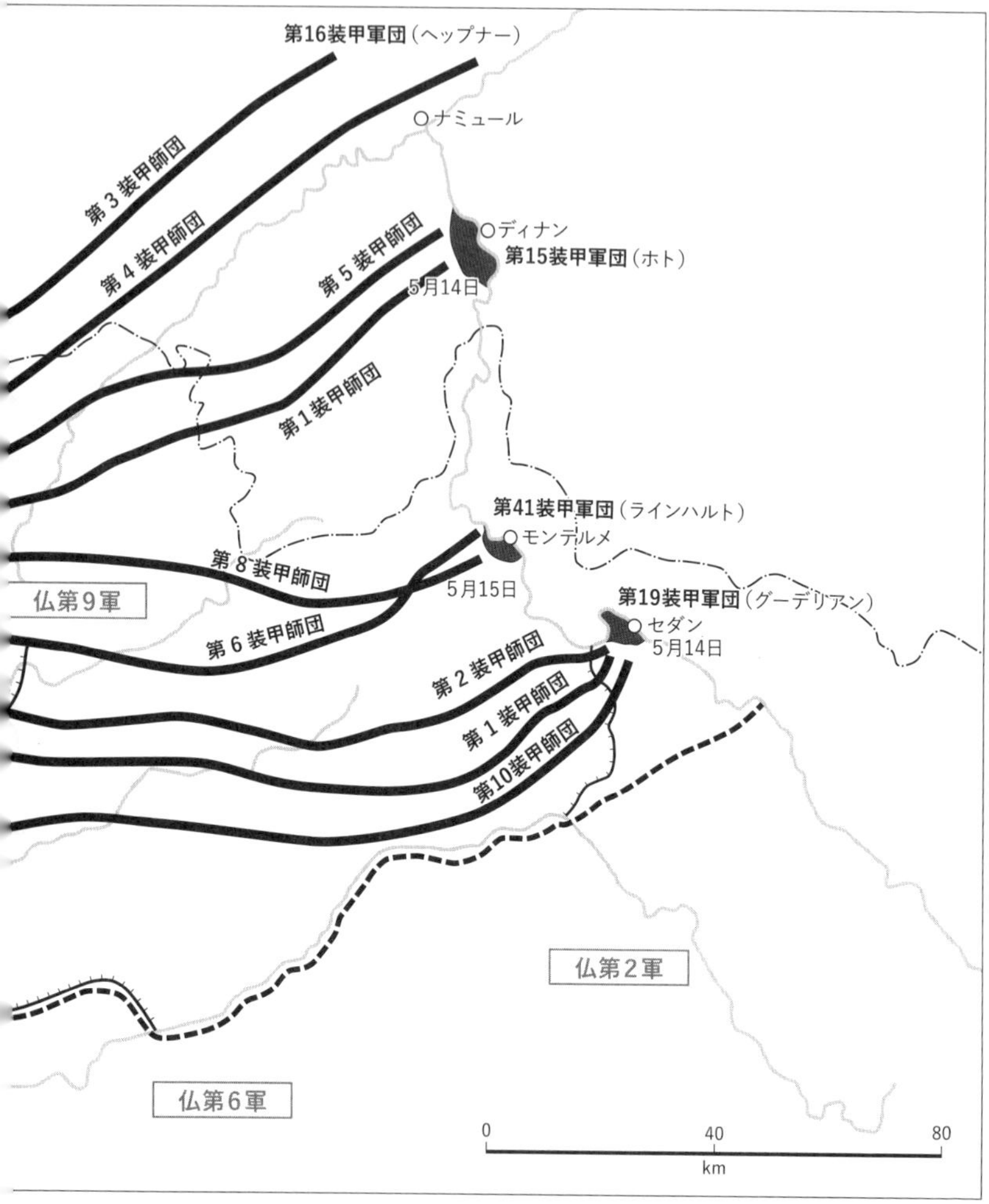
第16装甲軍団（ヘップナー）
ナミュール
第3装甲師団
第4装甲師団
第5装甲師団
ディナン
第15装甲軍団（ホト）
5月14日
第1装甲師団
第41装甲軍団（ラインハルト）
モンテルメ
第8装甲師団
5月15日
仏第9軍
第19装甲軍団（グーデリアン）
セダン
5月14日
第6装甲師団
第2装甲師団
第1装甲師団
第10装甲師団
仏第2軍
仏第6軍
0
40
80
km

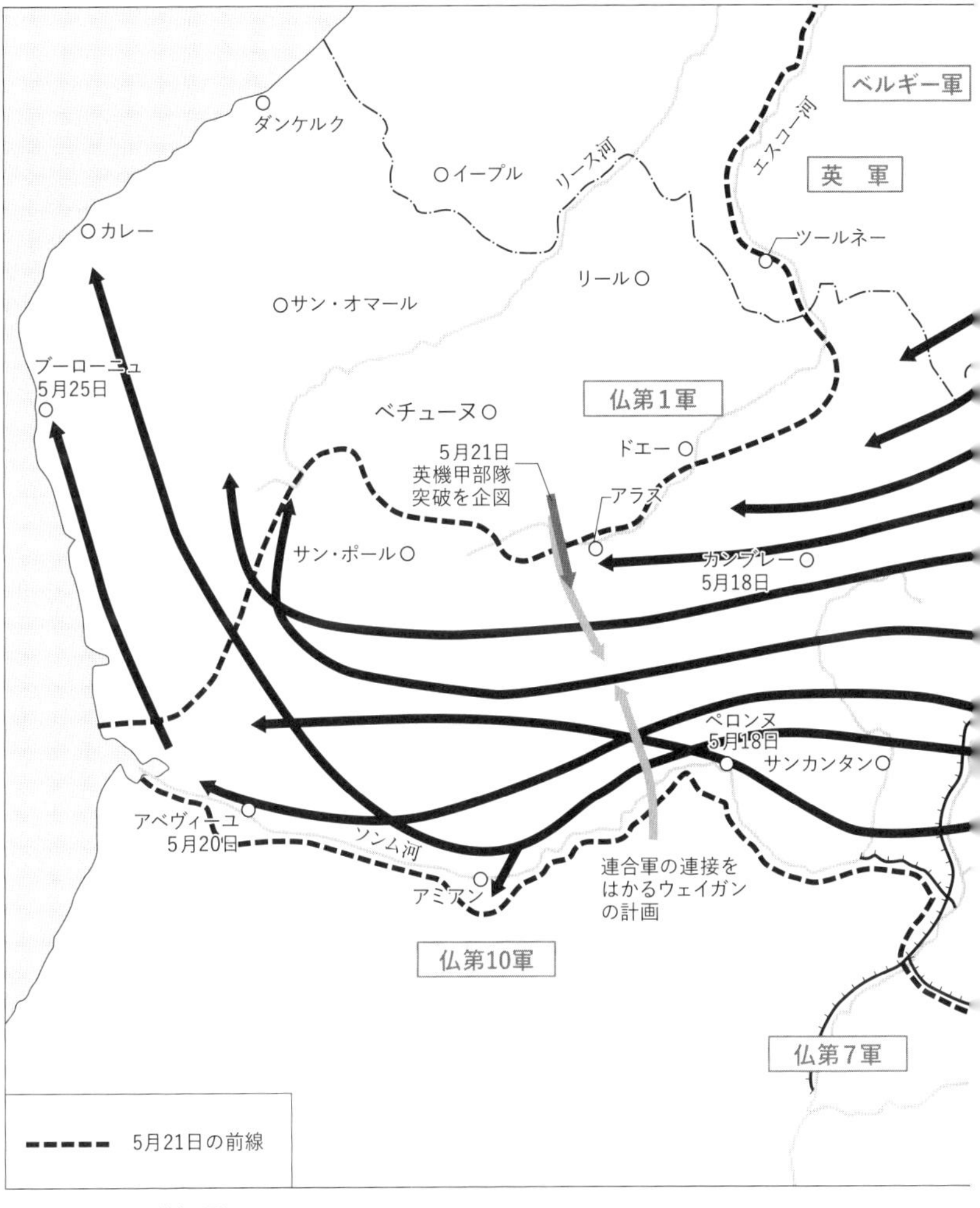

5月21日頃の戦況図
ピーター・ヤング著／加登川幸太郎監修『第二次世界大戦通史・全作戦図と戦況』（原書房、1981年）を参考に作成

卿は、アラスを足場に南に進撃することを決めた。

五月二〇日早朝、ゴート卿は、参謀総長アイアンサイド将軍の訪問を受けた。アイアンサイド将軍は、ソンム河の線において新たな陣地につき、戦車部隊と連繋し、ミューズ河の線から前進しつつあるドイツ軍歩兵部隊を阻止せよ、と命じたが、ゴート卿はこれを拒んだ。ゴート卿は、その命令通りに行動することは、全く実情に沿わないというのである。ゴート卿指揮下のイギリス軍九個師団のうちの七個師団は、スケルト河及びエスコー河の線に展開していたし、これに対するドイツ軍の攻撃の時期が迫っていたからであった。たとえ、ＢＥＦがこの線から後退することができたとしても、ドイツ軍はスケルト河を越えて追撃して来るであろうし、そうなった場合、同時に、ソンム河の線に進出したドイツ軍の戦車集団を相手に戦わなければならなくなるというのであった。弾薬の量にも限りがあったし、糧食の補給も不足がちであった。そして、たとえＢＥＦが敵中を突破してソンム河の線に配備できたとしても、南方からフランス軍が敵中を突破してくることができるとは思っていなかった。しかも、ゴート卿は、その左にいたベルギー軍が後退して、彼の軍の側面を掩護しうるか否かについては、さらに強い不信の念を抱いていた。それでも、ゴート卿は、フランス軍との協力、特に同軍が北方に向かって反撃を開始する予定の地点において、これと手を握るようにすることを承諾した。

一方、ゴート卿は、アイアンサイド将軍に対し、軍はすでに予備として控置していた二個師団を基幹とする兵力をもって、目的を限定した攻撃を計画していると告げた。その兵力は、いずれも三分の二に兵力は減っているが、第五及び第五〇師団で、これを戦車八三両からなる戦車旅団と、大きな損害を被ったまま各地に分散している第一二騎兵連隊が支援することになっていた。アイアンサイド将軍は、ゴート卿の意見具申を認可し、ビヨット将軍、ブランシャール将軍を訪れて、ゴート卿の計画に協力する同意を得るとともに、フランス第五軍団をこれに参加させるとの確約を得た。この作戦を実施するイギリス軍部隊――〝フランクフォース〟――の指揮を命じられた第五師団長、フランクリン少将はその日の夕、ヴィミーにあったその司令部に、各指揮官を召集して作戦会議を行ったが、フランス軍からは一名の参加もなかった。[*15]

五月二〇日午前、戦時内閣の閣議で、あらためてBEFの情勢を検討した。チャーチルは、たとえ戦いながらうまくソンム河まで退却しても、相当な数の兵力が脱落するか、海岸へ追い返されることになると考えていた。当時の閣議の議事録には、「首相は、警戒処置としての、多数の小型船を結集して、フランス海岸の港や入江に向かう準備をさせるべきだと考えた」とある。海軍はこれに対して直ちに行動を開始した。一九日には、作業の指揮権が、ドーバー司令官のバートラム・ラムゼイ提督に託された。ラムゼイ提督は、二〇日午後、ロンドンからの命令に基づいて、海運省の代表を含む関係者全員をドーバーに集め、海峡横断による撤退について討議した。必要があれば、カレー、ブーローニュ、ダンケルクを中心に、二四時間ごとに各港からそれぞれ一万人ずつを引き揚げる計画が立てられ、イギリスの各港で徹底的な海運調査が行われた。この計画は、「オペレーション・ダイナモ」と呼ばれ、一〇日後には軍隊救出の任を果たすことになる。一方、イギリス戦時内閣としては、ぎりぎりの時期までドーバー海峡に面した重要な港、ブーローニュ、カレーを守ることが現段階における最大の急務であるとしてイギリスから直ちに守備隊を送ることにした。ブーローニュには、イギリス近衛連隊の二個大隊と、若干のフランス軍部隊を含めたわずかの対戦車砲隊が配備された。[*16]

グデーリアン将軍は五月一九日、第一装甲師団にアミアンの奪取を、第二装甲師団には海岸のアベヴィーユへの突進を命じた。ドイツ軍の戦車は、広々とした平野を思うままに走り抜け、機械化された輸送部隊の掩護と補給を受けて、一日に三〇乃至四〇マイルを前進した。二〇日夕刻、第二装甲師団はアベヴィーユ海岸に達し、連合軍を南北に分断した。これら装甲部隊は、北に転じ、連合軍背後の港湾を占領する予定であった。五月二三日の夜までに、最後の拠点であるダンケルクはあと二四時間以内に陥落すると予想された。

五月二一日、ウェイガン将軍は、前線を視察するため、まずカレーに飛び、イープルでベルギーのレオポルド国王やフランス軍の前線司令官らと協議した。イギリス人将校は一人もいなかった。ここでは、三国軍の調整と、ウェイガン計画の実行が討議され、これが失敗したら、イギリス、フランス両国軍がリース河方向へ、ベルギー軍がイーゼル河方面へ撤退することとなった。ゴート卿は八時頃、遅れて到着したが会議はすでに終わっていた。また、会議後、ウェイガン将軍からウェイガン計画の実行を直接命令されていたビヨット将軍が、交通事故で死亡した。ビヨット将軍の後の第一軍集団司令官には、第一軍司令官のブランシャール将軍がついた。こうして大事な時期に連合軍内の指揮が混乱した。一方、五月二一日、参謀総長アイアンサイド将軍はイギリスに帰り、ゴート卿はソンム河まで南下することに乗り気でないこと、北方のフランス軍最高司令部は混乱状態にあることなどをチャーチルに報告した。そこで、チャーチルと戦時内閣は、BEFに、南下しソンム河に血路を開かせるのか、それともダンケルクまで後退させ、海上撤退を決行するのか、判断を迫られたのである。[*17]

アラスの戦闘

フランクリン将軍の部隊〝フランクフォース〟は、五月一九日午前七時、アラス近郊に前進した。

ロンメル将軍の第七装甲師団は、五月二〇日、アラス南方五キロの地点に達し、歩兵師団を呼び寄せようとしていた。彼の師団の右には、第五装甲師団、左にはSS（親衛隊）の自動車化師団「髑髏」が前進していた。五月二一日、ゴート卿はフランクリン将軍に、アラスに増援し、その南方の東西に通ずる道路を閉鎖するように命じた。同時にゴート卿はフランス第一軍に対して、二個師団をもってカンブレーに向かって出撃するように要請した。

五月二一日の午後、ロンメル将軍は西進を開始した。それとほとんど同時に、フランクリン将軍指揮下部隊が南進を開始した。フランクフォースの先頭部隊は、ドイツ第七装甲師団と「髑髏」師団に遭遇し、戦闘が生起した。戦車隊はイギリス軍にぶつかることなく西に突進した。この時ロンメル将軍は後方にいて、歩兵師団や砲兵の前進を指揮していた。ドイツ軍歩兵の対戦車砲ではイギリス軍の重装甲「マチルダ」戦車を阻止することはできなかった。しかし、イギリス軍戦車部隊は、ドイツ軍の野砲、高射砲、ドイツ空軍の攻撃で大きな損害を受け、さらに引き返してきたロンメル将軍の戦車隊と戦車戦になった。こうしてフランクフォースは、南方に向けてドイツ軍戦線を一五キロ突破したが、ドイツ軍の頑強な抵抗と反撃に遭い撃退された。

この攻撃の失敗により、ゴート卿は、南方のフランス軍との連絡回復の望みを完全に断たれたことを覚った。そこで彼はダンケルク海岸に向けて部下部隊の移動の準備に着手した。一方、アラスにおける数時間の戦闘は、SSの歩兵にパニックを起こさせただけではなく、ドイツ軍統帥部を震撼させるという結果を生んだ[*18]。

ソンム河への南下か、ダンケルクへの撤退か

五月二二日、チャーチルはパリで連合軍総司令官ウェイガン将軍と会った。ウェイガン将軍は、北方軍が南下、あるいは撤退することを潔しとせず、カンブレーとアラス付近から東南に攻撃を開始し、サンカンタン方面において、ドイツ機甲師団の側面に挑むべきだと力説した。ウェイガン将軍の考えでは、アルザス、マジノ線、アフリカ、そのほか各地から引き抜いた一八乃至二〇個師団からなる新しいフランス軍が、ソンム河沿いに戦線を作る。その左翼はアミアンを経てアラスに突進し、最大限の努力を払って北方軍との連絡を確立する。ドイツの戦車隊をたえず圧迫し、「パンツァー師団に先手を許してはならない」というのだった。チャーチルは、同行していた参謀本部次長サー・ジョン・ディル将軍と、他に選ぶ道はないとして、これに応じた。チャーチルは、「北方軍と南方軍の間に、アラス経由で連絡を再開することが絶対必要だ」と強調した。そして、ゴート卿が南進する際、本国との補給線を確保するためにも海岸に向かう経路も守らねばならないことを説明し、これをウェイガン将軍の同意を得て、ゴート卿に伝えた。ガムラン将軍に代わり、ウェイガン将軍が指揮権を握ってから意志決定をしてこれを伝達するのに三日もかかっていた。しかも、この命令を受けていたビヨット将軍は、自動車事故ですでに死亡していた。この間、事態は進展し、すでにドイツ軍は支配権を握り、二一日から二三日にかけては、イギリス軍〝フランクフォース〟によるアラス付近での戦闘が行われていた。[*19]

この二二日には、重要な港をもつブーローニュが孤立し、派遣されたイギリス第二〇近衛旅団（近

衛連隊の二個大隊）は、これ以上維持できないと報告した。チャーチルは、フランス兵を含む守備隊の残兵を、海路によって引き揚げることに同意した。近衛大隊は五月二三日、二四日の夜、八隻の駆逐艦によって撤退したが、フランス兵は二五日の朝まで砦にこもって戦闘を続けた。チャーチルは、海峡諸港の防衛任務をイギリス軍参謀総長の直接指揮下におき、最重要拠点カレーは死守し、守備隊に海路退却を許さない決心をした。カレーの守備隊は、ライフル歩兵旅団の一個大隊、第六〇ライフル歩兵隊の一個大隊、クィーン・ビクトリア歩兵部隊、第二二九対戦車砲中隊、軽戦車二一両と巡戦車二七両をもつロイアル戦車連隊からなる第三〇歩兵旅団、それにフランス軍部隊からなっていた。[20]

五月二四日、ドイツ装甲部隊は全力を挙げて連合軍の南翼を激しく攻めた。特にグデーリアン将軍の第一九装甲軍団は、五月二四日、ブーローニュを攻め、カレーは五月二四日までに第一〇装甲師団が包囲し、第一装甲師団は、アー・アー運河に橋頭堡を確保した。ダンケルクからわずかに二四キロである。その南ではラインハルト将軍の部隊がサン・オマールの付近で橋頭堡を確保した。この脅威に対してBEFは、懸命になって運河陣地線を確保した。東からはボック将軍の歩兵部隊の圧迫を受け、南面及び南西方からは装甲部隊の強襲にさらされていた。まさにBEFにとっては非常な危機であった。しかし、その頃不思議な一連の状況が起こりはじめていた。ドイツ陸軍総司令部は、二四日夜、停止命令を下達したのだ。あと二日ほどで連合軍の背後に迫ることのできた装甲部隊は、運河の線で止まったのである。[21]

二五日朝時点でのBEFの配置は、大きなトウモロコシのような形になっており、その戦端がドエーで、ダンケルクとヌーポールの間で海岸に向かって口を開いていた。尖端部にはフランス第一軍がおり、両側面において配置についていたのは、大部分がイギリス軍の部隊であった。西翼の海に近いところには、さらにフランス軍の部隊がおり、同じく東翼にはフランス軍とベルギー軍がいた。ダンケルク自体は、フランス軍の防衛担当地区となっていたため、北部海軍区司令官ジャン＝マリー・アブリアル提督の管轄となっていた。[*22]

一方、二五日、レイノー首相からはチャーチル宛にBEFに不満を表明する旨の電報が届いた。レイノー首相は、アミアン及びペロンヌを奪回した部隊が順調に前進しつつあるとき、BEF〝フランクフォース〟の第五及び第五〇師団がアラスから後退したため、ウェイガン将軍は北方に向かう前進を中止せざるを得なくなったというのである。フランスの最高統帥とイギリスの戦時内閣は、ウェイガン将軍の構想に基づく大反撃計画を続行することになっていた。第一軍集団司令官ブランシャール将軍は、参謀次長ディル将軍に対し、フランスは二〜三個師団と戦車二〇〇両を参加させる、と伝えていたが、現地のゴート卿は、ブランシャール将軍が攻撃のために集結できると考えていたフランス軍の兵力は、全く夢想に過ぎないことを知っていた。ウェイガン将軍の計画が実行された場合には、アラスの戦いと同じように、少ない兵力でイギリス軍が単独で攻撃しなければならないことは明らかであった。さらに、第一線からも戦況を否定的に捉える報告があるため、そのとるべき行動について慎重になることがますます必要となってきた。[*23]

ゴート卿の決断

五月二五日午後六時頃、遂にゴート卿はこの作戦における最も重大な決断を下すことになるのである。彼が受けていた命令は、まだ、ウェイガン計画を遂行することであって、カンブレーに向けて南

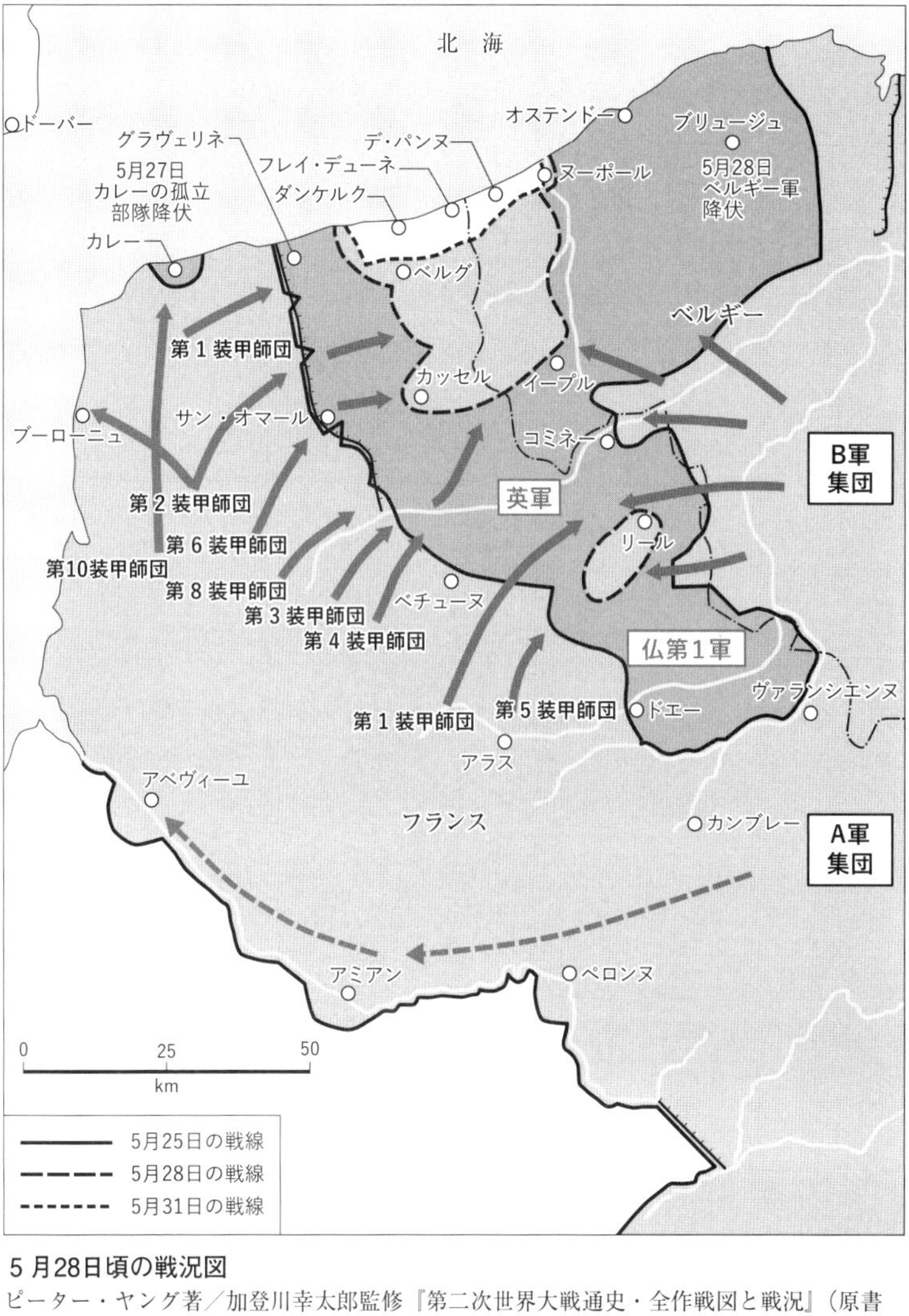

５月28日頃の戦況図
ピーター・ヤング著／加登川幸太郎監修『第二次世界大戦通史・全作戦図と戦況』（原書房、1981年）を参考に作成

から攻撃することになっていた。この時、イギリス本国との連絡基地となるブーローニュの守備隊はすべて引き揚げていたが、カレーはまだ持ちこたえていた。ゴート卿はここで、ウェイガン計画を捨てた。もはや南進してソンム河に至る見込みはなかったのである。しかも、それと同時にベルギーの防衛が崩壊し、北方に間隙が生じたために新たな危険が起こり、それだけでも決定的だった。ここでイギリス、フランスいずれの政府も、また、フランス軍最高司令部も、全く支配力を失ったことを確認したゴート卿は、南進することを諦め、ベルギーの敗退によって生ずる北方の間隙をふさぎ、海へ向けて撤退する決意を固めた。彼はロンドンの意見を求めることなく、フランス軍側と話し合うこともしなかった。この瞬間においては、こうするほかに壊滅又は降伏に至らないですむ方法はなかった。午後六時、ゴート卿は、ウェイガン将軍の反撃計画のため控置していた第五及び第五〇師団をイギリス第二軍団に合流させ、目前に迫ったベルギーの間隙をふさぐ命令を出した。第一軍集団司令官ブランシャール将軍にも自分の行動を通知した。ブランシャール将軍もやむを得ない事態を認めて、午後一一時三〇分、リール市の西方にあるリース運河の背後の線まで後退して、ダンケルク周辺に橋頭堡をつくることに備えるよう命令を出した。[*24]

五月二六日早朝、ブランシャール将軍は、西方に向かう退却路を啓開するのに協力するとして、ゴート卿をアティッシュにあった同将軍の司令部に招致し、協同で海岸への後退計画を策定した。この時までにイギリス本国のチャーチル、戦時内閣もゴート卿と同様の結論に達していた。陸軍省は、電報を送ってゴート卿の行動を承認し、「フランス、ベルギー両国軍とともに、海岸に向かう作戦」を彼に一任した。すでにあらゆる種類と大きさの艦船に緊急命令が出され、大がかりな集結が行われていた。チャーチルは、撤退の意図をレイノー首相に告げ、フランス軍にこれに応ずる命令を出すよう要請した。その間に、ダンケルク付近での橋頭堡の構成も進んでいた。フランス軍はグラヴェリネからベルグにかけて防御し、イギリス軍はそこから運河沿いにフルネを経て、ヌーポールと海に至る地域を受け持った。撤退してくる部隊は、この橋頭堡に収容された。二七日午後一時、ゴート卿は、陸軍省からその後の任務として、「できる限りの兵員を撤去せよ」という命令を受領した。[*25]

陸軍大臣のアンソニー・イーデンは、ゴート卿から攻勢中止の決心をする理由を述べた電文を受領した返電として、「……貴官に残された唯一の方策は、敵中を突破して西方に向かい、グラヴェリネ東方のすべての海岸及び港を使用して乗船することであろう。海軍は船艇を提供し、空軍は全面的にこれを支援する……」と打電した。ゴート卿は、「……最善の場合においても、小官はイギリス軍及びその装備の多くを失うことは避けがたいと申し上げなければなりません」と返電した。[*26]

ドイツ軍先鋒戦車部隊は約二日間動かないままであったが、ヒトラーは、五月二六日の午後、装甲師団の前進を許可した。夕刻には、カレーが陥落した。イギリス海軍省は、撤収作戦（「ダイナモ」）の開始を発動した。

五月二七日、ＢＥＦの四個師団とフランス第一軍の全軍は、橋頭堡の南方、リール付近で取り残されてドイツ軍に包囲され両方から挟み撃ちにされようとしていた。包囲環完成は、イギリス第二師団、第五師団の働きによって三日間阻まれてきたが、五月二九日の夜、包囲環が閉塞される時がきた。しかし、この包囲環が閉じられるのに二日半もの時間を費やし、その間にＢＥＦの各師団とフランス第一軍の大半は、間隙を縫って後退した。フランス軍の輸送機関は馬しかなく、しかもダンケルクに通じる主要道路はすでに切断されていたため、他の小さな二級道路に後退する軍隊、長い列を作る輸送車、何千人もの避難民などがひしめき合い、この引き揚げは行われたのである。一方、リール西方で後退路が切断されたフランス軍五個師団約五万は、徐々に戦線を縮めながら戦い続けたが、三一日夕、食糧、弾薬も尽き降伏した。しかし、この四日間にわたる抵抗は、ドイツ軍七個師団を拘束した。

一方、五月二六日終日、北東部のベルギー軍はボック将軍のB軍集団とドイツ空軍の攻撃を受けた。翌二七日は、ベルギー軍の最後の戦いの日であった。午後、レオポルド国王はゴート卿に、降伏は近い、と通告し、ライヘナウ将軍の第六軍司令部に降伏を申し入れた。二八日、ベルギー軍の全線にわたって砲火はやんだ。ゴート卿は、ベルギー軍降伏によって生じる間隙を埋めるため、イーゼル河に向けて第二軍団を東進させた。[*27]

ダンケルクの戦闘

五月二八日、ベルギー軍が降伏したことにより連合軍は戦線を収縮せざるを得なかった。最終的にこのダンケルクの橋頭堡は海岸に沿って三五キロ、深いところで一〇キロであった。五月三〇日、連合軍総司令部は、BEFの全師団、もしくはそのうち残存しているもの全員が、橋頭堡内に入ったと報告した。

五月三〇日午後二時、チャーチルは、ゴート卿に「現在順調に進行中の最大限の撤退を掩護するため、現在の橋頭堡の守備を極力続けられたし。まだ通信ができるならば、貴官の指揮が一人の軍団長に引き渡してもよいほどに縮小されたと認められるとき、我々は貴官に対して、自ら選んだ将校とともにイギリスに帰国するよう命令を送るであろう。貴官は今のうちにその軍団長を指名しておくべきであろう。通信が途絶えた場合には、貴官は指定された通り、指揮下の有効な戦闘兵力が三個師団を超えなくなった際、指揮を引き渡して帰国しなければならない。これは正当な軍事上の手続きに基づくもので、本件に関しては貴官に個人的な自由裁量の余地はない。政治的にみて、わずかの軍勢しか指揮下に残されていないのに、貴官を捕虜にすることは、敵に不必要な勝利を与えることになるであろう。貴官の選んだ軍団長には、フランス軍と協力して防衛を続けるとともに、ダンケルクあるいは海岸からの撤退を続けるよう命令しなければならないが、同軍団長の判断で、もはや組織的な撤退が不可能になり、もはや敵に相当な損害を与えることができないとすれば、同軍団長の権限で、無益な殺戮を避けるために、フランス軍の上級指揮官と合議の上で降伏するもやむを得ない」と命令書を陸軍省を通じて送った。

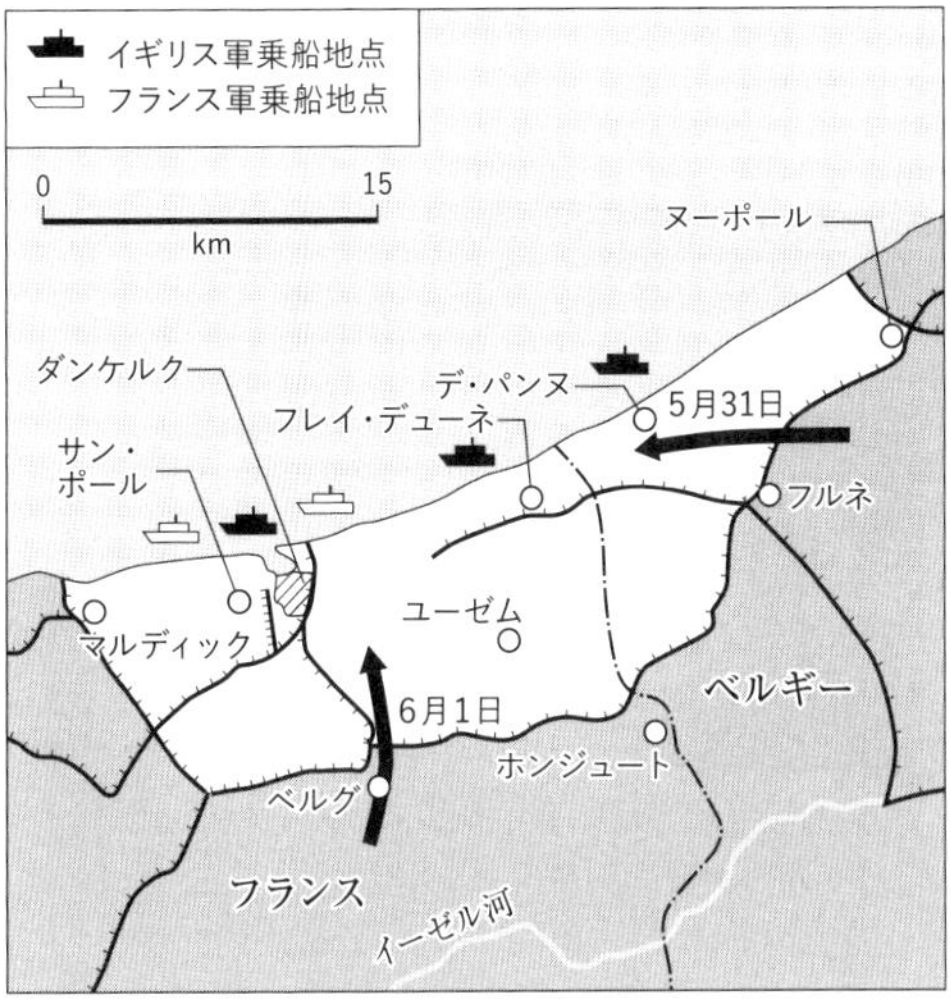

ダンケルク付近の戦況図
ピーター・ヤング著／加登川幸太郎監修『第二次世界大戦通史・全作戦図と戦況』（原書房、1981年）を参考に作成

五月三〇日、ゴート卿の参謀は、ラムゼイ提督に六月一日の夜明けまでが橋頭堡陣地の東部を維持できるぎりぎりの期間であると報告した。したがって撤退は大急ぎで行われ、最終的に約四〇〇〇人程度のイギリスの後衛部隊を陸上に残しておけるようにした。しかし、最後の防御線には、これだけの兵力では不十分とわかり、そこでイギリス軍を増援し、六月二日の夜半まで持ちこたえさせることにした。その間にイギリス、フランス両軍を均

等な割合で撤退させた。[*28]

五月二〇日以来、ドーバー海峡には、ラムゼイ提督指揮のもと、船舶や小舟艇の結集が行われていた。二六日、「ダイナモ作戦」が発動され、撤退した兵の第一陣は、その夜本国に到着したが、ブーローニュとカレーを失った二七日以降は、乗船できるのはダンケルク港とベルギー国境に接する広々とした海岸に限られた。この時の推測では、二日間で救出できる兵員は、どう見てもせいぜい四万五〇〇〇人だったため、ダンケルク港から乗船できる大型船の他に、沖で停泊する大型船の乗船作業に用いる小舟艇が、数多く必要なことが明確だった。そのため本土海岸では、ボート場に海軍省の役人が出向き、役に立つモーターボートやランチ、ロンドンのドックに入っている定期船の救命艇、テムズ川の曳き舟の他、ヨット、釣り船、はしけ、伝馬船、遊覧船などを徴発した。二七日夜には、小型船が群をなして海に向かい、一路ダンケルクの海岸へ急いだ。また、イギリスの南部と東南部の沿岸に住む住民に、自発的に活動するよう呼びかけ、三一日からは、総数四〇〇隻近くの小型船が、海岸と沖に停泊中の船の間を往復し、一〇万にも上る兵員を運んだ。[*29]

一方、ダンケルクの上空では、ドイツ空軍が、すべての戦闘機と戦術爆撃機をダンケルクの橋頭堡と撤退する艦船の攻撃に投入したが、イギリス空軍の活躍により損害は最小限に押さえられた。また、ドイツ海軍は、この時、ノルウェー作戦のため、撤退作戦を妨害するための駆逐艦をもっていなかった。しかも巡洋艦群は、この頃ノルウェー海域に向けて出航していたのである。[*30]

五月三一日と六月一日は、ダンケルクにおける撤退の絶頂であった。この二日間に、一三万二〇〇〇人余の兵士が無事にイギリスに上陸したが、そのうち三分の一近くは、猛烈な空襲と砲撃のなかを、小舟艇で海岸から引き揚げた。地上では、ドイツ軍が橋頭堡に対する攻撃を強め、突破しようと全力を挙げたが、連合軍の後衛部隊の必死の抵抗で阻止された。このような状況のなかで、ゴート卿は三一日夕、チャーチルの命令に従って指揮を第一歩兵師団長ハロルド・アレキサンダー少将に引き渡し、イギリスに帰国した。[*31]

六月二日朝になるとイギリス軍は数千人を余すだけになったが、戦闘を継続していた一〇万人のフランス軍将兵の撤退が六月二日、三日と続いた。二日夕刻には曳き舟や小型船の他、駆逐艦一一、掃海艇一四を含む四四隻の艦船がイギリスから送られ、フランスとベルギーの艦船四〇隻もこれに加わった。イギリス軍の後衛部隊は、夜半前に乗船した。フランス軍はこの二日間、敢闘してドイツ軍を阻止して戦い、ダンケルクは約四万のフランス軍とともに六月四日の朝になってドイツ軍の手に落ちた。同日午後二時二三分、イギリス海軍省はフランスの同意を得て、「ダイナモ」作戦の完了を発表した。[*32] ダイナモ作戦は、八五〇隻の船舶中の二三五隻を失い、ＢＥＦ将兵も六万八〇〇〇名以上の死傷者、捕虜を出したが、約三五万名の連合軍将兵を救出することに成功した。これは奇跡的な大成功であった。〝ダンケルクの奇跡〟と英国側が呼ぶ理由である。[*33]

六月四日、チャーチルは、公開の席で事件の経過を明らかにするため演説を行った。彼の演説は、撤退によって戦争に勝つことはできないとした上で、「……我々は勇敢な総司令官ゴート卿のもとに、もう一度イギリス遠征軍を立て直し、強化しなければなりません。それはすでに進行中でありますが、その間にも、我々は本土防衛を高度に組織化し、最小限の兵力によって効果的な安全保障が確立でき、最大限の攻撃能力が発揮できるようにしなければなりません。我々は今これに従事しております……」[*34]と、この欧州大陸からの撤退は、人材、つまり、戦争を行う上でのソフトが生存している限り、それは次の勝利への架け橋であるということを述べたのである。

第三章　中国軍介入と三八度線への撤退

――国連軍司令官マッカーサーの決断――

仁川上陸と北朝鮮軍の壊滅

国連軍司令官ダグラス・マッカーサー元帥が、一九五〇年九月一五日、仁川上陸作戦に成功を収めたことは、朝鮮戦争における形勢を一変させた。釜山で国連軍がダンケルクの二の舞を演じるという不安は一挙に吹き飛び、北朝鮮軍の壊滅という道が開けた。侵攻当初一三万五〇〇〇を数えた北朝鮮軍のうち、三八度線以北に逃げ帰ったのは、二万五〇〇〇から三万人に過ぎなかったといわれている。これで国連軍は、「韓国に侵入した北朝鮮軍を撃退する」という当初の任務を終えた。[*1] この成功は、マッカーサーの「自分は間違うことはないのだ」という動かし難い信念を肥大させた。[*2] 一方、米国大統領ハリー・S・トルーマンは、北朝鮮を三八度線の北側まで押し返すためにあらゆる手段を講じたいが、どんな状況が起こるかわからないようなところまで朝鮮で深入りしたくない、[*3] と考えていた。三八度線を北進し、これに刺激されたソ連に対して戦争することがあるような状況は起こしたくなかったのだ。韓国における米国の作戦目的は、平和の回復であり、境界線の回復であったからである。マッカーサーはこのような考えに不満であった。彼は、第八軍司令官のウォルトン・ウォーカー中将に、「戦争をやり、戦闘行動を取ることの唯一の目的は、戦場で勝つことによって、速やかに政治的に有利な平和を打ち立てるための情勢を作り出すことにある。戦争に勝利するためには、軍事的な勝利だけでなく、その勝利を政治的に活用することが必要だ」と述べ、さらに「北朝鮮を壊滅させた仁川での勝利を直ちに政治的平和にすり替える、つまり軍事的に勝ったのを機にここで戦争を終結させてしまう絶好の機会だ」ともいった。そしてそれができていない現在では、戦争が長引くこともありうると述べた。[*4]

トルーマン大統領（右）とマッカーサー国連軍司令官（左）

このため国連軍では、北朝鮮軍の残存兵力を一掃するため、三八度線を越えるべきか否か、もし越えないとすれば北朝鮮は三八度線の陰に隠れて再び新しい軍隊を編成。訓練し、装備して戦闘に備えることになるがそれを許すべきかどうか、という議論が交わされたが、米国統合参謀本部がこの問題に断を下した。統合参謀本部は、作戦を実施する場合に、ソ連または中国の主力軍が北朝鮮に進入していない、参戦企図の発表がない、または北朝鮮内で軍事的にソ連または中国の脅威に遭遇しない場合に限るという条件のもと、[*5]九月二五日、マッカーサーに「貴官の軍事目標は、北朝鮮軍を壊滅させることにある。この目標を達成するため、貴官が朝鮮の三八度線以北で軍事行動を取ることを許可する」と指令した。[*6] ここで明らかに、韓国における米国の作戦目的は、境界線の回復から北朝鮮軍の壊滅へと変わったのである。しかし、統合参謀本部は、この指令に三つの条件を付けた。①陸海軍部隊はいかなる場合にも満州及びソ連と朝鮮との国境を越えてはならない、②国境に沿う地域では、韓国軍以外の部隊は使用しない、③三八度線の北または南で行う作戦のための支援行動には、満州またはソ連領に対する空海からの攻撃を含めてはならない、というものであった。この指令は、朝鮮戦争が一定の政治目的を達成するための限定戦争であることを示していた。しかし、全面戦争において、完全な勝利を獲得することに五〇年の経歴を捧げてきたマッカーサー元帥が、そのことを理解できるかが問題であった。事実、マッカーサー元帥はこの指令が現地指揮官を束縛するものだとし、アメリカは朝鮮で戦争に勝つ意志がないのではないかといぶかった。[*7]

最高司令官トルーマン大統領と現地最高司令官マッカーサー元帥

北朝鮮軍壊滅のためのマッカーサー元帥の計画は概ね次のようなものであった。①第八軍は、現在の編成のまま三八度線を越えて進撃し、平壌攻略を目標に主として平壌を軸とする敵防衛線を攻撃する。一方、第一〇軍団は現編成のまま、元山に上陸し、第八軍と連絡する、②第三歩兵師団は、最初の段階では、総司令部の予備兵力として日本に待機させる、③定州―寧遠―興南を結ぶ線以北の作戦は、韓国軍部隊だけで行う、④第八軍の攻撃開始日は一〇月一五日から三〇日までの間に選ぶ、というもので、九月三〇日、統合参謀本部はこの計画を承認し、六日後に国連総会もそれを確認する決議を採択した。これをもってマッカーサー元帥は北進の許可を得た。[*8]

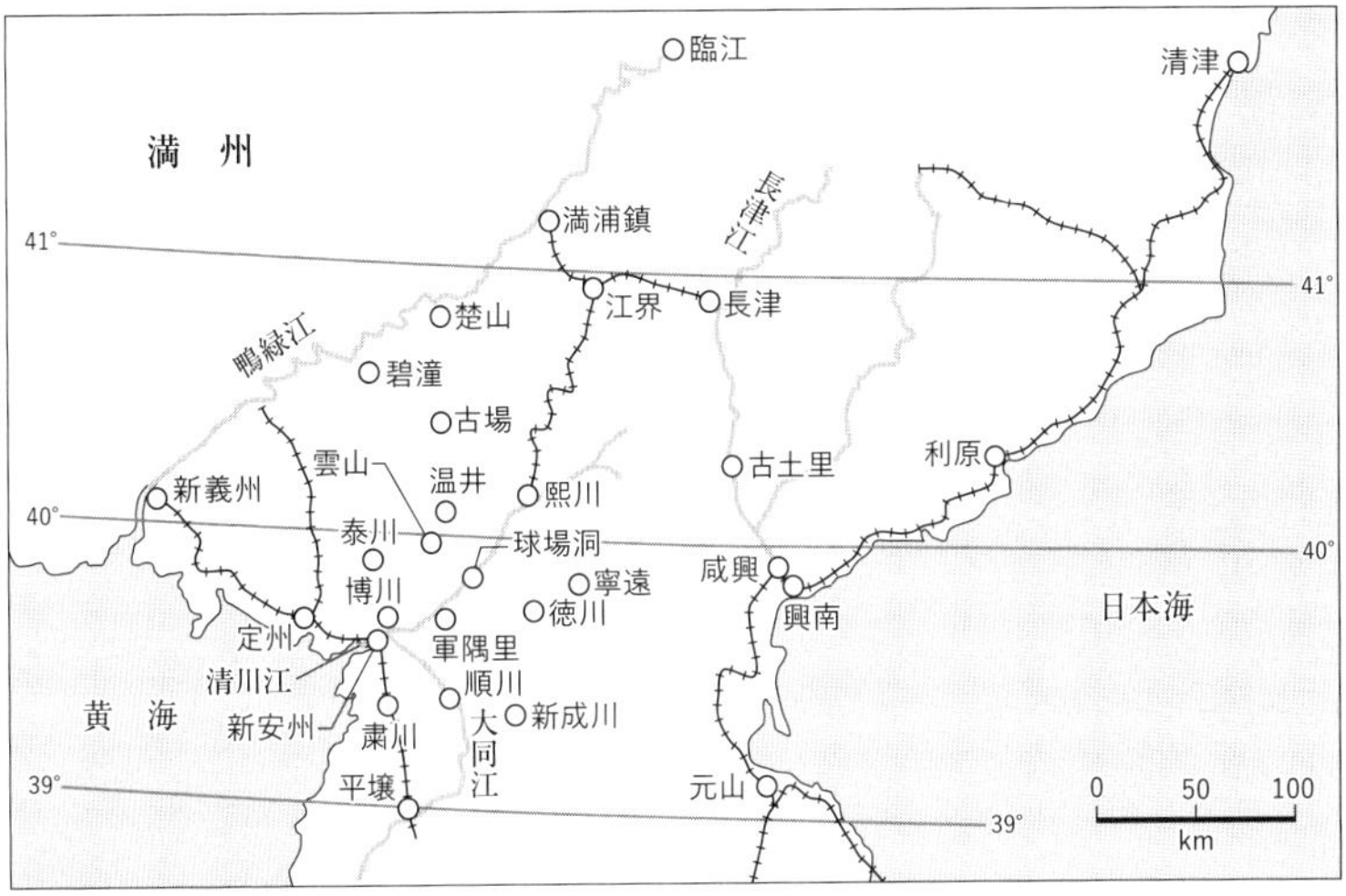

朝鮮戦争（中国介入）
陸戦史研究普及会『陸戦史集21（朝鮮戦争６）中共軍の攻勢』（原書房、1971年）を参考に作成

一〇月一日、マッカーサー元帥は、北朝鮮軍の総司令官に対して戦闘を停止するよう呼びかけたが無視されたため、第八軍は平壌に向かって進撃を始め、同時に第一〇軍団が元山に上陸した。元山は、ソウルからの地上による補給態勢では第八軍と第一〇軍団の両方を維持することが難しかったので、東海岸に新しい補給用の港を設け、新たな補給基地として選ばれたのである。戦術的にもこの港は、平壌攻略のため側面から圧力を加え、かつ朝鮮半島の東側の回廊を押さえるためにも非常に重要であった。[*9] この考え方は、日清戦争における日本軍の平壌攻略、野津道貫中将指揮する第五師団の大島旅団が開城から北上し、また、第三師団の一部であった元山支隊が元山から西進したのと同じである。要するに、兵器、軍事技術が進歩しても陸戦において地形は不変であることを示している。

一〇月二日、マッカーサー元帥は、ワシントンに韓国軍が三八度線の北方において作戦中で、進撃が早く、敵の抵抗は少ない旨を報告した。ワシントンは、翌三日に、周恩来中国外相が「もし国連軍が三八度線を越える場合には、中国は北朝鮮援助のため軍隊を派遣すると伝えた。ただしこの処置は、韓国軍だけが三八度線を越えた場合にはとらない」といったことをマッカーサー元帥に伝達した。中国の朝鮮動乱介入の可能性を軽視するわけにはいかなかったトルーマン大統領は、九月二五日付の命令の参考として、「今後朝鮮のどこにおいても、中国軍主力部隊が公然とまたは秘密裡に使用される場合、事前通告なしに、貴官の判断で麾下軍隊の力で成功の見込みがあると思うところまで作戦を続行せよ。いかなる場合においても中国領土内の目標に対して軍事行動を取る際は、あらかじめワシントンからの許可を得なければならない」とマッカーサー元帥に伝達させた。[*10]

トルーマン大統領は、まだ一度もマッカーサー元帥と会って直接話したことがなかったため、マッカーサー元帥に太平洋のどこかで会うことを提案し、ウェーキ島で一〇月五日、会見することとなった。当初、二人は一時間以上日本と朝鮮の情勢について話し合った。マッカーサー元帥は、中国は攻撃してくることはないだろうといい、さらに、一九五一年には欧州へ朝鮮から一個師団を転用することができるだろう、そして、朝鮮ではすでに勝利を得、中国が介入してくる可能性はほとんどないと繰り返した。その後、建物を移し、双方の一行とともに会談を交えた際もマッカーサー元帥は、南北朝鮮において、敵の抵抗は謝肉祭までには終わるであろうと自信たっぷりに話した。さらにトルーマン大統領が中国あるいはソ連介入の公算を質問しても、「中国が介入してくる公算は非常に少ないと思う。せいぜい彼らは、五万ないし六万を朝鮮に入れることができる程度であろう。しかし彼らには航空部隊がないから、もし中国が平壌まで南下してくるならば、大量殺戮戦が演ぜられるであろう」と語った。[*11]また、マッカーサー元帥自身の軍事的な判断は、彼の空軍が無敵の状態にあり、鴨緑江の北と南で相手の攻撃基地や補給線を思うままにつぶせる力をもっている以上、中国軍の司令官が荒廃した朝鮮半島に大部隊を投入するような危険をおかすことは考えられないというものであった。[*12] 空軍、制空権を前提とした作戦は彼の太平洋戦争の時からの特徴である。

一〇月一三日、ソ連大使（ローシチン）が北京からモスクワへ、毛沢東が中国人民志願軍派遣を決断した旨を報告した。毛沢東は、「もし、アメリカが中国の国境に進出するならば、朝鮮は我々にとって暗い汚点になる。また、東北部は恒常的脅威にさらされ続ける、と我々指導的同志は考えている。以前わが同志たちが動揺したのは、国際的状況、ソ連側からの軍事援助、空からの援助問題が明らかになったためであった。朝鮮に軍を送るのは今が好都合である」、「九個師団からなる突撃部隊は、今のところ装備は不十分なものの、李承晩の部隊とは戦うことはできる。この期間を通じて、中国の同志たちは、さらに第二突撃部隊を準備しなければならないだろう」とした。[*13] こうして、マッカーサー元帥が、中国軍の介入はあり得ないと言明していた一〇月一五日には、鴨緑江の北岸には、中国人民解放軍が続々と集結していた。連合国最高司令官総司令部参謀第二部（情報）部長のチャールズ・ウイロビー少将は、「満州」における中国軍の集結に関する情報を台湾の国民軍を通じて得ていたというが、中国軍が夜間しか移動しない以上、確かめる手段はなかった。[*14]

平壌の陥落とマッカーサーの過信

一〇月九日正午、米第一軍団は開城で三八度線を越えた。その頃東海岸を前進していた韓国第一軍団は、元山に迫っていた。北朝鮮での抵抗は、思ったよりも低調であった。局部的には激しい抵抗もあったし、中部山岳地帯ではゲリラも蠢動《しゅんどう》していた。マッカーサー元帥は、北進にあたり韓国人以外の部隊を満州国境あるいはソ連国境の接続地に出してはいけないとの訓令を受けていたが、韓国軍に信頼を置いていなかったため、米軍部隊を先頭に北進させた。[*15]

一〇月二〇日、第八軍は平壌を攻略した。地上部隊が南から攻撃し、平壌の北四〇キロに第一八七連隊戦闘隊が退路遮断のために空挺降下した。この作戦は、大東亜戦争時の東部ニューギニアのラエ攻略作戦の再現といわれる。マッカーサー元帥は、平壌は北朝鮮の首都であり、その陥落は北朝鮮の完全な敗北を象徴するものであると認識した。侵略的な共産主義は、自ら時と場所を選んだ戦いで完全に敗れ去り、国連、特にアメリカの威信が再びアジア全域に蘇ることとなったと思ったのだ。[*16]同じ二〇日、トルーマン大統領は、中国軍が水豊発電所その他鴨緑江に沿う施設防衛のため進出するという中央情報局からの覚書をマッカーサーに伝えたが、マッカーサー元帥はこれを無視した。[*17]

占領した平壌を視察したマッカーサー元帥は、第八軍司令官ウォーカー将軍とともに第八軍の補給の状況に大きな不安を覚えていた。釜山からの鉄道は破壊され、仁川江、鎮南浦は、わずかな揚陸能力しかなかった。無視したとはいえ、鴨緑江に多くの中国軍が集結している徴候もある中で北への進撃は両名に不安を与えた。

さらにマッカーサー元帥が心配したのは、彼が勝利の鍵としていた空軍の使用を制限する指令をワシントンが連発したことだった。敵航空機の追撃、鴨緑江沿いの水力発電所の爆撃、敵の補給の中心点と考えられていた羅津の爆撃の禁止などであった。つまり、満州とシベリアは、敵の全兵力のための絶対的な安全地帯とされたのである。しかし、平壌攻略以降、北方への追撃において北朝鮮軍最後の抵抗線と予想していた平壌北方約一〇〇キロを東西に流れる清川江での抵抗もなかった。この清川江谷を渡河して北進した韓国第六師団は、一〇月二三日に熙川を占領して新品を含む二八両ものT－34戦車や弾薬列車を鹵獲していた。これなどは、北朝鮮軍の組織的な軍事力はすでに崩壊している証拠と思われた。よって、マッカーサー元帥は、一〇月二四日、韓国軍のみならず、禁じられていた国連軍の国境進出を意味する総追撃の命令を下達した[*18]。

国連軍が、マッカーサー元帥の命令に基づき清川江―咸興の線から追撃を発揮したときの正面幅は、約二七〇キロであった。しかし、最終目標線となる鴨緑江―豆満江の国境線は七六五キロ、約三倍に広がっており、兵力を増加しない限り兵力密度は三分の一となるのである。さらに、韓国の治安と兵站状況から、マッカーサー元帥隷下の兵力配分は前線四・五、警備三・五、遊兵（海上及び日本で待機中）二の割合で、作戦兵力は全体の半分に満たなかった。当時の国連軍には、北朝鮮軍の残存兵力を撃滅しその再現を封じ、さらにソ連と中国に介入の機会を与えないためには、速やかに国境線に進出して既成事実を作ることなどの政戦略考慮が戦術的可能性に優先していた。そのため国連軍は現態勢のままそれぞれ国境線に向かって放射状に突進したのであった。

ワシントンにおいても現地においても、主な関心は完勝後の朝鮮の経営や西欧の防衛に注がれており、帰国凱旋第一陣に予定されていた米第二師団は、仁川地区に集結して帰国のための船積みの準備を進めていたほどであった[*19]。

米第八軍の国境への前進と中国軍の第一次攻勢

第八軍は、米第一軍団、第九軍団と韓国第二軍団からなっており、マッカーサー元帥から受領した任務は、「江界―満浦鎮地区を含む西北朝鮮を戡定《かんてい》するとともに、担任区域の復旧と治安の維持にあたる」にあった。一〇月二四日には、米第一軍団と韓国第二軍団とが北進競争を続け、米第九軍団と韓国第三軍団は南部朝鮮の警備にあたった。米第二四・第一騎兵師団、英第二七旅団、韓国第一・第七師団からなる米第一軍団は「水豊ダムから下流の鴨緑江の線に進出」、韓国第六・第八師団からなる韓国第二軍団は「碧潼から満浦鎮に至る国境に進出」という任務をもって追撃を開始した。同日、韓国軍参謀総長丁一権将軍は、ウォーカー将軍に「清川江の線で態勢を整理し、中国の態勢を見定めてから爾後の行動を律するべきである」と建議したが、ウォーカー将軍も中国の介入に懐疑的であり、その主張は、「中国の介入はすでに時機を失っている」の繰り返しであった。[*20] また、第八軍の兵站は延びきっており、戦車部隊などは明日の燃料を心配しながら作戦している状況であった。[*21]

一方、元山に上陸していた米第一海兵師団と米第七師団からなる第一〇軍団は、韓国第一軍団を配属され、「東北部朝鮮を戡定する。一部をもって江界地区に向かう作戦を準備」という任務のもと行動を開始した。しかし、作戦可能な部隊は韓国第一軍団だけであり、その主力は元山地区の警備に任じ、一部をもって、追撃を開始した。その他は、元山の機雷のため海上から上陸できず、海上にあった。このため日本の掃海艇も含めた掃海作業を急ぎ第一海兵師団が上陸をはじめたのは予定の一〇月二六日朝からであった。こうして第一〇軍団は、元山―咸興地区を基地として、この地区から国境に通ずる放射状の経路を利用して突進した。戦争の終結を信じ、総追撃の命令に鼓舞された各師団は、前後左右の脈絡もなく、放射状にそれぞれ鴨緑江一番乗りの栄誉を目指して突進を続けた。

一〇月二五日朝、平壌の軍司令部で記者会見したウォーカー将軍は、万事順調に進展している旨を述べた。確かに朝までは何の異変も起きていなかったが、西海岸沿いを前進していた米第一軍団の韓

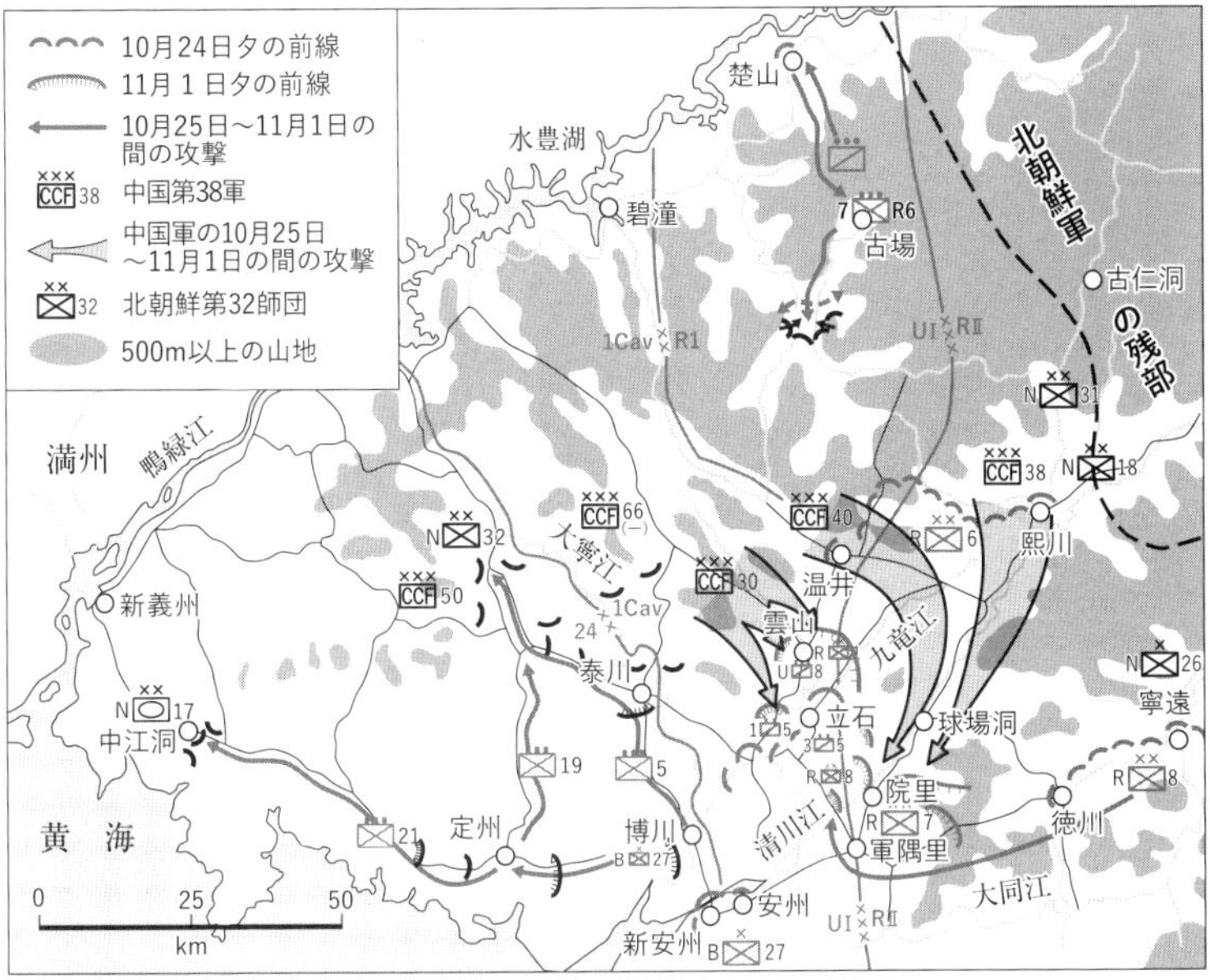

10月24日～11月1日頃の戦況図

陸戦史研究普及会『陸戦史集21（朝鮮戦争6）中共軍の攻勢』（原書房、1971年）を参考に作成

国第一師団が雲山で中国軍に阻止された。第一五連隊が、三難川にかかる朝陽橋に差し掛かると、突如榴弾砲の集中射撃を受けたのである。直ちに散開して攻撃を開始したが、三〇分ぐらいすると「北方高地の敵は三〇〇人ぐらいの中国兵らしい」と報告し、やがて見慣れない服を着た一人の捕虜を捕獲した。彼は、この戦争で最初に捕らえられた中国兵であった。この中国兵は、「雲山の北と西北方の山地に約一万人の中国軍が待ち受けている。東北方の熙川方面でも、約一万人が行動しているはずだ」と中国語で述べた。彼の階級は低かったので、疑わしかったし、今までの見積もりと全く異なり、関係者は信じなかった。しかし、事が事であるだけに、師団付の米軍顧問は急いで報告することにした。戦闘は激しさ

を増し、戦場の至るところに兵力不明の敵が出現した。やがて将兵の間で、「前面の敵は中国兵らしい、いや中国軍だ」という噂が瞬く間に広まったが[*22]、同二五日午後四時、米第一軍団長フランク・W・ミルバーン中将は、マッカーサーの総追撃命令に基づく総進撃を下令した。この命令を受領した韓国第一師団は夜間攻撃を敢行したが、戦況の進展はみられなかった。韓国第一師団の東方約三〇キロを前進していた韓国第六師団では、同様に温井付近で中国軍と遭遇し、狭隘路の戦闘で退路を遮断され、先遣の大隊は壊滅した。特有の綿服を着た捕虜は、中国語で「中国の大軍が、一〇月一七日以来北鎮周辺の山岳地帯に待機していた」と述べた。一方、東海岸沿いの韓国第一軍団正面でも長津湖に向かう山岳地帯で中国兵を捕らえている。彼らは北方には四〇〇〇から五〇〇〇の中国軍が待機していると述べた。これは米第一〇軍団にも報告されたが、軍団は取り合わなかった。この一〇月二五日において、中国軍が出現した個所は、雲山、温井、長津湖入口の三ヶ所であった。温井では、韓国第七連隊を通過させた後、第二連隊を攻撃したが、他の二ヶ所では、防御によって韓国軍の突進を阻止した[*23]。

二五日夜、ウォーカー将軍が、韓国第二軍団司令部を訪れ、「マッカーサーから総追撃の命令を受けている。一刻も早く鴨緑江に到達することを期待する」と述べたのに対し、韓国第二軍団長劉載興中将は、「困難である。前に報告したように、確かに中国軍がはいっている。……今の態勢のまま突進すれば取り返しの付かない事態に陥ってしまう。……補給も底を突いている。ここは清川江で態勢を整理する段階と思う」と答えた。ウォーカー将軍は、「実はそう考えて東京に問い合わせると、逆に総追撃の命令を受けたのだ。そして、マッカーサーからの私信で、〝早く行け〟と叱られた。そこで貴官の意見のように清川江で態勢を整える時期である、と改めて具申したのだが、マッカーサーは受け付けない。中国軍の介入は考えられないというのだ。無理だろうが行ってくれ」と返した。ウォーカー将軍は、現実の敵情とマッカーサー元帥との板挟みになっていたのだ。[*24] また、劉軍団長は、「東京のホワイトハウス（米大使館）の安楽椅子の上で考えていたことと、現地で起こりつつあった戦況との間には計り知れないギャップがあった。せめてマッカーサー元帥が指揮所をソウルか平壌に進めていれば、戦場の雰囲気からあのような無謀な突進を命ずることはなかったであろう」と感想を表している。[*25]

一〇月二六日、中国軍が介入して二日目、全戦線にわたって徐々に変化が起こりはじめた。二五日以来、第八軍司令部には、第一線の急変や、中国軍の介入を報ずる通信が殺到していた。また、雲山から急送された捕虜第一号の尋問は司令部で同時に行われた。彼は、「朝鮮に入った総兵力は約九〇〇〇人で、一〇月一三日〜一四日頃数縦隊となって鴨緑江を渡った」と述べていた。まさしく、マッカーサーがウェーキ島でトルーマンに中国の介入はないと断言していたその時に、中国軍は鴨緑江を渡河していたのである。第八軍司令部では、中国軍が戦っているのは事実なので、これが中国政府の意志によって正規軍が介入したのか、個人で参戦した義勇兵なのかが問題視された。しかし、結局、中国軍が公式に参戦したことを示す証拠はなく、私的に参戦したものであると結論づけた。これが第八軍の最初の判断であった。[*26]

第八軍が、現実を現実として認識しはじめたのは、一〇月二八日からであった。温井の奪回は困難、熙川方面にも中国軍が現れた兆候があり、雲山の戦況は進展していなかった。ウォーカー将軍は、平壌警備のため残置していた第一騎兵師団をもって雲山正面の第一師団を超越させ、速やかに水豊ダムに突進させるよう、米第一軍団長フランク・ミルバーン少将を指導した。

一〇月二九日、はじめて米軍部隊の正面に中国軍が現れた。第八軍の左翼、米第二四師団が泰川を攻撃して捕らえた八九人の捕虜のなかに三人の中国兵がいたのである。[*27] 一方、第八軍右翼の韓国第二軍団では、その六個連隊のうち四個連隊が温井、古場、熙川で中国軍のため四散した。つまり、第八軍の右翼は崩壊したのである。第八軍司令部では、「非常事態が突発している、敵の増強は、国境を固めるためのものなのか、攻勢のために兵力を集中しているのか、今はまだ分からない[*28]」という状況の中、それでもまだ有利に進展していると考え、引き続き米第一軍団方向から鴨緑江畔に進出して、所期の目的を達成しようとしていた。その頃、中国第三八・第四〇軍の六個師団は、清川江谷から軍隅里を狙い、第三九軍は、雲山の包囲を整え、大寧江上流地区に集結中の第五〇・第六六軍は、北上する米第二四師団が陣地に深入りするのを虎視眈々と待ちかまえていた。米第八軍と中国軍の態勢は、ともに右翼は防勢に立ち、左翼を主攻として攻勢を取っていたのである。そして韓国第一師団と米第八騎兵連隊が守備していた雲山が第八軍、中国軍のそれぞれの包囲の軸心となっていた。このため第八軍は、雲山の戦況を、最大の関心を持って見守った。一方、一〇月三一日になって、米第八軍左翼の米第二四師団は、鴨緑江目指して驀進《ばくしん》中であった。また、中国軍の右翼も驀進し、韓国第二軍団が球場洞東西の線で突破され、清川平野まで進出した。韓国第二軍団に残された陣地は、院里付近しかなかった。この院里に迫った危険により第八軍の緊張は高まり、当初の楽観ムードは一気に吹き飛んだ。

米第八軍、最初の後退

一〇月三一日、清川河谷の韓国第二軍団の第七師団、第八師団は、中国軍の強圧に耐えかね、院里に後退したため、第八軍の要点であった雲山の右側背は解放された。第八軍右翼の危機である。事態を憂慮したウォーカー将軍は、京城―仁川地区で帰還準備中の米第二師団に北上を命じ、第九軍団主力の北進準備を急がせた。第八軍はこの日はじめて公式に中国軍介入の事実を認めた。しかし、その見積もった中国軍の兵力は、わずか二個連隊程度だった。[*29]

第八軍司令部からこの右翼韓国第二軍団正面の危急を知らされたミルバーン第一軍団長は、一一月一日正午頃、鴨緑江に向け前進中だった米第二四師団に停止を命じた。ミルバーン将軍は、軍隅里の韓国第二軍団司令部を訪れたが、すでに韓国第二軍団は、南方の順川に向かい後退していた。もし、韓国第二軍団が順川に後退すれば、米第一軍団は右翼が解放され、退路を遮断されるのである。驚いたミルバーン将軍は、軍隅里の確保を厳命した。また、米第一軍団司令部では、雲山戦線悪化が大きな問題となっていた。韓国第一師団長の白善燁准将が雲山から安州の米第一軍団司令部を訪れ、「雲山正面には中国軍の正規師団が満ち満ちている。異常な雰囲気が肌で感じられる。軍団は速やかに全態勢の整頓を必要とする」とミルバーン将軍に具申した。これをもってミルバーン将軍は従来の楽観論を一擲し、軍団の状況をありのままウォーカー将軍に具申した。[*30]

一一月一日夕刻、西海岸道を突進していた米第二四師団は、鴨緑江畔の新義州まであと三〇キロのところであったが、第八軍は、清川江への後退と防勢への転移を下令した。

翌二日となり、第八軍司令部は、雲山や韓国第二軍の状況が判明するにつれ、異常な興奮に包まれた。また、清川江への後退後、どのような態勢を確保すればいいのか、緊迫した空気のなか議論がなされていた。ウォーカー将軍は、積極案を考えていた。清川江南岸までさがれば、米第九軍団が到着した後、再攻勢に転ずるにはまた清川江、大寧江を敵前渡河しなければならない。このため、何とか渡河点は確保したいと考えていた。こうして、米第一軍団に最終的に発せられた命令は、「英第二七旅団で博川付近の大寧江渡河点を、第二四師団第一九連隊で安州渡河点を確保させ、軍団主力は清川江南岸で整頓する」というものであった。中国軍を前に、各部隊の後退行動は困難を極めた。

一一月一日夕の第八軍の後退報告は、マッカーサー元帥以下の総司令部首脳を驚かせた。なぜ第八軍は後退しなければならないのか理解できなかった。総参謀長ドイル・O・ヒッキー少将がアレン第八軍参謀長から直接、事情の細部説明を受けてようやく納得できるほどであった。[*31] この日、マッカーサー元帥は、ペンタゴンからの「中国軍が公式に参戦した疑いがあり、ワシントンでは重大な関心の的になっている」との急電に対し、「現時点では、中国介入の実情を確信して評価することは不可能である」と答えている。一一月三日、マッカーサー元帥は、中国側から入手した戦闘命令をワシントンと国連の両方に送った。そこには、満州に中国正規軍五六個師団からなる一六個軍団、合計四九万八〇〇〇人の兵力が集まっていることが記されていた。しかし、ワシントンも国連軍も中国の脅威に対し真剣に取り組むことはなかった。[*32]

また、米第一軍団正面、清川江畔の危機が最大限に達した一一月六日、マッカーサー元帥は、「今や新しい軍隊が我々の前に現れている。しかも、この軍隊は我々に現在果たされている軍事行動の枠の外で敵には容易に接触できるところに膨大な予備兵力と十分な補給物資を用意している形跡がある」とコミュニケを発表した。[*33] この時、中央情報局も、二〇万人の中国軍が満州から朝鮮に侵攻し、国連軍の進行を止めるだけでなく、実際に国連軍をかなり南方まで押し返すものとみられる、そして中国軍は全面戦争も辞さない用意があるとみるべきであるとトルーマンに報告した。[*34]

一方、九竜江、清川江一帯の戦局は渡河点の争奪戦に移り、安州橋橋頭堡、博川橋橋頭堡がその焦点となった。それぞれもう一押しされれば各橋頭堡の防御は崩壊しているところであったが、不思議なことに、中国軍はここで攻撃をやめた。こうして清川江北岸の橋頭堡は何とか確保することができた。この間、清川江北岸地区の住民は、中国軍の南進に追われ先を争って南下しており、一一月四日、五日の二日間だけでも、約二万人が米軍の前哨線を通過していた。国連軍が北進したときにはあまり避難しなかった北朝鮮の住民が、中国軍の接近に連れ、大挙避難したのである。ここでもまだ第八軍は中国軍を、「三個師団編成の義勇軍が入鮮しており、その総兵力は二万七〇〇〇人ぐらい」の義勇軍と推定している。この時の中国軍は、三個軍で、兵力は一〇万を算していた。この見積もりを受け、ウォーカー将軍は、一一月六日朝、「我が軍は、単なる受け身の防御をしているのではなく、……攻勢の再開に必要な橋頭堡の確保に努めている。新来の敵を撃破するために必要な兵力と、全力をもってする攻勢再開の計画はすでにできている。この計画はなるべく早く実行に移したいが、それには右翼の安全と攻勢兵力の集中、補給の回復が前提である」[*35]と報告している。

翌七日の総司令部の情報見積もりでは、在北朝鮮中国軍の兵力を約三万五〇〇〇人と判断し、第八軍正面に二万七〇〇〇人（三個師団）、第一〇軍団正面に七五〇〇人（一個師団）、である。実際、この時国境を越えていた中国軍の総兵力は一八個師団だった。[*36]ここで、マッカーサー元帥は、ペンタゴンに対し、「組織された中国軍が北朝鮮に進入し、すでに国連軍と戦闘を交えている。……中国の増援が今後も続けられる場合には、容易に我が攻勢を阻止するどころか、場合によっては後退を必要とする程度にまで増援される可能性を残している。しかし、もし敵の増援を阻止することができれば、一〇日以内に再興を計画している西部正面の攻勢によって、再び主導権を奪回しうるだろう。このような攻勢だけが、正確に敵の兵力を確認できる手段だと思っている」と伝えた。[*37]

マッカーサー元帥は、トルーマン大統領に対し、中国が大規模全面戦争に加入しないであろうという判断のもと、「この中国の参戦は、我が軍の前進を停止させ、あるいは後退を余儀なくさせる点まで増大することになるかもしれない。敵兵力について確実な見通しを得るよう積極的処置をとりたい。さらに、敵の今後の兵力増強の源を断つため、また我が軍の安全保持のため、問題になっている目標の爆撃が絶対必要である」、「敵航空基地は現在私に課せられている作戦上の制限のため、満州・北朝鮮国境を越えてくる敵航空部隊の聖域となっている」と、新しい脅威の進展に処するため訓令を与えられたい、また、中国軍が我が軍を後退させるほどの兵力を増大させる可能性があるためその策源である満州聖域の爆撃が必要であるとワシントンに報告した。[*38]

国連軍が鴨緑江に進出する頃の中国軍（一〇月下旬、北朝鮮作戦に参加した兵力）は、六個軍一八個師、約三六万の大軍であったが、確実な兵力は、四個軍一二個師に満たなかった。当初から満州に駐屯していた第四二軍と、七月に増派した第一三集団軍隷下の第三八・三九・四〇軍である。総司令官である林彪将軍は、「まず鴨緑江に向かって急進中の国連軍を阻止し、後続兵団（第一三集団軍の六個師と第九集団軍の一二個師）の集中を待って攻勢を取る」との方針だったので、後続兵団が準備できていない段階での清川江以南への進出は危険とみたのである。[*39]

一方、国連軍の情報見積もりは、未だに「中国軍の介入目的は局地的・限定的なもので、その兵力は多くても七万人ぐらい」というものから変更していなかった。国連軍総司令部も一〇月二四日に発令した、「国境に向かう総追撃」の命令に変更を加える必要を認めていなかった。マッカーサー元帥も依然として、東海岸、元山から上陸して国境に向かい攻撃中の米第一〇軍団は、既定方針通り国境への追撃を続行し、西海岸の第八軍は、準備ができ次第、攻勢を再興して、クリスマスまでには戦争を終了させることを望んでいた。[*40]

満州という聖域と中国軍

一一月四〜五日、第八軍正面、清川江橋頭堡の危急に対し、マッカーサー元帥は、敵の動脈である鴨緑江の橋を破壊する以外にないと判断し、極東空軍にその「南半部」の爆撃を命じた。しかし、この爆撃は、中国との全面戦争に発展する危険性を孕んでいた。ペンタゴンは、直ちに命令の撤回を要求し、かつ、国境から八キロ以内の目標攻撃を禁じた従前の訓令を再確認するよう求めた。この対応に対し、マッカーサー元帥は、「この敵の動きを止めるためには、それを容易にしている橋と北朝鮮内部の施設を空から破壊する以外に方法はない。そのような作戦行動は戦争のルールに当然認められることであり、私がこれまでに受けたいろいろな決議や指令の範囲内にも含まれていると考える」[*41]と承認の期待を込めて返電した。結果、翌六日、トルーマンの許可を得たペンタゴンは、マッカーサー元帥に対し、「貴軍の安全のために必要とみられるときは、朝鮮側に近いところで新義州の橋を爆撃することを許可された。この許可は、鴨緑江のダムや発電所の爆撃を含まない」と伝えた。[*42]

新義州の爆撃は一一月八日に開始された。F-80戦闘機四機に守られた、B-29七九機が六〇〇〇トンの爆弾を橋の南半部に、八万五〇〇〇発の焼夷弾を新義州市街に投下した。その時、史上初のF-80とミグ-15戦闘機のジェット機同士の空中戦が生起した。国連軍パイロットにとって、満州という聖域の上空で待機し、一撃を加えまた聖域に飛び去るミグは始末に負えない敵だった。一方、橋の破壊は効果がなかった。こうして満州爆撃の問題は、米国内の政治問題となり、世界の論争にも発展した。[*43]一方、マッカーサー元師は、一一月一五日には、国連安保理に「進入兵力は一二個師団で、九個師団が第八軍正面に、残りが第一〇軍正面にある」と報告し、攻勢によって進入した中国軍は撃破しうるとの見解を述べている。[*44]

第八軍では、一一月二三日までに計九六人の中国兵を捕らえた。調査の結果、彼らは六個軍に属しており、これを真実とすれば、一八個師団、約一八万が鴨緑江を南下していたのである。しかし、この数を第八軍は素直に受け止めなかった。マッカーサー元師が、ウェーキ島で述べた「満州には三〇万の中国軍がいるが、朝鮮に使用できる兵力は五万～六万に過ぎぬ」という見解が彼らを支配していた。結局、第八軍の中国軍の兵力に関する、一一月二二日の最終見積もりは、介入の目的は、多分、水豊発電所の防護にある、兵力は六万人でそれ以上はないだろう、というものだった。ウォーカー将軍も、雲山の不幸の原因は戦術上のミスと考えており、「中国が本格的に介入することはあり得ない」と確信していた。これは米第一〇軍団も同様であった。また、米中央情報局も政府機関も、政策決定に寄与しうるほどの確信のもてる情報を入手できていなかった。そのため、ワシントンとしても適切な指令をマッカーサー元師に与えることはできなかった。

第八軍の攻勢準備と中国軍の展開

一一月初旬、第八軍は、攻勢計画を示達した。その構想は、三個軍団を並列し、左翼の米第一軍団（米第二四・韓国第一師団、英第二七旅団）は鴨緑江下流に向かい、右翼の韓国第二軍団（韓国第六・第七・第八師団）は熙川を経て江界、満浦鎮に向かい、中央の米第九軍団（米第二・第二五師団）はその中間地区から雲山・温井を経て、碧潼―楚山の鴨緑江畔に向かい突進させるにあった。しかし、この兵力の三分の一は、後方地域の治安確保のため、後方に残置せざるを得なかった。一方、これらの基盤となる兵站について、日量約四〇〇〇トンの常続補給が必要であった。この常続補給も工兵部隊、輸送部隊の懸命な努力によって、ゲリラ活動、補給路、港湾、飛行場等の不備を克服し、一一月一七日頃には、所要の日量四〇〇〇トンの目途がついた。[*45] このため、第八軍は攻撃開始を、はじめの予定では一一月一五日であったが、一一月二四日（感謝祭の翌日）とした。マッカーサー元帥とウォーカー将軍は、一日延びればそれだけ中国軍が増えると気が気ではなかった。[*46] 一一月二二日、第八軍は攻勢準備を完了したが、前線はのどかであった。

一方、中国軍は、第一次作戦が終了する一一月初旬頃、第二次集中部隊（第五〇・第六六軍）を新義州橋を渡って大寧江上流地域に集結させた。同時に第三次集中部隊（第九集団軍）が北朝鮮への道を急いでいた。林彪将軍は、三〇個師、約五〇万～六〇万と推定される大軍を集中しながら第二次作戦の構想を練った。その構想は、「なるべく早く攻勢を開始し、北朝鮮に進入した敵を撃破して三八度線を回復し、次期攻勢を準備する」というものであった。第四野戦軍第一三集団軍（一八個師）は、攻撃開始を一一月二五日と予定し、「米第八軍を撃破し、平壌を奪回した後三八度線に向かい追撃する」、第三野戦軍第九集団軍（一二個師）は、攻撃開始を一一月二六日と予定し、「まず主力をもって第一海兵師団を殲滅し、次いで咸興地区に進出して米第一〇軍団を撃滅する」という方針であった。[*47]

こうして塹壕に潜み、米軍を待ちかまえていた中国軍にとっては予期の、朝鮮の中国軍は義勇兵と思いこんでいる国連軍にとっては再び予期せぬ戦いがはじまろうとしていた。

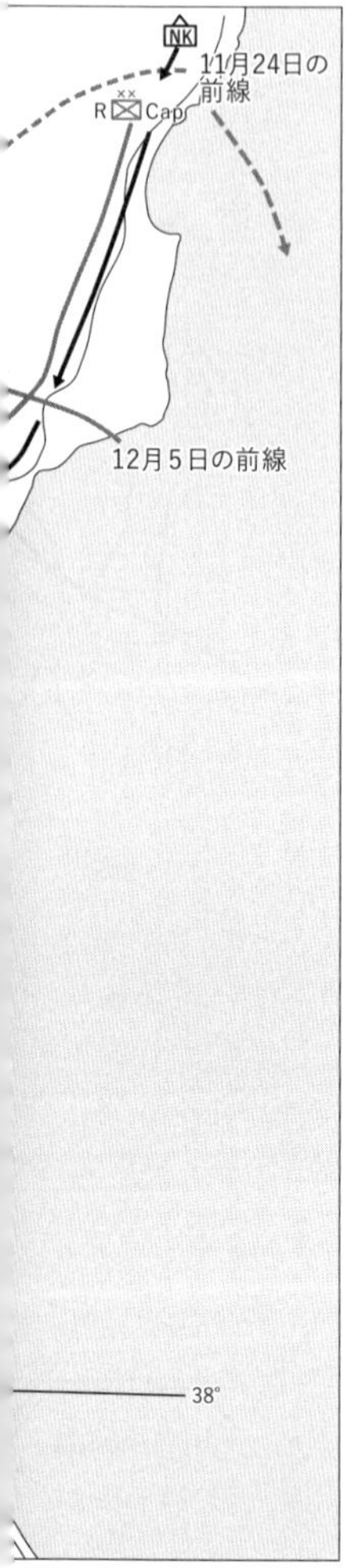

クリスマス攻勢の開始と挫折

クリスマス攻勢という呼称は、マッカーサー元帥が、ミルバーン将軍に「うまくゆけば、クリスマスまでには母国に帰らせる……」と冗談交じりに告げたことにはじまるといわれる。[*48] 攻勢正面五〇〇キロに及んだこのクリスマス攻勢を、第八軍は計画に基づき一一月二四日午前一〇時に開始した。マッカーサー元帥は、「これは戦争を終結に導く全面的攻勢である」と発表した。[*49] 攻撃開始位置の前面には中国軍の陣地はなかったので、攻撃準備射撃もなかった。

マッカーサー元帥は、現在当面した最大の問題は、中国軍に関することであり、彼の全軍人生活を通じて最も難しいものと考えていた。ただ、中国軍が武力介入した場合、道は三つしかなく、前進するか、止まってじっとしているか、後退するかである。ただ積極的に前進すれば、あるいは中国は武力介入しないかもしれず、そうすれば戦争は終わるという一筋の希望もあった。しかし、止まれば中国の思うつぼ、後退すれば彼の受けている命令に背き戦争終結の可能性をなきものとすると彼は考えていた。また、仮に前進して中国軍の大兵力にぶつかった場合は、直ちに敵との接触を中止し、大至

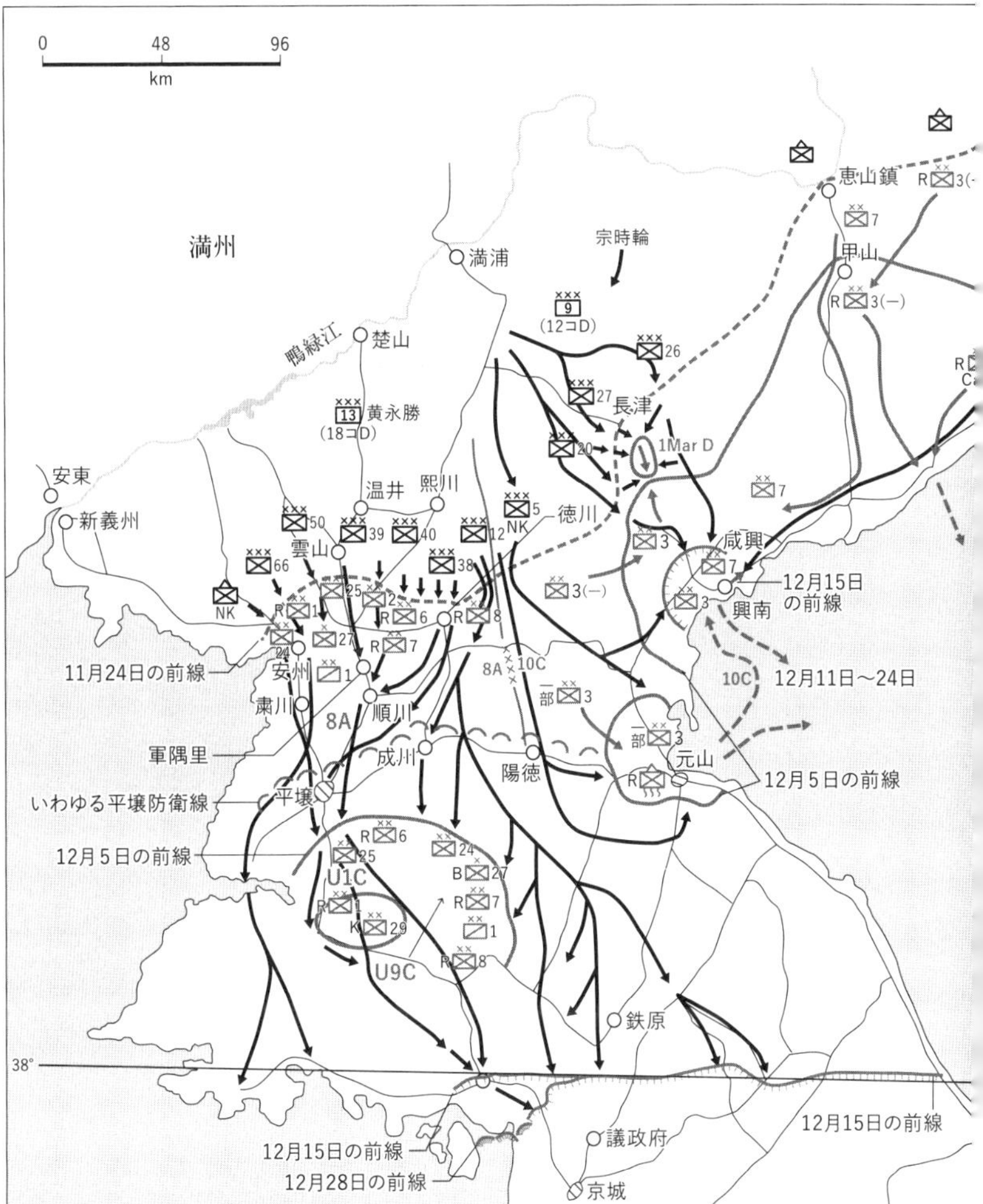

11月24日～12月15日頃の戦況図

陸戦史研究普及会『陸戦史集21（朝鮮戦争６）中共軍の攻勢』（原書房、1971年）を参考に作成

急後退して敵の補給線を引き延ばし、空軍部隊の無限の破壊力をもって攻撃しやすい状態にする以外ないと考えた。マッカーサー元帥は、もう一度、ワシントンから受けていた「貴官は指揮下部隊の行動に一応の成功の見込みがある限り、行動を継続する」という命令を読み直し、結局、最良の安全な態勢は前進することだという結論に達した。[*50]前進することが主動性を確保できるというのである。

また、もし前進することによって中国軍の罠を暴露することになれば、それを拒否するだけの行動の余裕を持てるよう、マッカーサー元帥は、ウォーカー将軍に中国軍が大部隊で攻撃してきた場合の後退計画の準備を命じた。これは、ウォーカー将軍はもちろん、統合参謀本部も了解した。いずれにしても中国軍が介入しない場合には、これで朝鮮戦争を終わらせるための態勢はとれていた。現地で第八軍の攻勢発起を視察したマッカーサー元帥は非常な不安に駆られていた。韓国軍はまだしっかりした態勢になく、全戦線にわたって兵力は惨めなほど少なかった。ここで、マッカーサー元帥は、中国軍の兵力が実際に強大なものであれば、部隊を直ちに後退させて、これ以上北進するような計画は放棄してしまおうと決心した。[*51]

午後、平壌飛行場を専用機で離陸したマッカーサー元帥は、機首を鴨緑江畔の新義州に向けさせた。掩護の戦闘機もないまま、鴨緑江南岸に沿って飛行、眼下の地域を自らの眼で確認した。彼は、中国軍の後続部隊の状況を自分の目で確かめ、自分の長い経験で判断したかったが、雪と凍りついた鴨緑江の黒い水と不毛の地以外何も確認することはできなかった。この日、中央情報局のまとめた情報がマッカーサー元帥に送られた。そこには、中国は少なくとも朝鮮における作戦を強化して我が軍を釘付けにし、長期消耗戦に導く、そして北朝鮮の現状を維持するようにする、さらに中国は国連軍を撤退させて、守勢に立たせるような力を十分もっている、とあった。[*52]

マッカーサー元帥は、実際に戦闘が始まって必要と思われるまで撤退を考えないようにとウォーカー将軍に伝えた。また、統合参謀本部は、もし中国軍の大規模な部隊が介入した場合、全面的な戦争に発展するのではないかとの不安が国連内部で拡大しているため、任務は変更しないが、戦闘拡大の危険を少なくするための行動計画を作るよう、さらには朝鮮東北部への追撃は清津まででとどめよとマッカーサー元帥に伝えてきた。マッカーサー元帥はこれを、中国軍の計画がまだ不明なのに、全く愚かで弱気な考えであると返答した。[*53]

そして第八軍がクリスマス攻勢を開始した一一月二四日、攻勢発起を見届けて帰来したマッカーサー元帥は、国連に特別コミュニケとして、「巨人のような国連軍の挟撃作戦は、本日計画に従って実行に移された。空軍は全力をもって敵の後方を完全に遮断している。そして敵の後方と鴨緑江沿岸をくまなく偵察した結果によれば、敵の新たな軍事行動は認められない。左翼の第八軍は敵の頑強な抵抗を打破しながら攻撃前進を開始し、右翼の第一〇軍団は海空軍と艦隊の支援のもとに、その優位な戦略態勢を拡張中である。我が軍の損害はきわめて少なく、兵站は軍の攻勢作戦を支援するに十分な準備を完整している」と発表した。[*54]

一一月二五日、攻勢二日目、徳川―寧遠の線から北上していた韓国第二軍団が、妙高山脈の中腹で激しい抵抗にあった。気がつくと中国軍は背後に回り込んでいた。韓国第二軍団司令部を訪れたウォーカー中将は、劉載興軍団長に攻撃の続行を指令した。だが第一線は、崩壊していた。劉軍団長は「無理だ」と述べると、ウォーカー将軍は涙ぐみ、「実は私もそう思う。だがマッカーサーが聞き入れないのだ。頼む」と言った。[*55] 中国軍に包囲された韓国第二軍団は、夜戦を強いられ、惨憺たる結果となり、第八軍右翼の要衝徳川は、あえなく中国軍の手に落ちた。第八軍左翼の米第一軍団も行き詰まっていた。中央の米第九軍団は、雲山、熙川に向かって攻撃していたが、逐次出現した中国軍に前進を阻まれ、気がついたときには包囲され、退路を遮断されていた。中国軍は、国連軍の攻撃路の両側に潜み、狙いとする部隊を通過させた後、攻撃に移ったのである。翌二六日、第八軍の左翼米第一軍団は引き続き定州と泰川に向かって攻撃前進していたが、右翼米第九軍団は、雲山南側から球場洞の線の保持は時間の問題であり、また、米第九軍団東側の韓国第二軍団はすでに粉砕されていた。ここに一一月五日の第八軍清川江への後退決定の時と同じ状況が生起した。そして一一月二七日夜には、東海岸の米第一〇軍団、長津湖畔の海兵師団に対する中国第九集団軍の攻勢がはじまった。この攻勢は、一一月五日の時のように攻勢が中断されることはなく、その攻撃は全戦線にわたり昼夜の別なく続行された。

一一月二八日、状況の急変を実感したウォーカー将軍は、計画通り直ちに急速な後退を命じた。[*56] ウォーカー将軍は、「中国は第四野戦軍をもって本気で参戦しているらしい。敵は我が右翼に殺到しており、状況は予断を許さない。第八軍は清川江畔に後退し、爾後の行動を準備する。攻勢の意志は捨てないが、状況の変化によって後退を続けることが得策な場合があるだろう」旨の命令を発令した後、東京へ飛んだ。[*57]

東京会談とマッカーサー元帥の三八度線への後退決心

一一月二八日、マッカーサー元帥は、ウォーカー第八軍司令官、アーモンド第一〇軍団長等を東京に召致し、情勢を分析、検討した。四時間にわたった会談の結論は、「今や中国第四野戦軍の五個軍が第八軍に、第三野戦軍の二〜三個軍が海兵隊に襲いかかっている。中国は、その正規軍の精鋭をもって本格的に参戦しているのだ。軍は平壌―元山の線に後退し、戦勢を安定化した上で構図を策する必要がある」というものであった。マッカーサー元帥は、直後の声明で〝全く新しい戦争が起こっている〟と叫んだ。[*58] 後退を決心したのである。マッカーサー元帥は、重要なことは自分の目で確かめて決心してきた。一九五〇年六月、米陸軍の投入は漢口河畔で決めたし、釜山橋頭堡の占領は七月下旬大邱で決めた。仁川は自分の目で確かめたし、北進の方針は京城で決めた。そして今回のクリスマス攻勢の発起も自らの眼で確かめていたのである。そんな彼が、後方の司令部に部下指揮官を召致して会談で事を決したことはこれがはじめてであった。

マッカーサー元帥は、与えられた命令の範囲内において、攻勢から守勢に転ずる計画を立てたことをトルーマンに報告した。その電報のなかで、「我々は今、全く新しい戦争に直面した」、「状況は全く変わってきて、世界全般に及ぼす問題となっており、前線指揮官の決意の範囲を超える段階となった。当軍としては、人間の限界においてできるだけのことをやったが、今や事態は当軍戦力の及ばない段階にまで達した」と述べた。さらにマッカーサー元帥は、翌二九日、朝鮮動乱が中国軍との戦争になったという考えから、蔣介石が七ヶ月前に申し出た三万三〇〇〇名の中国国民党の軍隊を朝鮮に使用したい旨を勧告した。トルーマンは統合参謀本部に命じ、「それは世界的な見地からの考慮を要する」との電報を送らせた。[*59]

一一月二九日、国連軍は、北朝鮮で最も狭い部分、一般に平壌防衛線と呼ばれている政戦略上の要線、粛川―順川―陽徳―元山の線を確保するに決した。第八軍に総退却の命令が下った。米第一軍団と第九軍団主力の退路となる新安州―粛川―平壌の幹線は、南下退却する将兵、避難民、トラック、砲車、戦車などで埋め尽くされた。中国軍はこれに迫撃砲、機関銃射撃などを行った。しかし、一二月に入ると中国軍の圧力は弱くなった。人力に頼る補給の限界と、米空軍の空爆による擾乱がその大きな原因であった。これに第八軍は、一一月初旬のように再び中国軍が反転するのではと希望したのである。

しかし、一二月三日、平壌防衛線の成川が中国軍に奪取された。すでに成川の突破口からは中国軍が平壌防衛線以南になだれ込んでいるというのである。成川は、平壌の東北約五〇キロにあり、直接平壌を狙うことも、平壌を大きく包囲することもできる要点であった。中国軍は直接平壌ではなく、速度を優先させ重点を中部山地帯に保持して南下、平壌を確保しようとする国連軍の大包囲を企図していたのである。その頃、第八軍のみではなく米第一〇軍団の第一海兵師団も、古土里高原に包囲されてまさに生死の関頭に立っており、元山―咸興地区に対するゲリラと中国軍の攻撃は急を告げていた。

一二月三日、マッカーサー元帥はここでさらに決断した。三八度線に向かう総退却である。第八軍は、陸路三八度線に後退し、第一〇軍団は、まず韓国第一軍団を利原から海上撤退させて第八軍を増強するとともに、主力は逐次興南から撤退し、釜山付近に上陸して第八軍司令官の隷下に入るように定めたのである。こうして、マッカーサー元帥が期待していた統一と戦争終結の願望は、中国の大軍によって無惨に砕かれたのである。[*60] 第八軍は、一二月一五日頃までに三八度線南側に退却した。わずか二週間あまりで三〇〇キロも後退した有史以来の退却であった。[*61]

一二月三日、マッカーサー元帥は、戦況を「第一〇軍団はできるだけ早く咸興地区に撤収するよう手配中、第八軍正面の状況はますます危険の状態になっている。ウォーカー将軍は、平壌地区を保持することは困難で、敵の圧力のために京城地区に撤退しなければならないと報告してきた。私はこれに賛成した。第八軍と第一〇軍団を合流させる可能性はない。前に報告した通り、朝鮮の南北の山を越えて一連の防御線を作ることは不可能である。前線に予想される中国軍は約二六個師団で、さらに後方には、最小限二〇万の予備部隊が認められている。そして北朝鮮軍の残存兵力が後方で再編されているが、もちろん後方の軍事潜在力は中国軍である。……大量の地上軍の増援が速やかに行われない限り、我が軍はつぎつぎと撤退を余儀なくされ、やがて海岸拠点に橋頭堡陣地を保持するまでに追い込まれ、防御する以外に方法がなくなる。……全般の情勢判断からみて、全く新しい戦争に、また全く新しい軍隊と条件に当面した。……北朝鮮軍に対する作戦に適する戦略概念は、今度の中国軍に対しては適用することができない。これは実情に沿う政治的な決断と、戦略的な計画を必要とする。……」と統合参謀本部長に報告した。これを受けたトルーマンは、将兵を犠牲にせず、国連が大きな行動を支持するよう決定するまで、国連軍が持ちこたえられるように海岸拠点に兵力を集中することが最善であるように考え、マッカーサー元帥の意見を承認し、「貴軍の維持が目下おもな眼目と考察する。海岸拠点に兵力を集結することに同意する」と返電させた。[*62]

マッカーサー元帥は、「我々は手を伸ばして中国軍の罠を事前にはじかせ、それにひっかかるのを避けることができた、と思っている。私に託された何万という将兵の生命をこうして救えたことは、私にとっては、それまでに受けたありとあらゆる栄誉を全部合わせたよりも大きいなぐさめであった」と回想している。鴨緑江作戦全体を通じて国連軍の損害は、戦死傷、行方不明を合わせて第八軍は、七三三七八人、第一〇軍団は五六三八人だった。[*63]

マッカーサー元帥は、事前の準備が功を奏し中国の罠に陥ることは避けられたが、中国との新たな戦争に立ち向かわなければならなくなった。アジア人の心理を知ることにかけては誰にも引けを取らぬと豪語していたマッカーサー元帥の思考の枠組みでは、この新しい人民の軍隊思想と行動を捉えることはできなかったのである。朝鮮戦争は、マッカーサー元帥にとっても「間違った場所で、間違った時に、間違った敵を相手とした戦争」であった。[*64] そして、アメリカは朝鮮における現戦争目的を放棄し、いかにしてその軍隊の生命を全うさせるかに専念することになる。

第四章　スターリングラード包囲環からの脱出
――ドイツ第六軍司令官パウルス元帥の決断、服従か不服従か――

第六軍、スターリングラードへ

一九二〇年、当時ツァーリツインと呼ばれた町は、スターリンらが反革命軍を撃破した古戦場であり、スターリンが権勢を握った後、一九二五年にスターリングラードと改称された（現ヴォルゴグラード）。スターリングラードは、カスピ海から陸揚げされた英米支援物資などをモスクワ方面、黒海方面へ運河や鉄道によって輸送するための交通の要衝であり、一九四二年当時、人口五〇万、ヴォルガ河に沿って四〇キロの広さを持つ。町の中央部に標高一〇二メートルのママエフ墓地があり、ヴォルガ河及びスターリングラード一帯を見下ろす制高点である[*1]。

一九四二年四月五日、ヒトラーは、ソ連軍をドン河の手前で殲滅し、爾後、コーカサス地域の油田地帯とコーカサスそのものを獲得することを目的として総統指示第四一号を発した。これは最終的には、A軍集団をもってコーカサスからイランに進撃、ロンメルの北アフリカ軍と手を握る、さらには、

B軍集団をもってヴォルガ河畔から北に旋回して、モスクワの東に進出しようとすることをもにらんだものだった。[*2]

総統指示第四一号は、四段階に区分され、第一段階で、クルスク地区から東方に突破（第二軍及び第四戦車軍）、ヴォロネジを占領、第二段階で、ヴォロネジからドン河右岸沿いに南方に攻撃、ハリコフ地区からの突破作戦（第六軍及び第四装甲軍）と連携、ソ連軍を捕捉撃滅する、第三段階でドン河中流右岸沿いに東進する部隊（第六軍及び第四装甲軍）とタガンログ地区からドン河下流を東進する部隊（第一七軍及び第一戦車軍）とが、スターリングラード地区で合一する、第四段階でコーカサスを占領する、というものであった。特にスターリングラードは、完全に占領するというものではなく、「少なくとも重火器をもって制圧し、軍需産業・交通の中心としての役割を果たさぬようにせよ」とされた。総統指示第四一号は、第一段作戦が六月二八日、第二段作戦が七月七日開始されたが、七月一三日、第三段作戦が大きく修正された。ヒトラーは、スターリングラードで合一するとしたのを、A軍集団（第一七軍及び第一戦車軍）をもってロストフ付近でソ連軍を捕捉すると変更した。こうして、七月二三日、A軍集団はロストフを占領したが、ソ連軍大部隊を捕捉することはできなかった。

一方、この間、A軍集団の背後を掩護していたB軍集団の第六軍（歩兵一六個師団、装甲二個師団、自動車化歩兵一個師団）は、スターリングラードへの突進のため、快速二個軍団（第一四装甲軍団、第二四装甲軍団）を増強され、七月二〇日、前衛が、ボコフスカヤ付近でチル河を渡河していた。[*3]

さらにヒトラーは、七月二三日、今までの作戦方針を転換する新たな総統指示第四五号を発し、「A軍集団はコーカサス全域を占領し、さらにカスピ海へ進出、バクーを占領、B軍集団は、第六軍をもってスターリングラードに向かって突進、同地に陣地編成中の敵集団を撃滅し、同市全体を占領

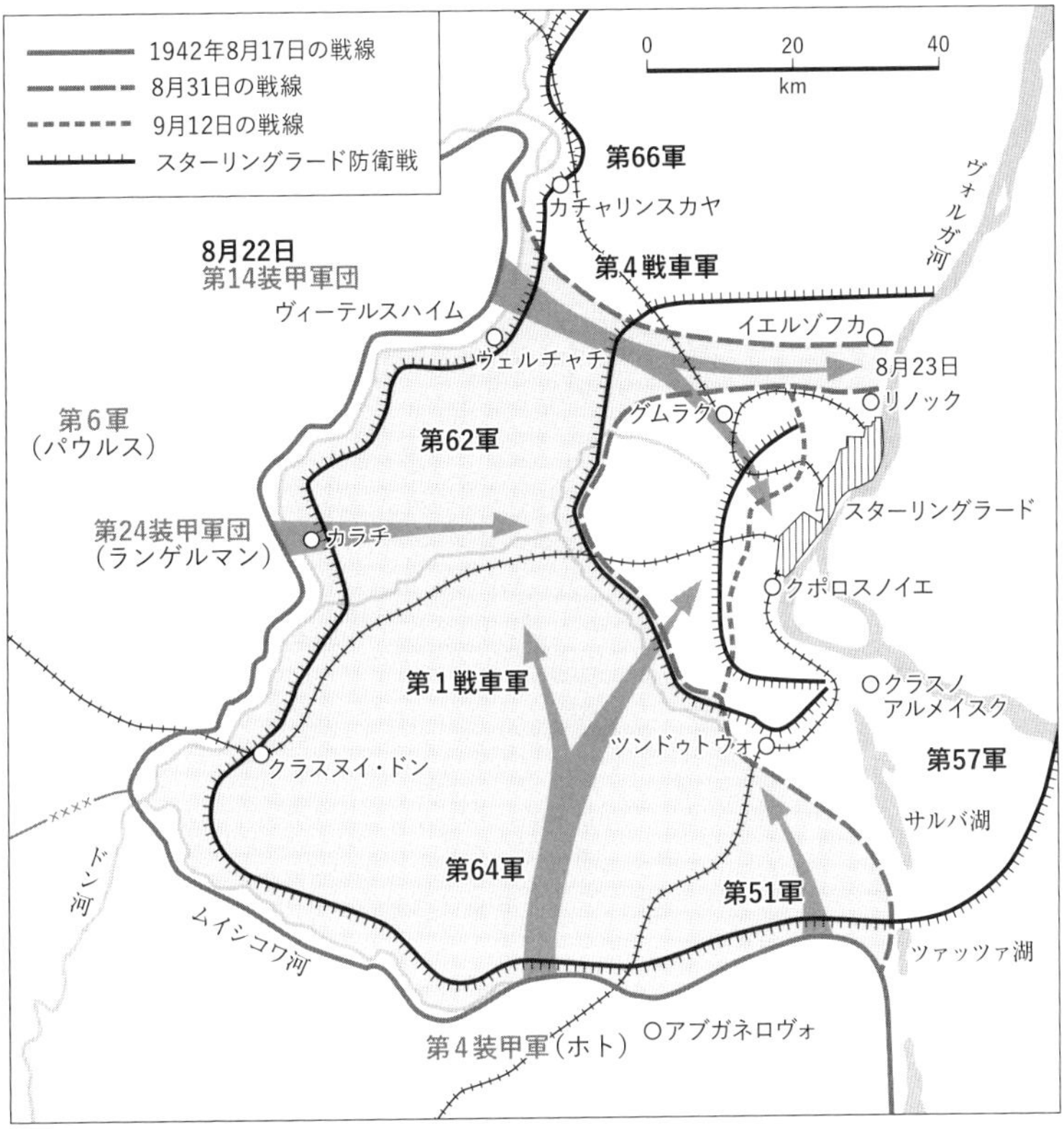

8月下旬～9月中旬の戦況図

ピーター・ヤング著／加登川幸太郎監修『第二次世界大戦通史・全作戦図と戦況』（原書房、1981年）を参考に作成

し、ドン・ヴォルガ間地峡を阻絶せよ」と命令した。この指示の結果、第六軍は、B軍集団命令において、迅速にスターリングラードに突進、占領することを命ぜられた。[*4]

第六軍司令官フレデリックス・ウイルヘルム・パウルス大将は、当面のドン河湾曲部への前進のため、北に第一四装甲軍団、第八軍団、南に第五一軍団、第二四装甲軍団の二個集団に区分して前進した。八月七日、カラチのソ連軍橋頭堡に対する攻勢を開始、三日間の激戦の後、大多数を殲滅し、捕虜五万七〇〇〇を報告した（カラチ会戦）。これは、野戦における第六軍最後の勝利であった。

第六軍は、八月一九日、「カラチ―スターリングラード鉄道の北方、ドン・ヴォルガ間地峡を占領し、東方及び北方に対して警戒する」という「スターリングラードに関する軍命令」をドン河右岸で下達した。[*5]八月二三日、ドイツ空軍は、スターリングラードの町に爆撃機延二〇〇〇機による大空襲を加え市街を廃墟とし、第一四装甲軍団は、ドン河橋頭堡を発進、六〇キロの地峡部を突破、先頭の第一六装甲師団は夕刻、リノック付近でヴォルガ河西岸に達した。ヴォルガ河はこの付近では河幅約二キロ、西岸台上は、標高約一〇〇メートルあり、対岸を一望できた。

しかし、翌日からソ軍の強力な抵抗を受け、二五日には、各部隊は停止せざるを得なくなった。この後、第六軍と南からスターリングラードに向かい攻撃していた第四装甲軍の尖端に挟まれたソ連軍部隊は、スターリングラード市内に撤退し、包囲殲滅はできなかった。つまり、第四装甲軍は、クラスノアルメイスクのヴォルガ高地を獲得できず北西に曲がってしまい、第六軍は、スターリングラード北方においてヴォルガ河まで突進できたが、引き続いて南進するには戦力も時機も失していた。よって、ヴォルガ河岸で両軍が包囲環を構成することはできず、結局九月二日、第六軍と第四装甲軍が提携した同市西側から第六軍の第五一軍団と第四装甲軍の第四八装甲軍団とが市内に向け東進して正面攻撃することとなった。この結果、ソ連軍は、スターリングラード市街地を防御陣地化し、さらにヴォルガ河東岸から新鋭部隊を投入するなど、スターリングラードで強力な防御態勢をとった。[*6] しかし、ドイツ軍にとって緊急に差し迫った重要な課題は、スターリングラードにおける側面の掩護であり、北側面、南側面ともに強固な防衛線を構築しなければならなかった。特に懸念されたのは、中部ドンとカルミユック草原におけるB軍集団の長大な両側面の弱さであった。

九月一五日には、スターリングラード市の大半がドイツ軍の占領するところとなり、残されたのは市北部の工業・労働者住宅地区と市中央の河港地区のみとなった。特にヴォルガ河の渡船場、中央上陸場のあるスターリングラードの心臓部はまだソ連軍の手中にあった。一六日には、B軍集団の命令によりスターリングラード攻撃は第六軍が担当することとなり、第四装甲軍の第四八装甲軍団は第六軍の指揮下となった。この時点で、ヴォルガ河は遮断され、工場などの機能は停止するなど、総統指示第四一号のスターリングラードを軍需産業・交通の中心としての役割を果たさぬようにせよとの目的は達成された。[*7]

第六軍司令官パウルス大将とスターリングラード市街戦

パウルス大将が第六軍の指揮を執ることになったのは、一九四二年一月二〇日のことである。パウルス大将は、一八九〇年生まれ、中部ドイツの中流家庭で育ち、一九一〇年、歩兵連隊に士官候補生として採用され、第一次世界大戦には連・大隊の副官、師団・軍団級司令部参謀としてフランス、ルーマニアに転戦、第一級・第二級の鉄十字章を受けた。一九二〇年、大尉として第一四歩兵連隊の副

フレデリックス・ウイルヘルム・パウルス将軍

官をしているときの勤務評定には、「体格に恵まれた旧学校の典型的な参謀将校、実行力に富む。しかし、内気（時には過度に）、気持ちのよい若者、礼儀正しく、かつ、人付合いよし。一般的に敵を作ることをあえて避けるが例外的によい、かつ、熱狂的な軍人。仕事は遅いが、事務は非常に組織的。図上・砂上の戦術に情熱的な興味を示し、最近において顕著な戦術能力を示す。ただし、命令を出す前の判断に過度の時間を費やす傾向あり」とある。一九二二年、参謀将校養成課程に選抜され、終了後、同課程の戦術・戦史教官を務めた。その後、一九三四年中佐進級と同時に、第三機械化輸送隊の隊長となったが、これが次に第六軍司令官になるまで実動部隊の指揮官職としては最後のものであった。

一九三九年には少将となり、第一〇軍参謀長として、ヴァルター・フォン・ライヘナウ大将のもとポーランド、ベルギーと転戦した。この間、猛将ライヘナウ大将のもとでの名参謀長ぶりは抜群・理想的なもので、同大将はパウルス少将に対して、その誠実、献身的な活動、高い軍事能力を愛し、事務のすべてを任せていたという。彼自身は、ナチ色、反ナチ色を出さない、軍事に専念する純粋の軍人ということであった。一九四〇年九月中将となり、陸軍参謀本部（OKH）の第一参謀次長となった。第一参謀次長は参謀総長に対する先任補佐官で、対ソ戦の研究準備を進めていた。一九四二年一月、装甲兵大将に進級、ライヘナウ元帥の推薦もあり連隊長、師団長、軍団長のいずれも経験していないパウルス大将が軍司令官となった。[*8]

一方、ソ連軍の方では、ドイツ軍のスターリングラード侵攻に対処するために、七月一二日にスターリングラード方面軍が編成され、ドイツ第六軍のヴォルガ河への進出には、第六二軍、第六四軍が対処した。一方、南西方面からスターリングラードに向かうヘルマン・ホト上級大将の第四装甲軍に対しては、第五一軍、第五七軍が対処し、これを統轄する南東方面軍が八月七日に編成された。しかし、戦局が逼迫するに至り、両方面軍を統一しこれをアー・イー・イエリヨーメンコ大将に統一指揮させることとなった。八月下旬以降、西方と南方からのドイツ軍の進撃で、第六二軍と第六四軍をその外郭防衛線から撤退させて、スターリングラード市内部で防衛線をつくらねばならなくなった。スターリングラードそのものを守るのは第六二軍である。イエリヨーメンコ大将は、スターリングラードにあるドイツ軍に対する攻撃を厳命した。[*9]

一方、ドイツ第六軍による北と西からの強圧を受けていた第六二軍は、一〇個師団、四個狙撃旅団、四個戦車旅団であったが、各師団は完全編制の中隊ぐらいの戦力で戦車はなかった。こうしたことからイエリヨーメンコ大将は悲観的となり撤退をはじめた第六二軍司令官を更迭し、新たに果断、誠実、そして楽天的な性格の持ち主であった第六四軍副司令官のヴェー・イー・チュイコフ中将を任命した。チュイコフ中将は、ドイツ軍は航空機、戦車、歩兵との連繫が優れているのであって、問題はこの連繫を破ることである。そのためにはできるだけ敵に接近することだとし、「すべてのドイツ兵に、常に銃口を突きつけられているように感じさせるのだ」と接近戦を強いた。また、スターリングラード陥落の危機を救うには、増援部隊が必要であり、この増援部隊をヴォルガ河東岸から西岸の中央上陸場に到着させるには、攻撃により現河岸までわずか五キロほどの橋頭堡を広くする必要があった。チュイコフ中将は、九月一四日攻撃を決意し市内の建物に五〇～一〇〇名の陣地を作り、最後まで死守せよと命令した。[*10] これをドイツ第六軍が攻撃したが、この日から親衛第一三師団など、中央上陸場に増援部隊が到着した。

第六軍は、九月一五日、攻撃を再開し、歩兵三個師団がママエフ墓地と停車場方面を、ツァーリツア河の南地区では二個装甲師団と歩兵一個師団が攻撃した。第一停車場は何度も争奪を繰り返し、九月一八日には占領することができたが、ママエフ墓地は来る日も来る日も攻防が続いた。こうしたドイツ軍の攻撃は、ソ連第六二軍をツァーリツア河で分断させた。このスターリングラードでのドイツ第六軍とソ連第六二軍の市街地における戦闘は、一一月中旬まで続くのである。戦闘は、鉄とコンクリートと石の建物に覆われた市街、工場地区で行われた。キロメータの尺度はメートルに変わり、各司令部の地図は市街地図に変わった。一軒一軒の家、一棟一棟の工場、給水塔、鉄道の切り通し、囲壁、地下室、最後には一つ一つの残骸をめぐって戦闘が行われた[*11]。ソ連兵は頑として動かず、スターリングラード市街に深入りした第六軍は、損害続出、歩兵中隊は六〇名以上のものは希となり、スターリングラードという街にのまれた状態となっていたのである。このような作戦の意義に疑問を抱き、危険を指摘・上申した第一四装甲軍団長、第四軍団長は、相次いで罷免された。こうしてチュイコフ中将は、ソ連軍最高統帥部の考える後の戦略的攻勢転移のための絶好な態勢を着々と作り上げたのであった[*12]。

ヒトラーは、一〇月一四日、各軍集団司令官、軍司令官宛に、「到達した線は一九四三年の攻勢のための発進基線として、いかなる場合においてもこれを堅持せよ」、「敵が攻撃してきた場合、退避とか、作戦的退却運動などあり得ない」、「後方連絡線を遮断されたり、敵に包囲されたりした個所は解囲されるまでこれを維持せよ」と要求し、「各部隊指揮官は予に対し責任を持て」と釘を打った[*13]。

ソ連軍による第六軍の両翼包囲

ソ連軍の反攻計画、つまりチュイコフ中将指揮するソ連第六二軍がドイツ第六軍をスターリングラードに吸引・拘束している間に、第六軍両翼のルーマニア軍正面をソ連軍の南西方面軍、スターリングラード方面軍をもって突破、ドイツ軍を包囲する計画は、その準備も含め概ね一一月中旬には終了していた。

南西方面軍は、西方へのドイツ軍の退路を完全に遮断するため、第五戦車軍、第二一軍をもって、セラフィモヴィッチ、クレトスカヤ地区から出撃し、ルーマニア第三軍を突破、カラチ南北の線に進出する。一方、スターリングラード方面軍は、包囲を完成するため、第五一軍、第五七軍、第六四軍をもって、イワノフカとパルマンツァク湖の線から出撃し、ルーマニア第四軍を突破、カラチ—ソヴィエトスキイの線に進出する。ドン方面軍は、第六五軍、第二四軍、第六六軍をもって、二つの補助的攻撃を行うというものであった。南西方面軍とドン方面軍の反攻作戦は一一月一九日開始の予定で、スターリングラード方面軍の作戦はこれより一昼夜後の一一月二〇日に開始する予定であった。*14

一一月一九日午前四時、ソ連軍南西方面軍は、ドイツ軍の翼を遠く離れて第六軍の一〇〇キロ以上北方、ルーマニア第三軍のドン河防衛線に向かい攻撃を開始した。よって、直接脅威されていない第六軍がその左翼面の状況を理解するまで時間が必要だった。B軍集団は、一九日夜になって第六軍に危険が切迫していること、スターリングラードにおける一切の攻撃行動を即時中止することなどを命じた。一一月二一日、第六軍に重大な危機が訪れた。南西方面軍は、ドン河とチル河の中間点ペレロゴフスキイ付近で九〇度の方向変換を実施、カラチ付近、すなわちスターリングラード戦線の背後に向かって前進し、二二日午後には、ソ連第五戦車軍がカラチ東方に一大橋頭堡を構成した。

第六軍司令部は、二一日午後二時頃、ソ連軍戦車がカラチ北方ドン河沿いのゴルビンスカヤに向かっている旨の報告を受けると、司令部をニージネチルスカヤに推進したが、ヒトラーから「軍司令官は、幕僚とともにスターリングラードに赴くこと、第六軍は四周防衛の態勢をとり、爾後の命令を待つこと」との命令を受けた。[*15] すなわち、ヒトラーは、スターリングラードに第六軍司令部を推進させ、スターリングラード固守を命じたのである。

一方、一一月二〇日、一日遅れ、第六軍南方約八〇キロ、ルーマニア第四軍正面でスターリングラード方面軍の攻勢が開始された。予備をもたないルーマニア第四軍を突破した以降は、カラチに向かうための北西への攻撃を続行し、二二日午後には、ソ連第五一軍がカラチ東方の南西方面軍と連絡するに及び第六軍の包囲環は閉ざされた。この時点で、第六軍、第四装甲軍の四個軍団、一個戦車軍団司令部、二二個師団を超える部隊が、東西約七〇キロ、南北約二二キロ、全周約二〇〇キロのヴォルガ・ドン河間のスターリングラード西方地区に包囲された。

一一月二二日午後六時、パウルス大将は、B軍集団に対して、「軍は包囲された、……燃料はまもなく尽きる。その時は戦車、重兵器は動けない。弾薬の状況は逼迫。糧食六日分。軍はスターリング

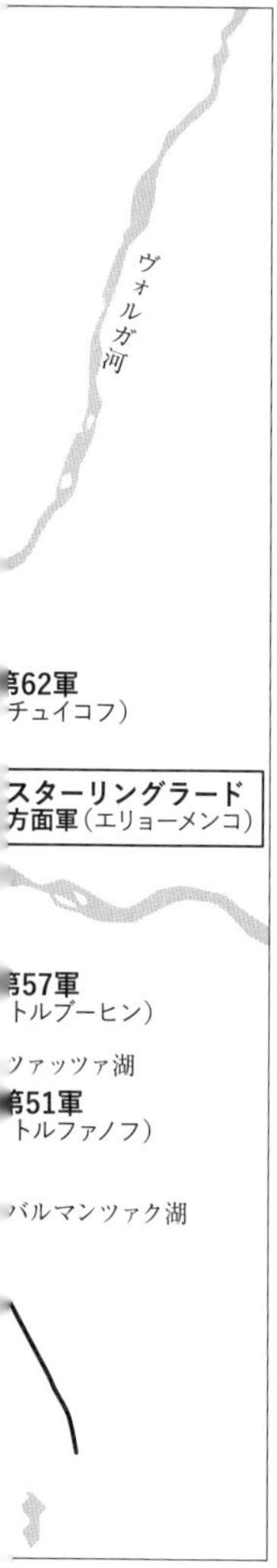

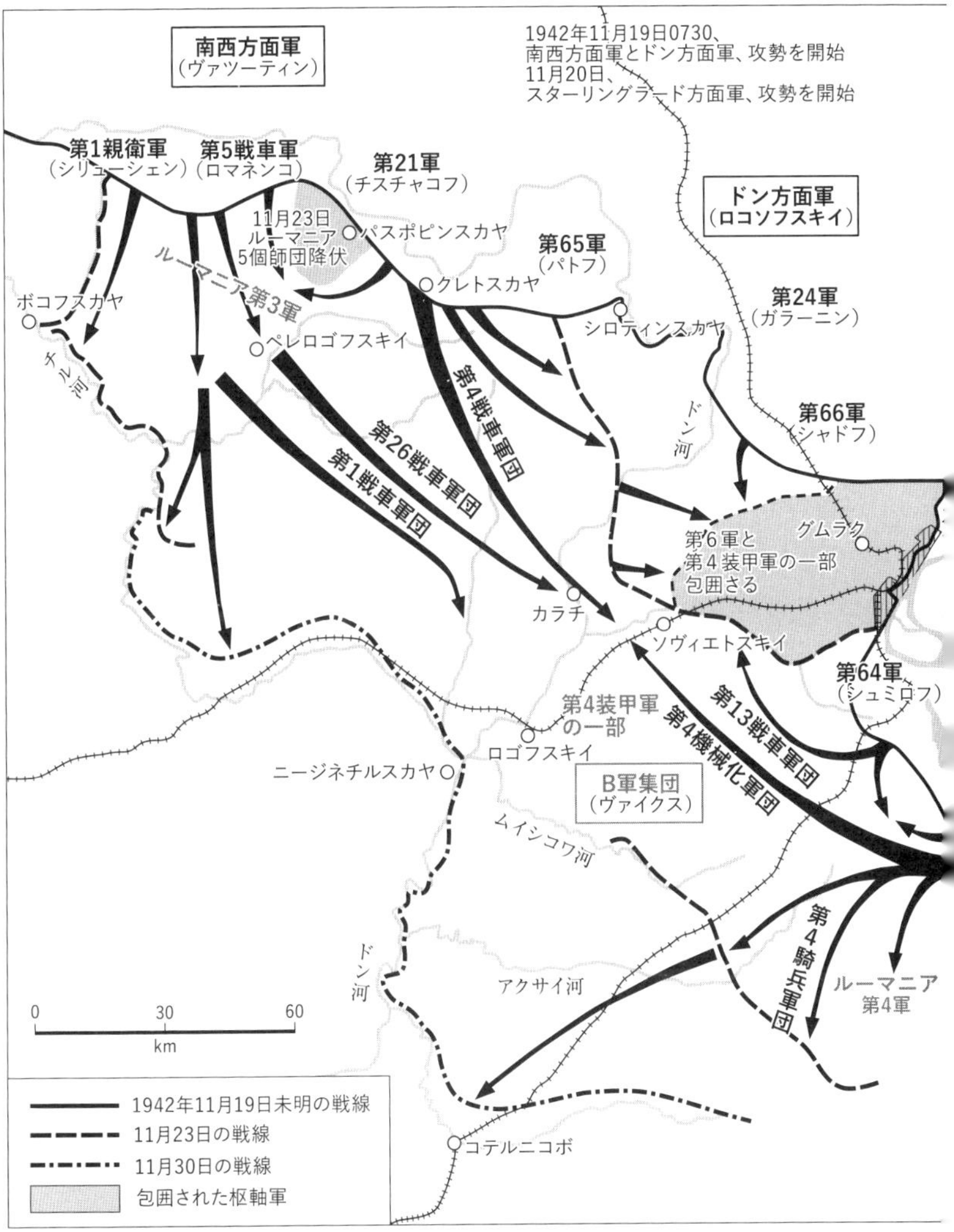

11月下旬頃の戦況図

ピーター・ヤング著／加登川幸太郎監修『第二次世界大戦通史・全作戦図と戦況』（原書房、1981年）を参考に作成

ラードからドンまでの残存地区を保持すべく企図し、そのため一切の手を打っている。南正面の閉鎖の成功と十分な糧食の空中補給が前提である。四周陣地編成に成功しなかった場合の行動の自由が必要……」と無電で報告した。[*16] まだ、ソ連軍による包囲環はさほど強力なものではなかったが、四周陣地の編成が成功しなかった場合の行動の自由、つまり包囲環からの脱出について強く主張しなかったのは、パウルスが明らかに二一日午後のヒトラーからの命令を意識していたといえる。また、第六軍は、当時の第四航空兵団司令官フライヘル・フォン・リヒトホフェン上級大将が「第六軍はその四周陣地において本兵団から補給してもらえると信じている。それはできないことを同軍に証明するためあらゆる手段を講じた」と日誌（四二・一一・二二）に記したように、空中補給の絶対不可能を理解していなかった。この後、二二日夕、ヒトラーは、「第六軍は四周防衛の態勢をとり、外部からの解囲を待て」と命令した。[*17]

第六軍司令部では、B軍集団との意見交換により、また隷下軍団長から聴取した意見に押されて、次第に戦線の撤退以外に策はないと確信するに至り、一一月二二日午後六時の報告を訂正し、「……南と西から攻撃する敵に全力を投入して撃破を図らぬ限り、軍の運命は時間の問題である。このためには、……南西への突破は不可避的結果として、大量の資材が確実に失われるであろう。しかし、貴重な兵の大部と、少なくとも一部の資材は助かるであろう。本重大報告の責任はすべて本官が負うもので、隷下軍団長も同じ状況判断である。現状況にかんがみ、今一度、行動の自由を願うものである」と報告した。また、B軍集団司令官フライヘル・フォン・ワイクス上級大将と陸軍参謀総長クルト・ツァイツラー歩兵大将も意見交換の結果、第六軍の撤退に同意していた。このため、B軍集団と第六軍の参謀間では、脱出の細部を検討し、一一月二五日が攻撃日と仮置きされた。しかし、ヒトラーは、参謀総長の説得に一切聞く耳を持たず、スターリングラード放棄は頑として駄目だと答えた。また、空軍参謀総長が空軍総司令官ゲーリング国家元帥の命を受けて、空軍は第六軍の空路補給の保証を引き受けるとヒトラーに報告したこともこれを裏付けさせた。

こうした中、B軍集団では、陸軍総司令部からの撤退命令を待っていたが、連絡のないまま二四日午前一〇時頃、B軍集団と第六軍間の電話連絡がソ連軍により遮断された。時間が迫っていたので、B軍集団司令官ワイクス大将は、陸軍総司令部の決定を待つことなく、自己の責任において第六軍に対して脱出を命ずる決心をした。この命令を発信しようとしている時に、軍集団通信班長は、総統本営から直接パウルス大将宛の無電命令が発せられているのを確認した。それはヒトラーからであり、「……軍は予が軍を適宜補給し、適時解囲するため全力を尽くすことを確信してよろしい。予は第六軍及びその軍司令官を識っており、軍がその義務を尽くすことを承知するものである」とあった。これを読んだワイクス大将は脱出命令を第六軍に与えないことにした。ワイクス大将は、パウルス大将を困難な良心の葛藤に陥れたくなかった。また、パウルス大将は、総統であるヒトラーの命令に反して、軍集団の命令を受諾しないだろうと考えた。またワイクス大将は、ヒトラーも「このヴォルガ河畔の砦は面目にかけても維持する」と公言しており、スターリングラード放棄などあり得ないことを理解していた。[*18]

パウルス大将は、第四、第八、第一一、第五一軍団及び第一四戦車軍団の軍団長を召致し、ヒトラーの命令を示した。いずれの軍団長もこれに反対、解囲脱出という意見だった。パウルス大将は、ここにヒトラーに服従するのか、それともこれに反して撤退するのかの岐路に立たされた。

ソ連軍攻勢の最初の数日間に撤退を決意すべきチャンスは訪れていた。しかし、決定的な好機は無情にも過ぎていった。パウルス大将は、ヒトラーの人となりと、戦争指導に関する考えを熟知していた。当時、一九四一年冬季、陸軍参謀本部の第一参謀次長だったとき、ヒトラーが、「いかなる犠牲を払おうとも一歩たりとも後退すべからず」と命令し、モスクワ戦線をナポレオンの二の舞にしなかったと自負しているのを承知していた。こうしたことからヒトラーに対して忠誠心を抱いていたパウルス大将は、わざわざ陸軍総司令部に対して第六軍の脱出に対する認可を乞うに至ったのであろう。[19]

軍レベルの部隊では、その指揮の質は司令官と参謀長の性格、人間関係に大きく関係する。第六軍の場合、賢明で感受性が強いパウルス大将に対して、参謀長アルトゥール・シュミット少将は、精神的、明瞭な戦術家であり、強情であった。軍司令部に滞在したことのあるブルーメントリット歩兵大将が、「軍は当時すこぶる慎重良好に指揮された」と述べているように二人がいがみ合ったりしたわけではないが、参謀長の方が司令官より性格的に強かった。共通していたのは、二人ともヒトラーを信じ、彼の道義心に対して信頼を寄せていたことである。[20]

一一月二四日、ヒトラーからさらに、第六軍の北及び東正面の後退を一切禁止すること、第五一軍団長ヴァルター・フォン・ザイドリッツ砲兵大将をして、北正面の指揮を執らせること、が命令された。ヒトラーは、パウルス大将の戦意を疑い、包囲圏内で最も勇猛と目されるザイドリッツ大将に北正面を分割して統治の責任を与え、ヒトラーに対する個人的責任をとらせることとしたのである。[21]

マンシュタイン元帥とパウルス大将

一一月二一日、ドイツ陸軍総司令部は、「スターリングラード西方及び南方で重大な防衛戦闘に参与している各軍を一層緊密に統一指揮するため、第一一軍司令部は、ドン軍集団司令部となり、第四装甲軍、第六軍、及びルーマニア第三軍に対する指揮を担当すべし」とドン軍集団を創設し、その司令官にエリッヒ・フォン・マンシュタイン元帥を任命した。マンシュタイン元帥は、「敵の各攻撃を阻止するとともに、敵の攻撃開始以前に保持していた各陣地線を回復すべし」との任務を受領した。[*22]

一一月末、ドン軍集団の作戦地域にあると確認されたソ連軍の兵力は、実に旅団以上の一四五個兵団に達し、その中に多数の戦車旅団、機械化旅団が含まれており、第六軍を包囲している兵力は、六〇個兵団と判断された。マンシュタイン元帥に与えられた兵力として第六軍もあったが、その実態は、陸軍総司令部の直轄となっており、軍集団としては、指揮することはできず援助を与えるだけであった。ヒトラーは、第六軍に連絡参謀将校を派遣し、これに専用の無線通信所を付して、直接の指揮権を維持していた。同様に、第六軍に対する空中補給の権限はヒトラーのみが握っており、第六軍に対する指揮統帥は、彼の一手に握られていたといっても過言ではなかった。[*23]

エリッヒ・フォン・マンシュタイン元帥

マンシュタイン元帥は、第六軍の救出を第一任務としなくてはならないと考えており、これを陸軍参謀総長ツァイツラー大将に、「第六軍の西南方に向かう突囲は、現在においてもなお可能と思われる。同軍がスターリングラード付近にそのまま続けて滞留することは、弾薬燃料の状況を考慮したならば甚だしい危険を意味する。……戦況を回復するための作戦は、一二月初旬までに到着するはずの兵力をもって開始すべきである。……」と伝えた。また、マンシュタイン元帥は、一一月二六日、第六軍の連絡将校が持参したパウルス大将の書簡から、パウルス大将が、「最悪の場合における行動の自由」の必要性を強く認識していること、補給状況についても、糧食一二日分、弾薬は装備定数の一〇〜二〇%、燃料はわずかに小移動を行うに足るのみということを確認した。また、ドン集団軍参謀長シュルツ将軍を第六軍に派遣し、パウルス大将に第六軍救出の解囲作戦構想について伝達させた結果、空路からの十分な補給を受けることを前提として、第六軍の被包囲圏内の抵抗の可能性は不利なものとは認め難いということを把握した。さらにマンシュタイン元帥は、第四航空軍司令官リヒトホフェン上級大将から、「現在のような天候状況では、第六軍に対し空輸による十分な補給は不可能である」ということも聞いていた。

ドン軍集団は、これらを考慮して、一二月一日、スターリングラード解囲の作戦(隠語「冬の嵐〔ヴィンテル・シュトルム作戦〕」)を策定し、第四装甲軍に対し、「その主力をもってドン河の東方、コテルニコボの地域より進撃すべし。敵掩護兵団を突破したる後における軍の任務は、スターリングラード周辺の南部もしくは西部包囲圏戦線を、背後もしくは側翼より攻撃し、これを席捲するにあり」と命令し、また、第六軍に対しては、「第四装甲軍の攻撃開始の翌日を期し、軍の南西部戦線より当初ツァーリツア河の方向に向かって突進し、第四装甲軍との連絡を回復するとともに、南部もしくは西部包囲圏戦線を席捲し、カラチのドン渡河点の獲得に参与すべし」と部署した。一方、ヒトラーは、依然として第六軍に対し、被包囲圏内の従来の諸陣地を引き続き保持すべし、と厳重に命じていた。[*24]

一二月二日、四日、八日とソ連軍は、スターリングラード包囲圏内の第六軍を攻撃したが、第六軍各部隊の勇敢な防戦により、その都度、ソ連軍は甚大な損害を受けて撃退された。マンシュタイン元帥は、第六軍の補給状況が一一月三〇日の計算から一二〜一六日間持久できることを確認し、第六軍

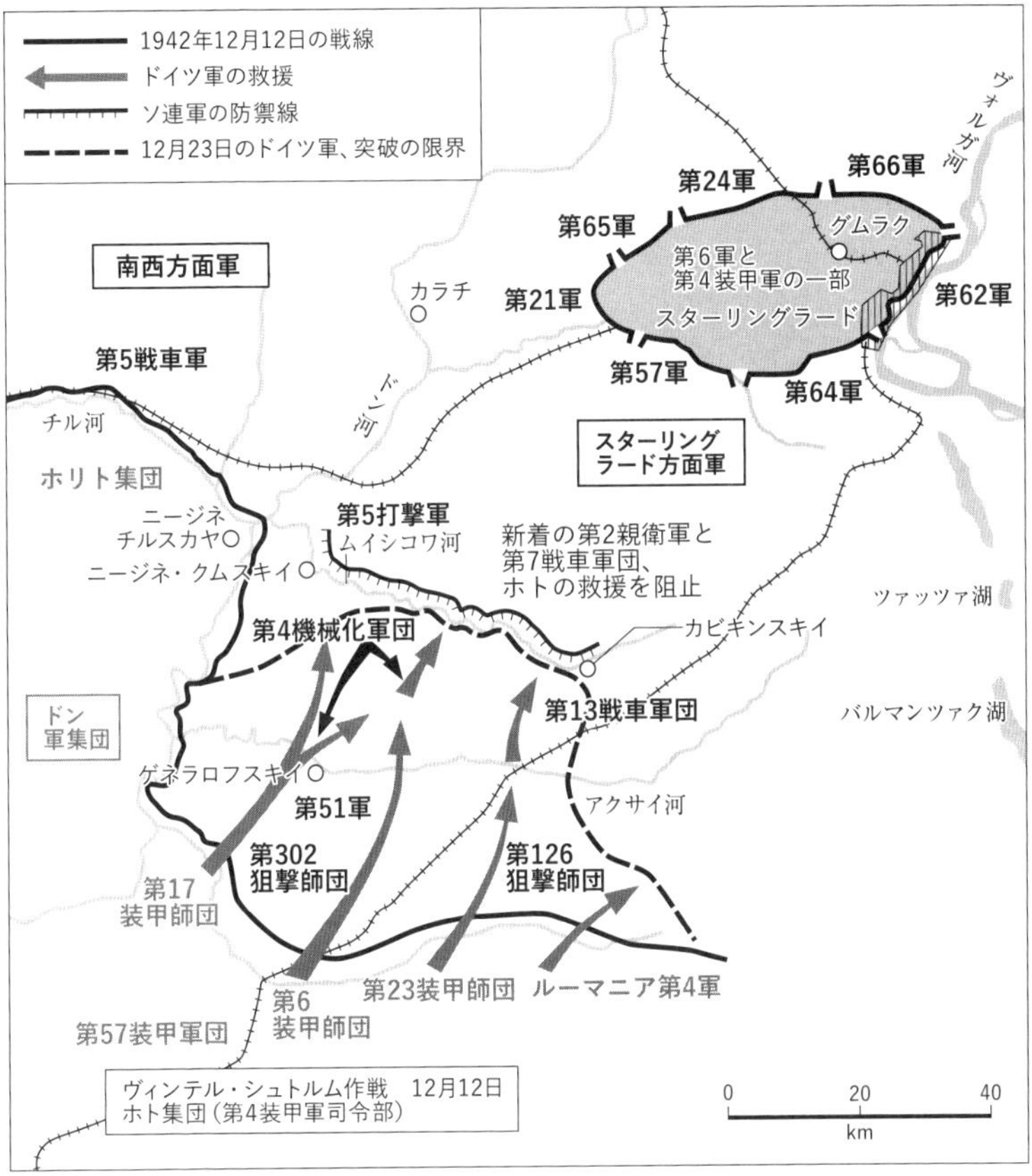

12月中旬〜下旬頃の戦況図
ピーター・ヤング著／加登川幸太郎監修『第二次世界大戦通史・全作戦図と戦況』（原書房、1981年）を参考に作成

を被包囲圏内から救い出さねばならぬ時期が切迫していることを認識した。唯一、幸運だったのは、ソ連軍が、ロストフ付近でドン軍集団の後方連絡線をあえて遮断しなかったことであった。[*25]

一二月一〇日、第六軍は、第四装甲軍が進出して包囲圏内の第六軍と連絡が取れるくらいまで近づけば、上級部隊から命令が下されるであろうと予期し、南部戦線において脱出の準備を始めた。[*26]

一二月一二日、第四装甲軍とルーマニア第四軍は、ヘルマン・ホト大将の指揮下、ホト集団として第六軍の解囲を目指し、第五七装甲軍団を先遣として、コテルニコボ地区から攻撃を開始した。一七日になって、第一七装甲師団が増加されて戦況に進展を見せ、一九日ムイシコヴァ河に幾つかの橋頭堡を占領することができた。これに対し、ソ連軍も包囲圏から多くの部隊を召致し、狙撃六個師団、機械化一個軍団からなる新鋭の第二親衛軍をこの正面に投入した。ドイツ第五七装甲軍団は、一八日からアクサイ河とミシコワ河の間でこの第二親衛軍と激戦を繰り広げ、前進が困難となった。[*27] 結局、この第二親衛軍が第四装甲軍に与えた打撃が、この戦闘の運命を決することになる。[*28]

さらに一二月一六日、B軍集団右翼のイタリア第八軍正面で、ソ連軍の大攻勢が開始された。イタリア軍は一日で霧散し、ソ連軍の戦車兵団軍が縦深深く南に向かい突進してきた。このため、軍集団にも重大な危機が迫り、第六軍解囲のために使用し得る時間に厳しい制約が生じてきた。一八日、ドン軍集団は、陸軍総司令部に対し、第六軍が即時、第四装甲軍方面へ突囲を開始するよう要請したが、報告を受けたヒトラーはこれを拒否した。マンシュタイン元帥は、一八日、第六軍司令部に対し第六軍の突囲作戦の指揮に関する軍集団司令部の構想を伝達させるため、軍集団司令部の情報参謀アイスマン少佐を第六軍司令部に派遣した。[*29]

ドン軍集団としては、この急迫した状況下、ホト集団が直接被包囲圏まで到達できるかどうかも疑問である。しかし、第六軍が積極的に南方に向けて突囲すれば、ホト集団の前進も容易になり、被包囲圏と連絡し得る可能性も大きくなる。ドン軍集団は、第六軍が長期にわたり持久をするに足るだけの空中補給が達成困難である以上、他に策はないと判断した。[*30]

アイスマン少佐の突囲の説得は、パウルス大将の心を動かすことはなかった。そればかりではなく、パウルス大将は、ドン軍集団が第六軍に期待して負わせた任務は、非常な困難と大冒険を伴っていると強調した。一方、アイスマン少佐は、第六軍の作戦主任参謀、補給部長から困難性は強調されたものの、突囲の実行は可能であろうとの言も得ていた。しかし、第六軍司令部の態度を決定的にしたのは、参謀長シュミット少将であった。シュミット少将は、目下のところ、第六軍が突囲するのは不可能であり、そんなことをしたら「破壊的結果」を招くばかりだ、と言明した。また、「上級司令部がもっと補給さえ改善してくれれば、軍は復活祭（三月二一日以降）までも、現在の陣地を保持してみせる」と口頭で反対した。アイスマン少佐はあらゆる説得を試みたが、シュミット少将は所信を曲げることはなかった。結局、パウルス大将も、「いずれにせよ、軍の突囲は不可能である」と言明したので、アイスマン少佐の会談も終わりを告げた。[*31]

一二月一九日、第五七装甲軍団が、スターリングラード周辺の南部包囲圏の戦線から四八キロの地点まで接近したことから、ドン軍集団では、第六軍を解放できそうだという望みをもった。第六軍が自ら突囲脱出可能と思われる好機が到来したのである。このため、ドン軍集団では、第六軍が突破を継続できるように、第四装甲軍の後方に、燃料、弾薬、糧秣などの補給品三〇〇〇トンを搭載した車両編成縦隊並びに第六軍の砲兵隊に機動性を与えるべく多数の牽引車を準備した。第六軍と第四装甲軍との間に通路が開設されれば、戦車群によって第六軍に一気に補給される予定であった。また、ドン西方地区における軍集団左翼方面の戦況も、一二月一九日には、第六軍が脱出するまで阻止できそうな見込みがついた。チル河畔下流のドイツ軍の陣地は持ち堪えられたのである。[*32]

この機会を認識したドン軍集団司令部は、一二月一九日正午、最高統帥部に対して、「即時第六軍に対し、スターリングラードの放棄及び西南方、第四装甲軍に向かう突囲を許可されたい」と切願した。しかし返事がなかったので、ドン軍集団司令部は、午後六時、第六軍と第四装甲軍に宛て、第六軍をしてできる限り速やかに西南方に向かい突囲を断行するよう促した。ドン軍集団としては、ヒトラーが第六軍に与えていた「状況の如何にかかわらずスターリングラードを保持すべし」という命令を撤回させねばならなかった。

しかし、ヒトラーがドン軍集団と第六軍に対して望んでいたのは、第六軍が突囲してスターリングラードから脱出するのではなく、ドン軍集団が、「回廊」を打開し、これを通じてスターリングラードの第六軍が、将来にわたり持久戦のための補給を受け得ることを望んでいたのである。ヒトラーがこのような考えをもっていたので、第六軍司令部も突囲については同様な考え方をもつに至ったのである。いずれにせよ、第六軍司令部は、ヒトラーの命令に従うべきか、軍集団司令官の命令に従うべきかの岐路に立たされたのである。[*33]

しかし、結局のところ、燃料問題が最終的な結末をもたらした。パウルス大将は、行動可能な戦車一〇〇両を有していると判断されるが、燃料は最大三〇キロ分に過ぎない。したがって、第四装甲軍が三〇キロの地点まで近接した場合、はじめて所命の突囲を開始できよう、と報告してきた。現在距離は約五〇キロあるので議論の余地はなかった。マンシュタイン元帥は、ヒトラーに第六軍の突囲を承認させようと電話で話した際、ヒトラーは、「貴官は一体どうしろというのか、パウルスはせいぜい二〇キロ分か三〇キロ分の燃料しか持っていないではないか、パウルス自身が報告している通り、目下のところ絶対に突囲はできないのだ」と拒否した。ヒトラーは、第六軍に派遣した連絡将校を通じて第六軍司令部内のことを把握していたのだ。

この時、パウルス大将は、明確に表明されたヒトラーの意志に逆らってまで、スターリングラードを放棄するべきか否か、甚だしい良心の相剋に悩んでいた。もちろん、ソ連軍の重圧の結果として、ヒトラーの命令に反することになるのなら正当な理由が成り立つだろうし、また、ドン軍集団が命じた以上、その責任を負わないことは当然承知している。このような良心の相剋の傍らには、突囲が実行可能かどうかという途方もない課題と冒険があった。[*34]

すでに第四装甲軍がこれ以上前進できない中、もし、第六軍の約五〇キロにわたる突破、突破口の拡大が失敗し、中途で停止した場合、そこで第六軍は、壊滅するのである。ましてや第六軍は、食糧、燃料、弾薬の欠乏、四八キロの行程を徒歩で前進しなければならない部隊が一一個師団もあるという問題の解決が必要であった。マンシュタイン元帥は、軍集団命令をもってヒトラーの重圧からパウルス大将を解除させようとしたが、結局、パウルス大将は、スターリングラード固守という命令遂行の責任と、ヒトラーから逃れ得ないと信じたためこの冒険に踏み込むことを躊躇し、断念した。

一二月一九日、第四装甲軍の解囲軍がムイシコワ河畔に到達以後、ソ連軍は、この解囲軍を阻止するためスターリングラードから絶えず新たな兵団が投入され、激烈な戦闘を加えてきた。そうした中で、第五七装甲軍団は、ムイシコワ北岸に手をかけ、一橋頭堡を設定することに成功していた。第五七装甲軍団の最前線部隊は、遠い地平線上にスターリングラード周辺の戦線の砲火を認めた。[*35]

一方、一二月二三日になると、ドン軍集団左翼が危機的状況となった。左翼を掩護していたホリト軍支隊正面においてソ連軍機甲及び機械化三個軍団が突進してきた。二三日午後、ドン軍集団司令部は、危機を迎え左翼の戦況に対処するため、解囲攻撃を中止するべきか、重大な決断に迫られていた。二三日午後、マンシュタイン元帥は、パウルス大将に対し状況の変化を率直に伝えた。この時パウルス大将は、「全般状況が第六軍に突破を要求しても、自分には何一つ残されたものはない」と自分の立場を繰り返し、そして「今後自分に突破を指導する全権限が与えられるのか」と質問した。これに対し、マンシュタイン元帥は、「全権限を与えることとは、私には今のところできない」と答えた。

一二月二四日、ホリト軍支隊正面では、危機が最高潮に達していた。ソ連軍機甲及び機械化三個軍団が突進し、すでに第六軍への空中補給の起点であったモロゾフスタヤ、タチンスカヤ両空軍基地にまで迫っていた。結局、この正面には第六軍に向けて攻撃していた第五七装甲軍団から第六装甲師団が転用された。このことは、第六軍解囲攻撃の中止を意味した[*36]。今やソ連軍がコーカサスにあるA軍集団の唯一の後方連絡線ロストフに向かい突進して、A軍集団すべてを第六軍と同様に捕捉殲滅しようとしていることは明らかであった。第六軍へと向かう第四装甲軍正面では、二五日、ソ連軍二個軍が攻撃を開始し、第四装甲軍は、数日で一二日に解囲突進した出発点、コテルニコボまで後退するのやむなきに至った。マンシュタイン元帥による第六軍の解囲救出企図は失敗に帰したのである[*37]。

第六軍、最後の戦いとその意義

一二月二六日、パウルス大将は、ドン軍集団に、「……局所的な危機であれば、なお若干期間は克服できよう、その前提条件は、給養の改善と補充の即時空輸にある。……突囲はあらかじめ回廊を打通し、軍に人員及び補給品を充足せざる限り、もはや実行不可能である。……第六軍の速やかな解囲のため精力的な各処置をとられるよう、上級当局に請願するものである。……」と報告した。この報告は、陸軍総司令部にも転送された。[*38]

一二月末から一月初めにかけての第六軍の戦線は、ソ連軍の部分的な攻撃を除けば比較的平穏に過ぎた。一月八日、第六軍の第一四装甲軍団長ハンス・ウァレンティーン・フーベ中将が、総統本営に状況報告した帰路、ドン軍集団司令部に姿を現した。ヒトラーは第六軍に対し、長期にわたる補給に全力を尽くすと約束し、以後計画されている解囲作戦について指摘したということであった。フーベ中将は、第六軍では、マンシュタイン元帥から「持久せよ、予は必ず諸子を救出せん」との電報が入っているとの噂が流れているとマンシュタイン元帥を驚かせた。[*39]

一月八日朝、ソ連軍は軍使を第六軍に送り、降伏勧告状を突きつけた。これ以上の抵抗の無益と名誉ある降伏を説くものであった。パウルス上級大将（一月昇進）は、自ら決断せず、ソ連軍の降伏勧告に第六軍の行動の自由の請願を付して総統本営に転送した。[*40] つまり、第六軍司令部は、ヒトラーさえ認めれば降伏を不名誉と考えていなかったものと考えられる。とはいえ、まだ有力な戦力を保持していたパウルス上級大将の立場からいえば、この降伏勧告は拒絶するのが軍人としての義務であった。ドン軍集団が第六軍に降伏を勧めなかった理由もここにあった。第六軍は、長期にわたる抵抗力は甚だ少ないとしても、それが続けられる限り、全戦局の構成上重要な役割を担っていた。一二月初頭、第六軍周辺の包囲圏上には、ソ連軍の師団もしくは旅団合計六〇個兵団が配備されていた。つまり、第六軍は六〇個兵団を拘束・吸引していたのである。もし、これらが自由になったとしたら、ドン軍集団、その他ドイツ軍全戦線に襲いかかったであろう。当時はまだ第六軍は可能な限り、その前面の敵を拘束しなくてはいけないのであった。

一一月一〇日、ソ連ドン方面軍は、強力な砲兵の攻撃準備射撃の後、多数の戦車を投入して全正面にわたり攻撃を開始した。[*41] 一一月一二日、第六軍司令部は、「……敵の深い突入を許すに至る、予備兵力はすでに底を突き、もはや兵力なし。弾薬は三日分を残すのみ、燃料も底を突く。……戦線は差し当たり数日間しか保持し得まいと予想す。……」とドン軍集団司令部に報告した。[*42] 被包囲下の第六軍は、一一月二二日の段階で、兵力二八万四〇〇〇人、火砲一八〇〇門、車両一万両であったので、軍一日の所要補給量は、糧食三〇六トン、弾薬五四〇トン、燃料一〇〇トンの合計九四六トンであった。一方、空輸のための出発航空基地から第六軍飛行場までの平均直線距離は逐次拡大し、四五〇キロに達していた（これは直路であり、当然敵機により妨害を受けるためこれ以上の距離となる）。実際に一一月二五日から一月二四日までの七〇日間の第六軍に行われた補給量の平均は、一日九四・一六トンであった。つまり、所要日量の一〇分の一しか空輸し得るに過ぎなかった。一方、この空輸を担当した第四航空軍は、四八八機と搭乗員約一〇〇〇人を失い、一九四〇～四一年の対英攻勢に次ぐ大出血を被った。陸軍ばかりでなく、空軍もスターリングラードで一個軍を失ったのである。[*43] また、この一二日には、ピトムニク飛行場が占領されたため、第六軍の使用できる飛行場は、唯一グムラク飛行場のみとなった。

パウルス上級大将は、同じく一月一二日、「もし即時武装を整備した歩兵大隊多数を被包囲圏内に空輸し得るならば、以後の防御もなお、恐らくは十分見込みがあるだろう」と報告してきた。しかし、ドン軍集団としてはこれに応えることはできなかった。翌一三日には、パウルス上級大将の第一伝令将校バール参謀大尉が、書簡を持ちドン軍集団司令部を訪れた。書簡の多くは、第六軍の善戦を記したものであったが、空輸の約束が守られなかったことについての憤慨が満ち溢れていた。[*44]

この頃、パウルス上級大将は、陸軍総司令部に、「要塞（スターリングラード被包囲圏陣地）は、以後数日間だけ保持し得るに過ぎず……小官は、全面的崩壊の直前に、あらゆる部隊に対し、西南方に組織的に突囲すべき命令を下達せんと企図す。若干の部隊は突囲し、ロシア軍戦線後方に混乱を生ぜしめん。……若干の兵員、士官及び下士官にして特殊技術者を、以後の戦争指導に有用たらしむべく、空路脱出せしめんことを意見具申せられよ。命令は即刻下達せられよ。……」と無線連絡した。陸軍総司令部は、突囲に関しては、総統は最後の決定を保留す、空路脱出に関して総統は当初否定す、と答えた。[*45]

一月二二日には、ソ連軍がグムラク飛行場に到達したので、飛行機の着陸による補給は遂に不可能となった。第六軍の弾薬と食糧は底を突いていた。パウルス上級大将は、ヒトラーに対し、降伏交渉を開始することの同意を懇願した。マンシュタイン元帥は、この問題についてヒトラーと電話で議論を交わし、第六軍の降伏に同意するように切に乞うた。マンシュタイン元帥の見解では、今や勇敢な第六軍の死闘を終結させるべき時がきたと考えていた。第六軍は、遥かに優勢な敵軍を拘束して、この冬季間に我が東方戦線を安定させることに決定的に寄与してきた。今後は、これ以上の効果をもはや持たないであろうと考えていた。マンシュタイン元帥とヒトラーの長い激烈な論議の後、ヒトラーはこれを拒否し、第六軍に最後まで抵抗を持続するように命令した。ヒトラーは、「スターリングラード周辺の敵諸師団の他方面での攻勢開始を遅延させるために、一日一日が全戦局にとって決定的だ」と理由づけたが、結局のところ、「降伏なぞ意味がない。ロシア人は今まで、どんな協定にしろ守ったことはない」と述べた。ヒトラーからすれば、第三帝国の一個軍の降伏などということは全く

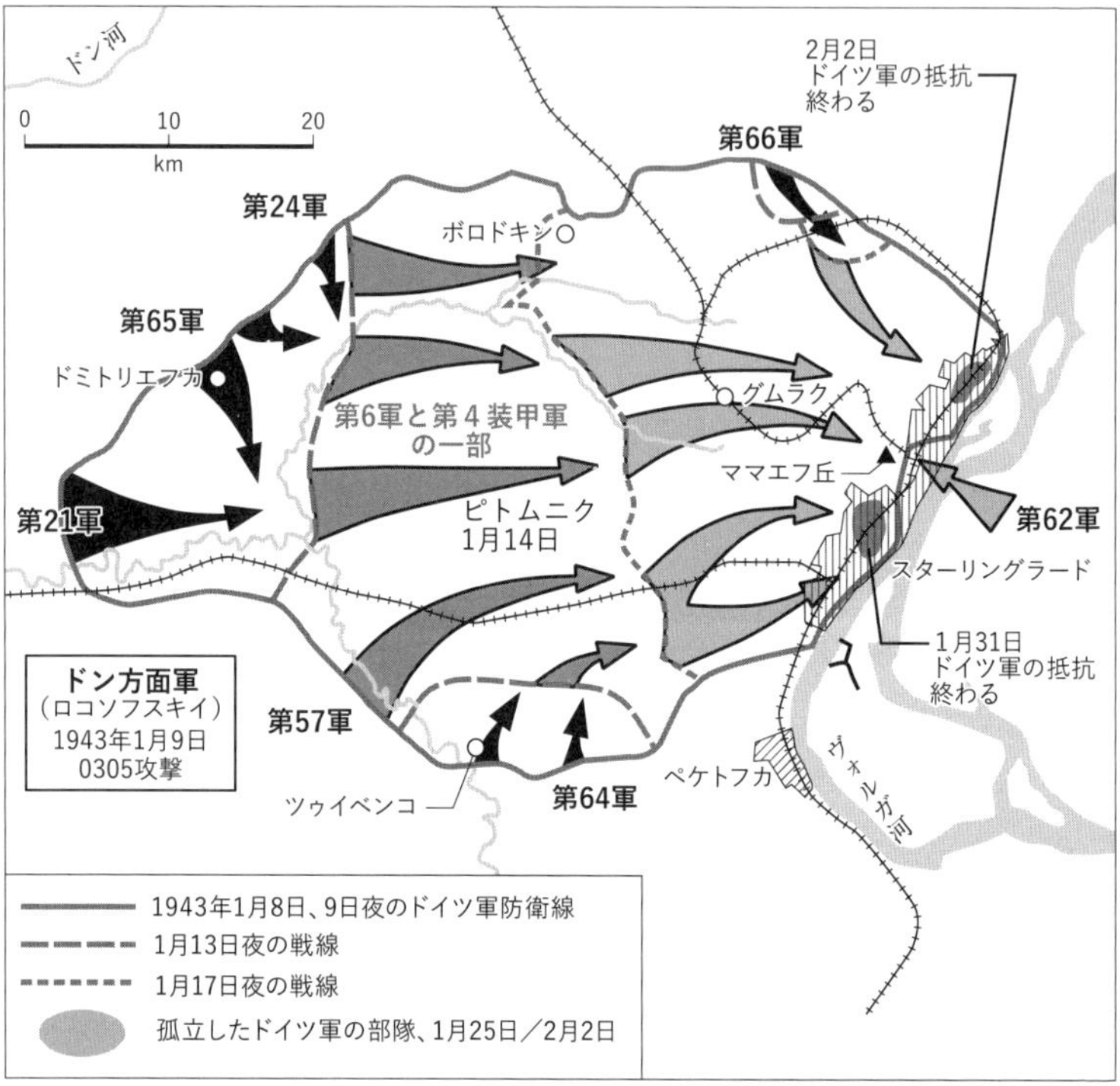

１月中旬〜下旬頃の戦況図

ピーター・ヤング著／加登川幸太郎監修『第二次世界大戦通史・全作戦図と戦況』（原書房、1981年）を参考に作成

我慢できないことであった。[*46]

戦場における軍人は命令された通り、いかなるところでも、どのようにしても戦わなければならない。しかし戦場の霧に覆われた中で高級司令官たる将軍には与えられた命令を放棄してでも自己の責任において決断しなければならない場合がある。つまり、将軍たるものが会戦に敗れた場合、もっといい方法があったのに受けた命令通りに実行して敗れてしまった、と言っても決して弁解は成り立たないのだ。このような場合、将軍には、自分の首をかけた、不服従の道が残されているだけである。そして、結果が通例これについて判決を下すのだ。マンシュタイン元帥は、一二月一九日、このような考えから、ヒトラーの厳重な訓令とは反対に第六軍に対して、成し得る限り速やかに西南方に向かう突囲を開始すべく命令したのである。[*47]

一月一六日までにソ連軍は、第六軍の包囲環を従来の広さの三分の一に圧縮し、二三日には、包囲環の北西及び西においてさらに決定的な進展を遂げていた。一月二四日、まだなんとか連携ある各戦線上で戦闘を交えていた第六軍は、三個の集団に分断されて、狭小な地域に圧迫され、もはや敵兵力を拘束できるような存在ではなくなっていた。パウルス上級大将は、陸軍総司令部に、「部隊には弾薬、糧食なし。六個師団の一部とは連絡可能。南方、北方、西方戦線に解体現象がある。統一指揮はもはや不能。東方戦線の変化はわずかである。一万八〇〇〇の負傷者には繃帯材料、薬品の最小の救護もない。第四四、七六、一〇〇、三〇五、三八四歩兵師団は殲滅された。戦線は散々侵入を受け至るところにおいて破綻している。拠点及び掩蔽の可能性は市部にあるのみ、これ以上の防御は無意味である。崩壊は避け得ない。軍残存の人命を助けるため、即時の降伏許可を請願する」と報告したが、ヒトラーは降伏を拒否した。[*48]

一月二六日、ソ連軍は第六軍包囲環を二つに分断することに成功した。一月二九日、パウルス上級大将は総統に宛て、「貴下の政権掌握記念日に当たり第六軍はその総統に挨拶を送る。ハーケンクロイツ旗はまだスターリングラードに翻っている。我々の戦闘が現在及び将来の世代にとって、絶望の中にあっても決して降伏しない模範たらんことを、その時にはドイツは勝利する、総統万歳」と、第六軍は降伏しないと電文に署名した（この電文は発信されなかった）[*49]。

一月三〇日、パウルス上級大将から「最終的崩壊は二四時間を出ないであろう」との電報が陸軍総司令部に入った。この日、東プロシアの総統本部における状況報告の際、ヒトラーは眼に涙を浮かべ、「自分にはパウルスが生を選ぶとは信じられない」と語り、さらに、「ドイツの戦史に元帥が捕虜になった前例はない」とパウルス上級大将を元帥に任じ、さらに一一七名の将校を昇進させた。

一月三一日、第六軍司令部のあった市内赤色広場のデパートは、集中攻撃を受け、パウルス元帥以下、第六軍司令部は簡単に降伏してしまった。一方、スターリングラード北部のカール・シュトレッカー中将の指揮する第一一軍団は、まだトラクター工場を中心とする陣地を固守していた。二月一日、被包囲下にある第一一軍団のため、補給品を積んだ一〇九機が飛び立ち、八九機が補給品を投下し、三機が帰らなかった。二日になると、シュトレッカー中将は、無線で、「第一一軍団はその六個師団をもって悪戦苦闘の限りを尽くし、最後の一人までその義務を完遂した。総統万歳、独逸国万歳」と伝えた。かくて第六軍の戦いは終わり、元帥一、将官二三、将校二五〇〇を含む九万一〇〇〇人が捕虜となった[*50]。

この年の七月、ソ連において政治教育を受けたドイツ軍捕虜による謀略宣伝が開始された。第五一軍団長のザイドリッツ大将もこの有力メンバーとなり、一九四四年春ドニエプル河畔の戦線で、ドイツ第八軍将兵に反ヒトラー、降伏の呼びかけを行った。パウルス元帥も、一九四四年八月、ヒトラー暗殺事件の後、ドイツ本国向けラジオ放送で、ヒトラー打倒の国民運動を起こすよう訴えた。パウルス元帥は、一九五三年帰国、東独ドレスデンに住み、一九五七年死去、ザイドリッツ大将は生死不明、第六軍参謀長シュミット中将（一月昇進）は、捕虜生活中頑としてドイツ軍人としての態度を変えず、戦友をかばい、二五年の刑を宣告された。[*51]

第六軍の行動を通じ、ヒトラーの命令に従うか否かの場面は、一一月二二日、一二月一九日、一月八日、一月二四日の四度あった。それぞれのチャンスは一瞬の戦機として去っていった。軍人、軍司令官として命を賭け、ヒトラーの命令に反して自らの信ずるところに進むべきだったのだろうか、そうであるとしたならばそれはいつの時だったのだろうか、それとも命令に最後まで従うべきだったのだろうか。歴史は、将帥に対して部下軍人がもはや戦い得ない時にその生命に犠牲を強いるという権利を認めたことはない。一方、国家指導部としてのスターリングラードは、軍統帥の犯した最大の過失として、つまりその責任を負う所の人的防衛力の最大の濫用として戦史に残るであろう。[*52]

第二部　軍最高統帥機関の決定で行われた撤退

第五章　ガダルカナル島からの撤退

――官僚組織にみる積み上げによる意志決定――

「ガ」島から「餓」島へ

　ガダルカナル島（以後、ガ島）は、ソロモン諸島の中央に位置し、千葉県とほぼ同じ面積をもつ、米軍にとってはラバウル攻略のために、日本軍にとっては珊瑚海海域において有利な戦略態勢を確立するために重要な島であり、どちらがこの島を確保しているかが爾後の作戦及び戦争指導に大きな影響を及ぼした。そして、この島は、日本軍と米軍の最も近い基地、ラバウルとエスピリッツサントから約九〇〇キロというほぼ等距離にあり、当初は、日本軍と米軍がこの島の争奪戦に使用できる戦力もほぼ伯仲していた。ただ異なるのは、米第一海兵師団が、昭和一七（一九四二）年八月七日、同島に上陸し、日本海軍の設営隊を掃討し、飛行場を含む海岸堡を占領確保したことであった。

　ニューギニア南岸のポートモレスビー攻略を任務としていた第一七軍は、ガ島の奪回も任務となり、海軍と協同しつつ、八月から一一月中旬にかけて、一木支隊、川口支隊、第二師団、第三八師団と送り込み、海岸堡の争奪をかけ米軍と戦力の集中競争を行った。しかし、その間、日本軍は、数次の航空撃滅戦、南太平洋海戦、第三次ソロモン海戦などをめぐる制海権、制空権の獲得競争に敗れた。

昭和天皇は、一一月四日、武官長に対し、「第一七軍がガ島に重点を置いているが、この解決には相当の時間を要するものと思われる。この間にニューギニア方面が放任されると、ますます状況が悪化するのではないか……要するにニューギニア方面に速やかに手を打つ必要があるのではないか」と御下問した。[*1]実情は、海軍の重点がソロモンにあり、陸軍の重点はニューギニアにあって、陸海軍の戦力が分散していたことを糺したのだ。また、翌五日、引き続き天皇は、内閣総理大臣東條英機に対し、ソロモン方面作戦に関し殊の外ご心痛のご様子を示された。[*2]こうしたことから、一一月七日には、統帥部陸海軍両総長が、世界情勢判断に基づいた戦略上の情勢判断について、「陸海軍の綜合威力を発揮して『ソロモン』群島及東部『ニューギニヤ』の全域を確保することの絶対必要なることは陸海軍統帥部間の完全に一致せる判決で御座います」と上奏した。[*3]つまり、陸海軍としては、南太平洋の作戦を最も重視し、そのためにはソロモン〜ニューギニア全域を確保することが喫緊の課題であることを述べた。

大本営は、第一七軍のガダルカナルとニューギニアの二正面作戦を回避するため、昭和一七年一一月九日、ラバウルに第八方面軍及び第一八軍を創設し、第八方面軍の隷下となった第一八軍にはニューギニアを担当させ、第一七軍にはニューギニア正面の任務を解きガ島奪回に専念させた。しかし、この間、制海権、制空権を失っていた日本軍は、船舶の損耗甚だしく、海軍の支援も思うに任せず、補給は途絶して、ガ島はまさに餓島と化した。昭和一七年八月以来、第一七軍のガ島に上陸した総人員は三万一四〇〇〇名に達していた。[*4]

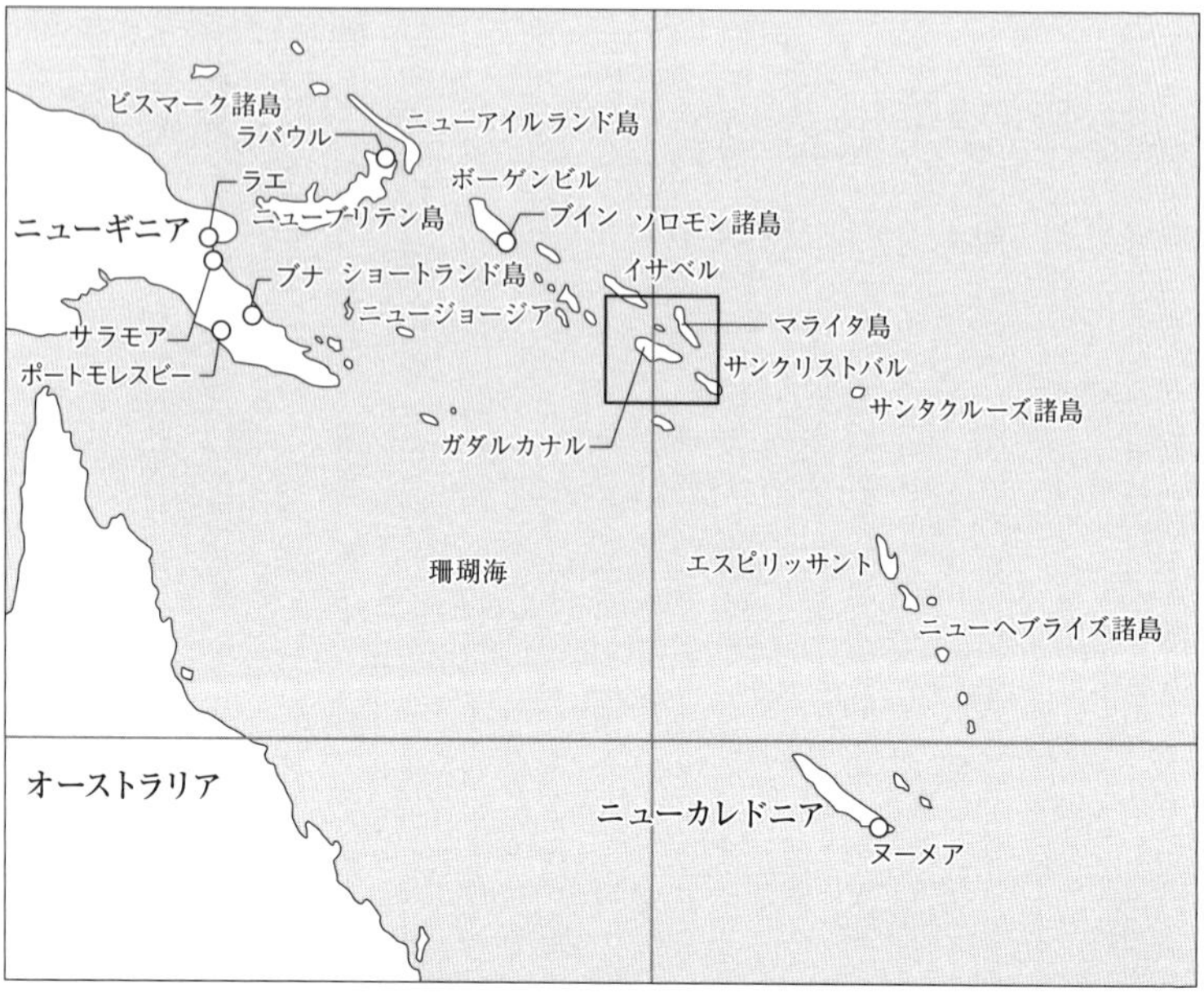

ガダルカナル島周辺島嶼要図

防衛庁防衛研修所戦史室『戦史叢書　南太平洋陸軍作戦〈1〉—ポートモレスビー・ガ島初期作戦—』（朝雲新聞社、1968年）を参考に作成

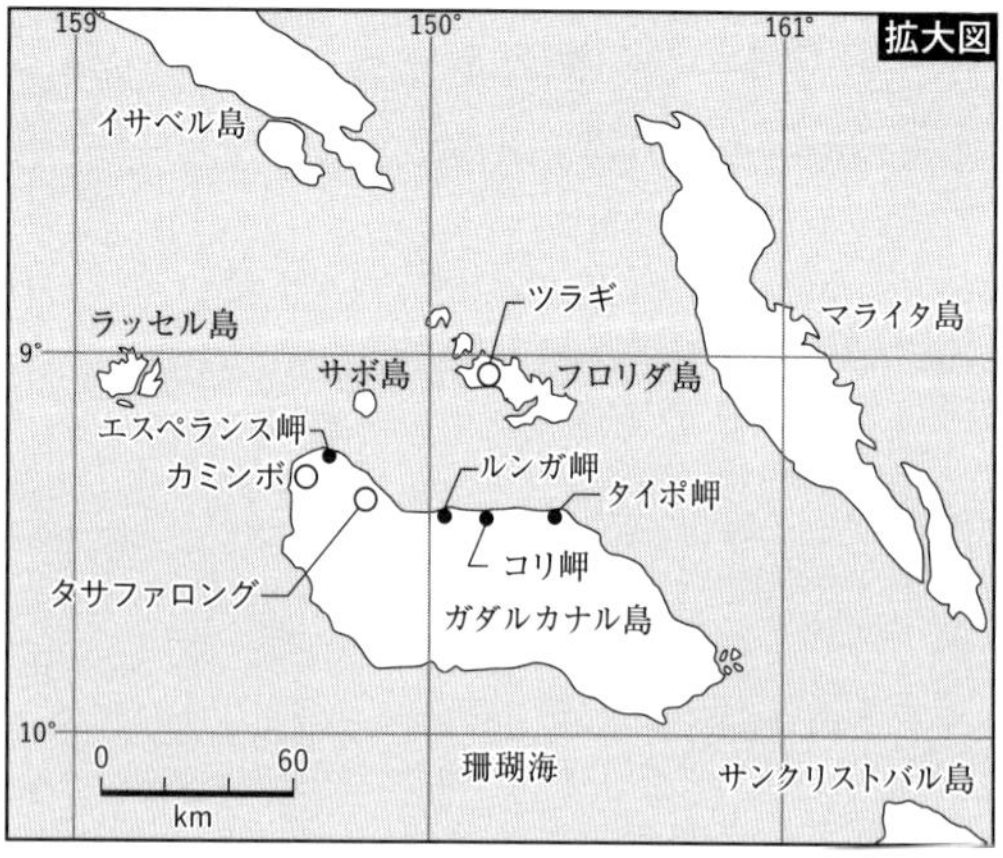

第八方面軍の統帥発動にあたって、司令官に親補された今村均中将に天皇は、「南太平洋方面よりする敵の反攻は国家の興廃に甚大なる関係を有する。速やかに苦戦中の軍を救援し戦勢を挽回せよ、今村しっかり頼むぞ」と述べられ、今村軍司令官は「全力を尽くして奪回いたします」と答えた。[*5]今村中将にとっては重い御言葉であった。その後、第一七軍司令官が長文の「状況報告」を第八方面軍に提出した。現戦況については、「死力を尽くして敢闘しあるも、給養の不足及び弾薬欠乏は戦力の著しき低下」、さらに補給衛生では、「海上輸送の不如意に主因し、『ガ』島作戦の当初以来軍需品は欠乏に欠乏を重ね、目下皆無に近し」と、すでに第一七軍には飢餓が迫り、瀕死の状態である旨を伝えた。[*6]

一方、この少し前、一一月三日、大本営陸軍部第二課長（作戦）服部卓四郎大佐が、同参謀近藤傳八中佐を同行して、第三八師団の先遣部隊とともにガ島タサファロングに上陸した。この時、服部課長は、すでに現地で作戦指導にあたっていた参謀辻政信中佐から、「課長はガ島をこのままやる自信があるのですか、この際、大転換をしたらどうでしょうか」と尋ねられ、「ガ島を退がると、ラバウルがもてるかどうか疑わしい。それに撤退自体できるかどうか確信がないが……この問題はしばらく考えてみよう」と答える場面があった。服部課長は内地にもどり、大本営で一一月一二日、一四日、状況報告を行ったが、撤退についてはもちろん一言も触れることはなかった。[*7]

この頃現地では、二つの重大な戦況の変化があった。ガ島に向かう第三八師団輸送船団の壊滅と、連合軍のブナ南東地区への上陸である。特に第三八師団輸送のため一三日夜にはじまった第三次ソロモン海戦では、連合艦隊はその主力艦である戦艦「比叡」「霧島」を失った。さらに、一三日夜、ショートランド島からガ島に突入した一一隻の第三八師団輸送船団が、一四日朝、ニュージョージア島の北約三六キロで、米軍B‐17爆撃機の連続爆撃を受け、その七隻が沈没または落伍した。残りの四隻は、辛うじてルンガ泊地に突入したものの浜辺に擱座した。無事ガ島に上陸したのはわずか四〇〇〇名、軍需品五トン、弾薬二六〇ケース、米一五〇〇袋に過ぎなかった。[*8]

連合艦隊は、南太平洋海戦における機動部隊に続いて戦艦「比叡」「霧島」と主力艦を失い、さらに船団輸送を無事揚陸させることすらできなかった。連合艦隊は、これ以降この海域に主力艦を投入することはなかった。これで日本軍によるガ島奪回の最後の企図は失敗に終わった。第一七軍司令部では、この輸送船団の大損害は、ガ島の命運を決するものであると誰もが感じた。[*9] 一一月一四日、海軍の第一線艦船の損害が相次ぐことに対し天皇は、永野軍令部総長の戦況上奏退出後、侍従武官に、「何か良き方法なきや」と、ソロモン方面に御心を痛めるご様子をしめされた。[*10] この後、一一月一六日、第一七軍は、攻勢から防勢任務への変更を大本営から示され、連合艦隊参謀長宇垣纏少将は、もはや「手無し」と日誌に記した。[*11]

戦略転換という空気

こうした中、一一月一九日、服部課長に続きラバウルに出張していた大本営参謀岩越紳六少佐の出張報告が作戦課内で行われた。その報告に、ガ島作戦に参加中の辻、杉田一次両参謀の意見として、「勝算きわめて少なし」という観察が述べられた。作戦課内だけではあるが、攻勢続行の既定方針にブレーキをかける最初の公開の場における発言と思われる。続いて、二四日、ガ島から帰還した辻中佐本人の報告が陸軍部、二五日には海軍部で行われた。辻中佐は、今や戦略転換の時期に来ている、と判断していたので、「路傍には、からっぽの飯盒を手にしたまま斃れた兵が腐って蛆がわいている」等、悲惨なガ島の状況をありのまま述べて、出席者にガ島奪回作戦の前途は全く見通しがないことを訴えた。しかし、まだ、当時の雰囲気から、戦略転換または撤退について公開の席で議論するような情勢ではなかった。[*12]

一方、一一月二六日、南東方面の作戦主任となった大本営陸軍部参謀瀬島龍三少佐は、従来の案では一二月下旬からガ島への集中輸送が開始されることになっていたので、遅くとも一二月中旬までに研究して方針を確立しなければならなかった。その研究の主体は、ガ島奪回の可能性であった。当時、主務幕僚としては、ガ島放棄というような根本的な変更は、この時期の公式の議題にはのせることができなかった。[*13] 一二月七日、第八方面軍参謀長から参謀本部に、暗に戦略転換を促す意図をもつ、ガ島及びブナ保持は至難との資料電報が入った。[*14]

一方、海軍側ではどうであったろう。一一月一七日、トラック島を出発した連合艦隊の三和義勇大佐、渡邊安次中佐の両参謀が、秘かに軍令部の首脳に戦略転換の意見具申をしている。一一月二〇日の宇垣連合艦隊参謀長の日誌に、東部ニューギニア、ブナ周辺の悲観的戦況を記述した後、「これがためにはガダルカナル方面は維持程度に止めざるべからず、すなわち作戦方針の大転換なり。慎重研究を要となす」とあることから、この参謀による意見具申は、私的なものではなく、連合艦隊としての意見であったと思われる。[*15] 二四日帰還した三和参謀は、その日の日記に、「ガ島作戦には策なし。この際思い切って防守態勢を執るを要す。これ恥ずかしきことに非ず」と、これ以上のガ島奪回作戦は困難であると戦略転換を促している。宇垣参謀長も、二六日には同様の判断を示し、ガ島放棄、ニューギニア確保を強調している。したがって、この時期には連合艦隊司令部の戦略転換の意向はすでに固まっていたと思われる。[*16]

さらに宇垣連合艦隊参謀長は、戦略転換の含みのもとに、ニューギニア、ブナ方面を確保するため、ガダルカナル島に投入予定の第五一師団をニューギニア方面に投入する意見を、書信の形式で、大本営海軍部第一部長福留繁中将に連絡した。この書信は、一二月二日に東京に届き、福留第一部長は、これに対する返信を一二月四日、トラックに出張する大本営海軍部参謀山本祐二中佐に、「中央も連合艦隊と同様の考え及び方針にして全責任を以て善処するつもりなり」と口頭でその手紙の返事を託した。これによれば福留第一部長も方針転換に同意であったようにとれる。[*17] 一方、この山本参謀と同じ飛行機には、第八方面軍参謀予定の陸軍部参謀井本熊男中佐が同乗していた。彼は、自分の任務をガ島の後始末であると判断しており、山本参謀に「第八方面軍がガ島一点張り主義ならば、中央から適宜指示を出してもらいましょう。第六五旅団と第五一師団の一個連隊をブナ方面に注入する件について、私は参謀本部から許諾を得てますから」と語った。これを山本参謀から聞いた宇垣参謀長は、自分の考えが陸軍にも伝わっていると安心する一方、ラバウルの方面軍首脳が果たして動くかとも心配した。[*18]

宇垣連合艦隊参謀長は、戦略転換は、「陸軍関係にきわめてデリケート」な問題がある、と判断していた。そのため、一二月八日、連合艦隊先任参謀黒島亀人大佐が上京するので、福留部長に対する返事をかねて伝言を託した。その戦略転換の基本的態度は、「現地中央最も気脈合し、進退を誤まざること」であった。宇垣参謀長は、ガ島問題の発端は海軍側の不用心に在る、と認識しており、「艦隊側より不能論を持ちかける事は行き懸上不可なり。陸軍側と漸次交渉すべきも、五十一師の転用にせよ、(ガ島)撤退論にせよ、無理押しは絶対禁物にして自然的に彼等が已むなきを自解せしむる事肝要なり。而して此間に立ち中央が克く這般《しゃはん》の事情を諒解しありて、機に投じて采配を振る事緊要欠くべからざる処、之が為には充分なる事前気脈相通じあるを必要となす所以なり」と海軍側からこの件について口を開くべきではないと考えていた。なお、日誌の注記に、「本件は余輩の過半来最も心痛し来れる所、長官にも申上げ又各参謀にも其の都度論示せる処なり。先任参謀も一昨夜以来考えたるものと見え、本日余輩の言に全く同意を表せり」とあることから見て、このような考えは、参謀長一人のものでなく、連合艦隊首脳の一致した心境であった。[*19]

一二月九日上京した黒島参謀は、軍令部首脳及び服部課長とも懇談した模様である。一二月上旬以来、難局を打開する方策について考え続けていた服部課長は、作戦方針の転換について、自身はある程度決心がまとまっていたので、ニューギニア方面に重点を変換することについて、同意の意向を示した。[*20]

海軍部作戦課長富岡定俊大佐から服部課長に対する公式の調整は、この段階ではなかったが、陸海軍相互の少数の作戦課の部員が撤退について極秘裏に討議しはじめた。しかし、海軍側の一部に「見殺し案」があるのを聞いて、辻参謀が大いに憤慨し問題が大きくなりそうなので、陸海軍の交渉を部長以上に移すことになった。[*21]

一二月一一日、南東方面現地視察から帰還した山本参謀は、軍令部に、「第八方面軍の参謀も、誰も成算を持っていない。第八艦隊は、ガ島への駆逐艦輸送は断然やらぬ。……第八艦隊は、ガ島、ブナともに下がれ、という意見である。自分としては、航空戦力とその補充の状況から見て、ガ島奪回は一〇〇%の成算がないと思う」との旨を報告した。いずれにしても現地をみてきたものたちの報告では、ガ島奪回はすでに不可能と判断されていた。[*22]

当時の陸軍省軍務課長眞田穰一郎大佐の一二日の日誌にも、「最悪の場合の事は云わないこと、参謀長止まりとすること（次長案）」等、この問題に対する陸軍側の取扱態度を示す記録がある。瀬島参謀は、戦後、「参謀次長は、一二月七日田中第一部長の更迭後、作戦方針転換の気持ちが強くなった」と述べているのと、参謀次長沢田茂中将自身が「如何に人に言われようとも、この事態の落ち着くまでは現職にあって任務を完遂しよう。一番困難なことを引き受けるのが俺の任務だから」と陸軍部第一五課（戦争指導）長甲谷悦雄中佐に一二月一四日に述懐していることからみても、この時期に陸軍側統帥部首脳の腹も決まっていたと推定される。[*23]

一二月一二日には、「第六師団を『ニュージョージア』『ボーゲンビル』地区に使用する」、「第五一師団を東部ニューギニアに使用する」を旨とする作戦構想が、大本営から第八方面軍参謀長宛通電された（参電第一一九号）。この電報は、「飽くまでガ島奪回の根本方針を堅持し、之が攻撃を促進しつつ」等の表現を用いてはいるが、本質的には戦略転換の含みがあるものであった。またすでにラバウルに到着して方面軍の作戦主任として勤務していた井本参謀は、受電した日の日誌に、「中央においても万一の場合の此の方面の態勢を考えられあるやに思考せらる」と書いていることからも、中央の意志は、何らかの方法で現地方面軍にも伝わっていたものと思われる。[*24]一方、瀬島参謀は、「第八方面軍が（結局）第六師団のニュージョージア、ボーゲンビル地区への輸送を諒承したので、以心伝心、ガ島撤退に同意であるとの印象を得た」と戦後回想している。[*25]同じ一二日、東京で戦略転換について交渉中の黒島先任参謀は、「軍令部は全然同意、陸軍も一応了解」と打電した。[*26]

参謀本部内では一二月中旬に人事異動があり、大本営陸軍部第一部長田中新一中将転出後、満州から第一方面軍参謀長の綾部橘樹少将が一六日着任し、一二月一四日には服部作戦課長が陸軍大臣秘書官に転出し、後任に眞田軍務課長が発令された。一二月七日に田中部長が、船舶問題紛糾の責を負って罷免されたことは、実質は南東方面の作戦・戦略指導をめぐる議論の結果であり、単なる人事問題ではなく、国家としての船舶運用面からの戦略方針の転換を意味するものであった。田中部長は、一二月一〇日の御前会議後、東條陸軍大臣に、「南太平洋方面は、なるべく早く収拾することが肝要である」という所見を述べている。これは、速やかに戦略転換すべきであるという意図を示したものであろう。それぞれの引継において、戦略転換の方針をどの程度まで具体的に説明したか不明であるが、眞田課長のメモには、「三万見殺しは不可なるも、不確信な事をやり物動をこわしては国家の前途を……方面軍司令官、副長位迄は、……」とあり、それらしい申し送りがあったことが窺える。[*27]

また、一六日着任した綾部部長自身は、甲谷課長から説明を受けた戦争指導上の諸問題を、「目下ガ島から撤退するか否かを決定せねばならぬ情勢に迫られている。恐らく後退と言うことになるのではないかと思われるが、その方策を決定するのが新部長の第一にやらねばならぬ仕事であるということであった。……一七日、最近までガ島に派遣されていた辻中佐の意見を求めた。辻中佐は、ガ島より撤退せねばならぬ情勢にありと述べた。これで部長としての腹も概ね確定し得たのであった。二〇日、田辺次長とこの問題について懇談したが、総長、次長も同様の判断であるように思われた」[*28]と回想しているので、新作戦部長、新作戦課長とも、戦略転換についてある程度のことは認識していたと思われる。一方、眞田課長には、一六日、南東方面の主任参謀瀬島少佐が、作戦経緯及び現況について報告したが、まだ、ガ島撤退については公式報告として取り上げることはなかった。[*29]

最高統帥部におけるガ島撤収準備の開始

新作戦課長眞田大佐は、一二月一七日、第八方面軍と調整するため瀬島参謀と首藤参謀の二人とともにラバウルへ向かった。これまで中央で議論され、概ね一致を見た「戦略転換」という用語は作戦の重点をガ島から東部ニューギニアに移行するということで一致していたが、その実行方法としては、ガ島は依然攻勢を続行するというもの、最小限の補給で玉砕するまで持久させるというもの、あるいは一挙に撤退させるというもの等々、大きく三つの考え方があった。眞田課長がどのような考え方で現地に向かったかは不明であるが、複雑な心境でラバウルに向かったことは間違いない。一行は、ラバウル西飛行場に一九日午前九時三〇分に到着した。[*30]

眞田課長は、途中、サイパンで、東京へ帰還途中の第二課兵站関係班長高山信武中佐から現地の状況について詳細な報告を受けた。その要旨は、「ガ島攻略に対する自信は、海軍には全然ない。陸軍の口を通じて止めさせようとかかっている。……方面軍としては大命を戴いている。……中央でもう一度考え直してくれないか、と内々言われた。由々しいことになる。結局ガ島攻略は止め、まずラエ、サラモア、ニュージョージア、イザベルを固めるを要する」という深刻なものであった。[*31]

一一月三〇日頃には、ガ島の第一七軍への補給は、糧食、武器、弾薬などを詰めたドラム缶を駆逐艦がガ島沿岸で海面に投下するというような状況で、一二月八日には、海軍側から、それすらも中止する、という申し入れが第八方面軍にあった。同じ日に、ニューギニア方面ではパサブア守備隊が玉砕していた。ニューギニアの戦況の悪化は、直接ラバウルに脅威を与え、かつ、南太平洋全体の安全性を脅かしていた。

一二月一二日、第八艦隊参謀神重徳大佐から、井本参謀に対して、ガ島の作戦は、「海軍側は今や自信がなくなった。大本営からも近く命令が来ると思うが、『攻撃計画』と『引く計画』の二本立てで立案することが必要だと思う」という申し入れがあった。現地海軍としての最初の意思表示である。海軍側は当初から「撤退」方針だった。その時、神参謀が語った撤退構想は、「一月中旬までに駆逐艦一五隻くらいで二回にガ島の主力を引き揚げ、残りはカミンボに集結して逐次に退る」というものであった。続いて一四日、連合艦隊の渡邊参謀から、「ガ島撤退の場合如何にするか、陸海軍幕僚間で研究したいが」という提案があった。しかし、第八方面軍では、今直ちにこれを表面に出して研究するのは適当でないとして、結局、井本参謀が個人的に現地海軍との研究を行うということになった。この下交渉の際、渡邊参謀は、「連合艦隊司令長官としては、陸軍に対する責任もあり、これを見捨てるわけには行かないが、大局の見地上、一時放棄し将来奪回するの策に出るを可とするよう考える節もある。自己の責任において具申するということもあり得る。それまでは陸軍を餓えさせるようなことはしない。また、海軍としては引き揚げる場合でも、駆逐艦一〇隻近くの損害は覚悟している。陸軍側も相当の犠牲を覚悟してもらう必要がある」という連合艦隊司令長官山本五十六大将の覚悟を伝えている。[*32]

一方、現地陸軍では、杉田参謀が今村軍司令官に、「新しく二個師団も出して、ガ島奪回作戦をやっても、決していい結果を生みません」と意見を述べた。これに対して今村軍司令官は、「自分は奪回の大命まで受けてきているので、立場上これをやめるという電報は打てない。大楠公は勝ち目がないと思いながら、大命に従って湊川に出陣したではないか。その心境でやろう」といって、杉田参謀の意見具申を却下した。[33]

一五日になって、撤退作戦の研究はやや具体化した。渡邊参謀が連合艦隊の思想を基礎とした協定案を説明し、議論は撤退要領に移った。渡邊参謀が示した提案は、駆逐艦二〇隻をもって三回使用し、各回駆逐艦二隻の損耗ありとする場合、一隻五〇〇名として、二万四〇〇〇人収容できる。海戦の生起することを考えれば、巡洋艦一〇隻くらいを使用するべきか。次に海トラ及び大発動艇を主とし、艦艇は海戦に任すべしとの提案をした。井本参謀は、これが連合艦隊の本音、つまり海軍の本音は撤退そのものよりも海戦にあるものと認識した。[34]

一九日午前、方面軍司令官、同参謀長、参謀が全員集合して、その日の午後到着予定の眞田課長に対する説明事項を審議した。各参謀の起案に対して特に大きな意見はなかった。最後に行われた方面軍司令官からの質問に「海軍の幕僚等がマイナス作戦の研究提案をする目的は、単に純粋の研究なりや。または陸軍にも責任を負わしめんとする意図あるものなりや」というものがあり、幕僚の答えとして「その必要ありと考えあるところに基づくも、後者なりと判断す」という一幕があった。[35]海軍側からの撤退議論を現地陸軍部隊は、最終的には海軍が責任を陸軍に負わせようとするものであろうとみていたのだ。

このような方面軍司令部の空気の中に、眞田作戦課長の一行は予定通りラバウルに到着した。早速、方面軍司令部との情報交換などが行われたが、二三日に帰京するまで軍司令官以下の関係者に、「作戦の見通し」について七名から聴取した。まず、方面軍参謀中、井本参謀は、ガ島奪回は相当難しい、中央として大決心の秋なるべし、有末次《ありすえやどる》作戦課長は、ガ島攻略に失敗して戦争の前途全局を誤ることなきように、加藤道雄参謀は、一切の私を去り、大局から善処ありたし、加藤鑰平方面軍参謀長は、海軍はガ島に対して自信はない、表向き自信を喪失せることをいわずに陸軍の口を通して止めさせようとかかっている、ということであった。今村方面軍司令官は、「ガ島は何れにしても至難、中央は海軍との関係をも考えられ、大局的に定められ度。いかなる場合に於いても、『ガ島のものは捨て了うのだ』という考えを持たれずに、ある時期に於いて出来るだけの人々を救出できるように考えてもらい度。之が漏れたら、ガ島の人々は皆一度に切腹して了うであろう」と述べた。一方、海軍の第一一航空艦隊司令長官草鹿任一中将は、ガ島の奪回はこの際急いではならない。ニューギニアを固めることは急を要する、第八艦隊参謀神大佐は、ガ島は一時引くということも考案の一つ、ということであった。[*36]

眞田課長以下は一二月二三日、ラバウルを出発し、二四日夜、サイパンの航空宿舎に泊まった。帰りに飛行艇に乗る桟橋のところで送りに来ていた井本参謀が別れ際、瀬島参謀に「中央ですべて決断してくれ、その決断によってやるからな」といった。これを聞いた瀬島参謀は、第八方面軍はもはや総攻撃について確信がないと認識した。[*37]

眞田課長は、瀬島参謀と首藤参謀の二人を呼び、作戦の見通しについて意見を聞いた。二人はガ島部隊を撤収し、後方に主線を設定する以外に方策がないという意見であった。これを聞いた眞田課長も「全然同感」という意図を示した。そこで瀬島参謀は、①在ガ島部隊は、陸海軍協同しなるべく速やかに後方要域に撤収する、②ソロモン群島方面において、確保すべき第一線をニューブリテン、ニューアイルランドの線とする、③東北部「ニューギニア」の要域を速やかに強化し、将来の「モレスビー」攻略作戦の準備をする、という考え方を骨子とする「南東方面爾後の作戦指導要領案」を起案した。

二五日は旅程の最後の日で、横浜まで飛行した。この間、問題の進め方について、まず、「南東方面爾後の作戦指導要領案」の大方針を決め、これを陸海軍部首脳に説明、大綱をまとめる。次いで、この方針に基づき、「陸海軍中央協定案」について両軍作戦当事者で研究し成案を得る、そして両総長または参謀総長より中間的上奏を行うものと決めた。[*38] 眞田課長は、このガ島作戦の収束について「第一七軍司令官以下が喜んで最後の任務に邁進し、かつガ島撤退に関する大本営の処置は、皇軍の歴史に汚名を残さざること」と胸中深く期した。[*39]

眞田課長は、二五日の夜、参謀総長官邸で、参謀総長、参謀次長、第一部長にラバウル出張間の報告をした。内容は戦略転換の決意を要すること、至急陸海軍部をまとめる必要があることが力説された。眞田課長は意見をまとめるのに相当の波乱がある、と予想していたが、報告を聞いた統帥部首脳は全員あっさりと同意した。杉山参謀総長はむしろほっとした表情であった。一方、実務を担う参謀には瀬島少佐から、まず作戦課内の作戦班長辻中佐に報告し、次いで作戦課全員に報告した。ここでも新方針について誰も異存はなかった。そして、翌二六日、眞田大佐は海軍側統帥部に方針転換について申し入れた。海軍側もすでにその機が熟していたので、難なく同意した。ここにおいてはじめて、最高統帥部としての本格的ガ島撤収作戦準備が開始されることとなったのである。[*40]

御前における大本営会議とガ島撤退の決定

新方針に基づく陸海軍作戦課参謀の合同研究が、陸海軍集会所で一二月二七日から二九日までの三日間、連日連夜行われた。陸軍側の主任者は瀬島少佐、首藤少佐であり、海軍側は山本中佐、源田実中佐であった。この合同研究では、撤退作戦の要領、ソロモン方面守線をいずれにするか、が論点であり、結論が出たのは一二月二九日であった。[*41]

一二月二八日には、両総長が状況を天皇に御報告した。これに対し、天皇陛下は、蓮沼侍従武官を召して、「両総長ともソロモン方面の状況につき自信を有って居ない様である。参謀総長は明後三十日頃退くか否かにつき上奏すると申して居たが、そんな上奏だけでは朕は満足できないから、一、如何にして敵を屈服せしむるかその方途如何が知り度い点である、二、事態は洵に重大である、仍りて之は大本営会議を開くべきである、三、為之には年末も年始もない、朕はいつでも出るつもりである」と述べた。[*42]また、「両総長の報告を聞くに『ガダルカナル』島の作戦には勝算確実ならざるが如し。決心を要すると思わる、如何」と質問された。[*43]そして「戦争指導上重要な時期であるから大本営会議を開いて充分な策を練り、戦局を終局に導くために、場当たり的でない方策を確立せよ」との趣旨のご指示があった。[*44]このため、当初一月四日に予定していた大本営会議を一二月三一日に、陸海軍両幕僚長、両次長、両第一部長、作戦課長、さらには作戦指導上重要な問題ということで、陸海軍両大臣も陪席して開くこととなった。

御前会議は、一二月三一日午後二時から宮中の大広間で開かれた。永野軍令部総長と杉山参謀総長は、ニューギニアの要域を確保することと、ソロモン方面については、「『ガ』島奪回作戦を中止し概ね一月下旬乃至二月上旬にわたる期間に於きまして陸海軍協同有する手段を尽くしまして在『ガ』島部隊を撤収いたします」と上奏した。約二時間の審議の後、天皇は「陸海軍は協同して、この方針により最善を尽くすように」と決裁した。ここにガ島の撤退が正式決定したのである。[*45]

撤退の大命と現地部隊の反応

御前会議を前にした一二月二八日、大本営は、第一七軍の苦戦により撤退の時期を失することを虞れ、また撤退について中央で全責任を負う覚悟で、第八方面軍司令官に「第八方面軍司令官は第一七軍司令官をして『ガダルカナル』島における現戦線を整理し、後方の要線を占領して爾後の作戦を準備せしむべし」との総長指示（参電第三五九号）を出した。この電報を受け取った第八方面軍司令部は、予想はしていたとはいえ、かくも早く命令が出されたことに驚くとともに、「爾後の作戦」が何を意味するか疑問を抱き、さらにこのような重大事項を、突如発したことに対し不満を感じた。そこで方面軍参謀長は、三〇日次長宛に、「……後方より何等作戦的支援を行うことなく沖（第一七軍）独力をもってこれを遂行せしむることは至難なり、……次ぎに大陸指の『爾後の作戦』が何を意味しありや……」と返電した。[46] しかしこれに対する答えは統帥部といえども天皇の決裁を頂かないといえるものではなかった。

大本営は、一二月三一日の御前会議によるガ島奪回方針の根本的変更に伴って、取り敢えず一月二日、陸海軍部両第一部長を現地に派遣して、現地部隊に命令を徹底し、指導させることとした。一行は、三日、トラック島の連合艦隊司令部で作戦連絡、四日午後、ラバウルに到着した。第一部長は、第八方面軍司令部において、眞田課長帰京後の中央部の経緯と、ガ島は撤退、これに引きかえニューギニアに確固たる戦略態勢を確立するという中央の計画及び意図を伝えた。これをもって第八方面軍は従来のガ島奪回の一念から、一八〇度転換して、「退却」を実施することになったのである。[47]

綾部第一部長がこの会談で第八方面軍首脳に説明した中央の撤退作戦構想は、次の通りである。撤退は三回に分けて行う。第一回、病人を下げる、第二回、海軍艦艇により主力を下げる、また小舟艇によりなるべく多くの兵力を逐次島伝いに下げる、第三回、後衛部隊、約二〇〇〇人ぐらいを艦艇で下げる、というものであった。第一部長の一行は、その他、中央協定の説明、後続兵団の運用構想、新配属部隊等について連絡して、八日ラバウルを出発、一一日夕東京に帰還した。翌一二日、両第一部長は、天皇陛下に対し現地における連絡状況、調整した今後の作戦計画の概要を上奏した。これをもって作戦方針の転換に伴う大本営としてのすべての措置は終わった。問題は、現地「ガ」島部隊が撤退を受け入れ、実際の撤退が可能かどうかということであった[*48]。

この間、大本営は、一八年一月四日付で、第八方面軍に関しては、「第八方面軍司令官は海軍と協同し、現に『ガダルカナル』島にある部隊を後方要地に撤収すべし」（大陸命第七三三号）、連合艦隊に関しては、「連合艦隊司令長官は、陸軍と協同し、在『ガ』島部隊の撤収作戦を実施すべし」（大海令第二三号）と撤退に関する大命を発令した。続いて同日、「南太平洋方面作戦陸海軍中央協定」が指示され、その中でガダルカナル島撤退を含む南太平洋方面の作戦名称を「八号作戦」、ガ島撤収作戦を「ケ号作戦」とし、「『ケ』号作戦に関する陸海軍中央協定」が指示された[*49]。

第八方面軍司令部では、早速一月五日、方面軍の一般任務に基づく作戦計画、ケ号作戦計画、海軍との協定、中央に対する回答等を研究審議して一案を作成した。翌六日午後一時からその案について、方面軍司令官の決裁を受けた後、在島中の綾部部長に説明した。一方、福留第一部長は、一月三日、トラックの連合艦隊司令部において、南東方面艦隊及び第八艦隊の両参謀長を加えて作戦連絡を行った。これ以降、現地陸海軍は協同して撤退の要領を細部にわたって検討することとなり、連日その調整がラバウルで行われ、一一日には、撤退作戦に関する書類が完成した。

こうして第八方面軍司令官は、第一七軍司令官に対して、「海軍と協同し、『ガ』島にある部隊を北部『ソロモン』群島の要地に撤退し、爾後『ソロモン』群島の要域を確保し同方面の強固なる戦略態勢を確立すべし」（剛作命甲第八一号）と命令し、同時に次のような作戦指導要領案を指示した（要点のみ抜粋）。

一　第一七軍の戦力向上のため、一ヶ月分の完全定量を目途とし、糧食及び所要弾薬を輸送するほか、一月一四日、撤収掩護のため、歩兵一大隊を「ガ」島に上陸せしむ

四　第一七軍は、一月二五、二六日より第一線の後退機動を開始し、「ガ」島西端付近に態勢を整理す

五　海軍艦艇（舟艇）により、左の要領により「ショートランド」に部隊を収容す
輸送駆逐艦八隻を以て「エスペランス」、同四隻を以て「カミンボ」より輸送す、一隻の収容人員は約六〇〇名とする。輸送は、二月一日（二日）、四日（五日）、七日（八日）と予定するも、第一七軍をして第一、第二回の駆逐艦輸送を以て終了せしめ、舟艇機動は万一の場合に実施する如く指導す

この指示は、一〇、一一日の両日にわたって逐次電報されたが、当時通信状況混乱のため、第一七軍に全文が届いたのは約一週間後の一七、一八日頃だった。[*50]

一方、連合艦隊としては、駆逐艦勢力が著しく減耗していた当時の状況で、駆逐艦を撤退作戦に使用して、再び損耗をみることは、必ずしも得策ではなかった。しかし、山本連合艦隊司令長官の強い意図によって、連合艦隊所属艦の全力をあげて作戦を実施することになった。[*51]

当時、ガ島の米軍は、アメリカル師団、第二海兵師団及び第二五師団が逐次投入され、一月頃は約四万〜五万に増強されていた。また、米軍は、ルンガ飛行場を拡張整備して航空機を増強し、さらに後方基地から発進するB-17により偵察爆撃を強化し、日本軍の海上補給を遮断した。こうして完全に制海空権を掌握し、一七年一一月以降は、兵員装備を充実させていた。そして一月二日、第一四軍団を編成し、一月中旬から、第一七軍に対し本格的攻勢作戦を実施するための準備をしていた。

ガ島における第一七軍司令官百武晴吉中将の決断

昭和一八年一月一〇日未明から米軍は二個師団をもって全面的に大攻勢を実施した。沖川からアウステン山に至る第一七軍（第二師団、第三八師団）の陣地線は拠点間隔が大きく、守兵はほとんどが傷病兵であった。方面軍との通信も不通であった。第一七軍司令部では、「軍は一月中旬を目途に爾後の攻勢を準備すべし」任務（剛方作命第一号　昭和一七年一一月二六日）と現戦況、特に海上輸送途絶の状況とを比較して、玉砕すべきかあくまで持久を策するべきかに関し決心すべき時が迫ったと認識していた。一三日になると、「敵の局部的第一線と接戦散華するは自ら死地を求めて軍司令部たるの責務を完予する所以にあらず」として玉砕案は放棄され、「軍は逐次兵力を後方要線たる『エスペランス』付近に集結し、飽迄『ガ』島の一角に拠点を占領して隷下新鋭精強なる二兵団及び第二・第三十八師団の補充員を揚陸せしめ得る配置をとらざるべからず。これ即ち軍が任務を達成すべき唯一の道なり」と決心した。当時、現地の第一七軍司令部の主要幹部は、軍司令官百武晴吉中将、参謀長宮崎周一少将、高級参謀小沼治夫大佐、杉之尾三夫少佐の四名であった。一月一四日、軍司令部は

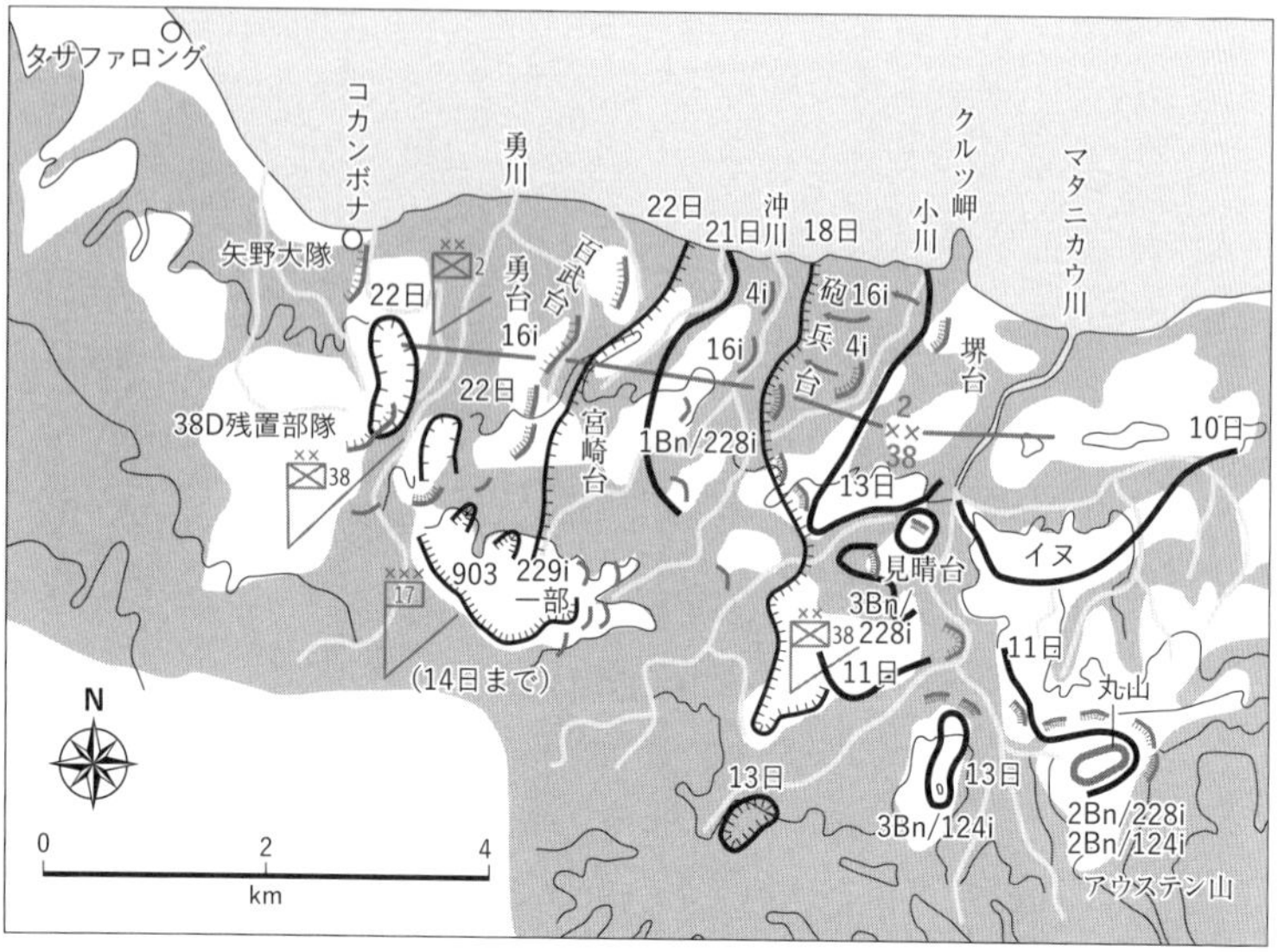

１月中旬～下旬頃の戦況図
陸戦史研究普及会『陸戦史集22（第二次世界大戦史） ガダルカナル島作戦』（原書房、1971年）を参考に作成

新たな決心を実行するため、また方面軍との通信を確保するため、タサファロングにある海軍無線の近傍に移動していた。一五日になっても敵は依然攻勢を続行中であるも第二師団、第三八師団は陣地を確保していた。[*52]

第八方面軍から第一七軍に対する撤退命令発出以降、第八方面軍司令部での問題は、誰がどのようにガ島撤退命令を現地の第一七軍司令官に伝達するかということだった。この方面軍命令伝達を志願したのが方面軍撤収計画案策定主任を務めた井本参謀であった。一月一四日にラバウルを出発した井本参謀（参謀佐藤少佐を同行）は、一五日夜にガ島セギロウ河畔に到着した。たまたま一人の兵に第一船舶団の位置を確認したところ、軍司令部もその付近にあることがわかり直ちに赴いた。深いジャングルの中にあった軍司令部では突然の来訪者に驚い

合った。[*53]その後、宮崎参謀長、小沼高級参謀と井本参謀の三人のみが蠟燭を照らした司令部の中で向かい

ガ島撤退を切り出した井本参謀に対し宮崎参謀長は、「仮令方面軍の命令でもガ島撤退だけはお許しを願いたい。軍人としてまた軍の責任者として死傷者の収容もできずに退がることはできない。陣地で死守敢闘している将兵が今死よりも辛い戦闘を継続しているのも、近く攻勢を取りガ島を奪回して英霊を慰め任務責任を果たさんためであった。今撤退の軍命令を下しても敵と混交し戦闘している全員が栄養失調、マラリヤ等の病者又は傷者であるため撤退そのものがほとんど不可能である。（中略）我々は多くの戦友が風雨にさらされながら今尚草むらに眠っているこのガ島で同じ最後の御奉公をさせていただきたい」と述べた。井本参謀は、「これは大本営命令に基づくもので、特に陛下から『是非万難を排して撤退させるように』との御言葉があって出されたものである」と大本営命令を示し、さらに今村方面軍司令官からも「如何なる場合に於いても絶対にこの命令を実行させるよう」との伝を述べた。気がつくと宮崎参謀長も、小沼高級参謀もとめどなく泣いていた。井本参謀も泣いていた。

百武晴吉中将

いるようであった。蠟燭の火のみが揺れ、暫く沈黙が続いた。遠くアウステン山方向から砲声が聞こえ、沖川河畔方面からも激しい砲声がなり始めた。宮崎参謀長は「最も重大な故、明朝軍司令官の御決裁を頂くことにする」と述べ、この夜の会談を終えた。[*54]

百武軍司令官の住居は、ジャングルの斜面にある大樹の根を利用した洞窟であった。翌一六日朝、軍司令官は、井本参謀から全般状況の説明を受け、方面軍命令を伝達された。特に井本参謀は、

天皇陛下の第一七軍に対する今日までの悪戦苦闘に関するお褒めの勅語を朗読した。最後にはいかなる場合においても絶対遵奉されるようとの今村方面軍司令官の伝言を強調した。百武軍司令官は静かに聞いていたが、「こと重大なるをもって暫く考慮致たし。後刻更に決心を述べるから暫時猶予せよ」と、寡黙冷静に答えた。[*55]

この間、宮崎参謀長は二度ばかり軍司令官の下に赴いた。宮崎参謀長は、傷病者も含む可能性、成果の期待度、統帥上の問題などから撤退は不可能である旨を説明し、再考を願った。百武軍司令官はこれを聞いてさらに二時間ほど沈思熟考の末、午前一〇時頃、「軍は従来の観念を一擲し、一意命令の遵奉に全力を傾倒する」に決した。軍司令官は参謀長を召致しこの決心を伝え、さらに意見を尋ねた。参謀長は、①現態勢を維持して攻撃を実行、②大命のままに行動、③折衷案の三案を述べた後、いかに最後の決を下すかは司令官において腹を定めることがこの際最も重要との旨を述べ、自分の幕舎に帰った。

軍司令官は暫くして井本参謀を召致して最後の判決を伝えた。判決は、「現状は各方面より考察して軍を撤退させることは難中の難事である。然れども大命に基づく方面軍命令は飽くまでこれを実行せざるべからず。但しこれが成功するや否やは予測はできぬ」というものであった。時刻は正午頃であった。この決心に基づき軍司令部では、情報漏洩に最大限の注意を払い、極秘裏に撤収作戦準備に着手した。[*56]

一七日、宮崎参謀長は、第二、第三八両師団に軍司令官の決心を示し、徹底させるために小沼参謀を派遣した。師団参謀長以下は反対したが、両師団長は、「頭を百八十度転換して一念、軍命令を遵奉し最善の努力をする」旨を明言した。両師団長があっさり同意したことについて井本参謀は、「真に生も死も超越していて始めて大命を素直に遵奉することが出来るのである」と感じた。[*57]

百武軍司令官は、二一日に「撤収命令受領時の決心に関する報告」を参謀総長、方面軍司令官に送った。ここで百武軍司令官は、「進退両難の苦衷、ここに極れり。斯くて熟考沈思の上理と情を超越し、一切を大命遵奉の一途に決す。希くは微衷を相殺せられんことを、今やあらゆる執着より蟬脱《せんだつ》し再生の下心機一転新企図遂行に万全を尽くし全軍を挙げて一途の方針に徹底し、実行の周到確実を期しつつあり」とのべた。[*58]指揮官として、戦場において敗れて敵を前に退却することは絶えられない恥辱であった。百武軍司令官は、この恥辱を押し殺して大命に従ったのである。

そのような中策定された第一七軍の撤退構想は概略次のようなものであった。

ア　撤退順序

第一次　二月一日乗船　第三八師団、軍直部隊の一部、海軍部隊、患者の大部

第二次　二月四日乗船　第二師団、軍直部隊の大部

第三次　二月七日乗船　残余の部隊

イ　軍命令の要旨　一月二〇日一〇〇〇（タサファロング軍指揮所）

一　軍は、エスペランス方面に機動し後図を策せんとす。

二　第三八師団は、一月二二日、日没後企図を秘匿し、主力をもって現陣地線を出発し、別紙行動計画に準拠し、エスペランス付近に兵力を集結すべし。

三　第二師団は、一月二三日日没後、企図を秘匿し、主力をもって現陣地線を出発し、別紙行動計画に準拠し、セギロウ河左岸地区に主力を集結すべし。二三日〇二〇〇矢野大隊主力を、また二三日日没とともに軍砲兵隊を第二師団長の指揮下に入らしむ。[*59]

「ケ」号作戦の発動

第一七軍は計画に基づき「ケ」号作戦を開始した。一月二二日日没とともに第三八師団の第一線は、所命通り後退を開始し、新たに上陸した第三八師団の補充兵で臨時に編成された矢野大隊（矢野圭作少佐以下約七五〇名）は、コカンボナ付近に収容陣地を占領した。ところが第三八師団の後退前後に、米軍は第三八師団と第二師団との間隔部をついて海岸道方面に侵入した。そのため第二師団の第一線部隊も同日夜から撤退をはじめてしまった。撤退命令が届かなかった第二師団歩兵第四連隊の左第一線内藤部隊は、敵中に取り残され、大隊長以下全員（約五〇名）戦死した。翌日朝、第二師団が撤退したことを知った第一七軍司令官は、第三八師団の一部を第二師団に増強し、海岸道正面の掩護を命じた。第二師団長は、タサファロング付近の陣地占領を命じ、第三八師団長も矢野大隊に一部を増強し、海岸道の掩護を強化した。

一方、第三八師団主力は、二四日夜セギロウ川畔付近に、爾後軍命令により二九日朝までにアルリゴ川右岸地区に集結を完了した。この間、第一線では矢野大隊が敢闘してよく米軍の西進を阻止し、二九日夜、タサファロングの第二師団の陣地に後退した。第二師団の陣地は、三一日朝から米軍の攻撃を受け、相当の損害を出しながらも、同日夕まで陣地を保持した。

この第一線掩護の間に二月一日第一次撤退輸送が開始され、第三八師団基幹が無事に全艦出航した。第二次輸送は、二月四日と予定されていた。この間の軍全体の総後衛部隊として歩兵第二八連隊長松田教寛大佐の指揮する部隊がセギロウ川以東に米軍を阻止することを命ぜられた。この間第二師団

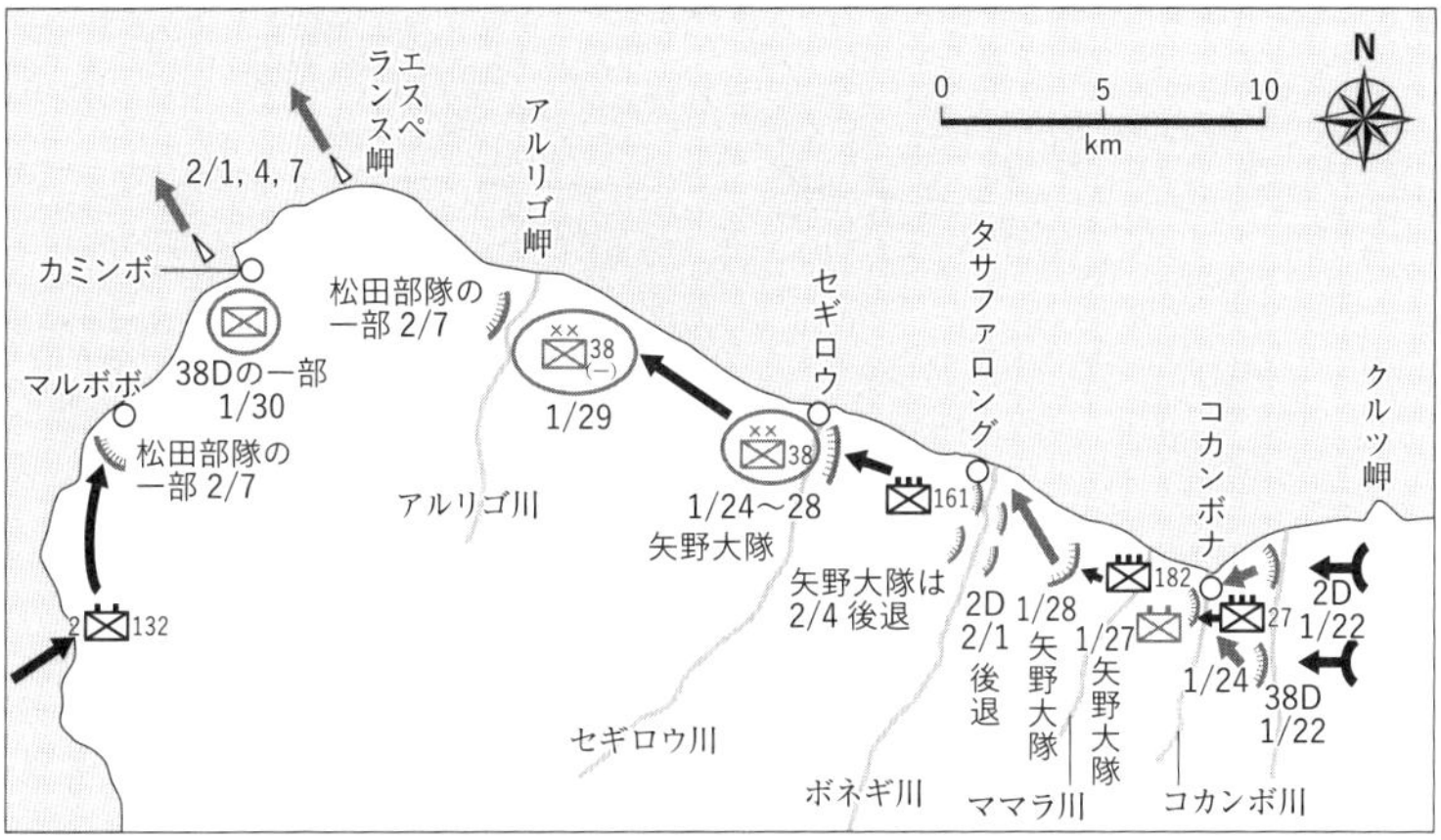

１月下旬〜２月上旬頃の戦況図
陸戦史研究普及会『陸戦史集22（第二次世界大戦史）　ガダルカナル島作戦』（原書房、1971年）を参考に作成

主力は二日朝までにアルリゴ川右岸地区に、一部は三日朝までにカミンボ地区に集結した。二月四日夜第二次輸送も米軍の妨害なく、完全に成功した。第一七軍司令官以下軍司令部もこれに同行した。かくて総後衛部隊は、松田大佐以下残った一九七二名が二月七日、第三次輸送により収容され、撤退作戦は完了した。

　米軍はなぜ追撃をしなかったのだろうか。米陸軍公刊戦史には、「日本軍が二月の第一週に大規模な奪回作戦を開始するものと判断した。当時日本軍が、ラバウル、ブイン地区に海軍部隊を集結中との情報があり、日本機の来襲も逐次激化しつつあった」とあり、このため、米第一四軍団長アレグサンダー・M・パッチ少将が、軍団主力をセギロウ川からコリ岬東側に至る正面に展開して、日本軍の上陸企図破砕を重視し、第一七軍に対する追撃を抑制したためと推測される[*60]。

　第一七軍のガ島に上陸した総人員は、将校以下三万一四〇〇名、戦闘損耗約二万八〇〇〇名であり、上陸人員に対し約六六％に達した。このうち純戦死は、五〇〇〇～六〇〇〇と推定されるので、一万五〇〇〇名前後が戦病に倒れたことになる。一方、撤収人員については、三次にわたる撤収で、一万六五二（海軍八四八）名である。なお、「米陸軍公刊戦史」によれば、米軍の作戦参加総人員陸軍及び海兵隊合計約六万名、うち戦死約一〇〇〇名、負傷四二四五名である。[*61]

一月二七日、東久邇宮拝謁時、天皇陛下は、「ノモンハンの戦争の場合と同じように、我が陸海軍は、あまりにも米軍を軽んじたためソロモンでは戦況不利となり、尊い犠牲を出したことは気の毒である」と言われたという。[*62]

第六章　インパールからの撤退
――統帥乱れて――

インパール作戦構想の浮上

ビルマ（現ミャンマー）の防衛を担当するビルマ方面軍は、昭和一八（一九四三）年中旬頃から、雲南、フーコン、アラカン、アキャブなどから予期される連合軍の全面反攻に備えての邀撃《ようげき》作戦を検討していた。ビルマの面積は日本本州の三倍にあたり、寡弱な兵力で優勢な連合軍の反攻を阻止することは至難であった。第一五軍司令官牟田口廉也中将は、その防衛線をアラカン山中に推進し、連合軍が空地戦力の優勢を発揮し得ない地線でその反攻を破砕する方策を積極的に主張した。これがインパール作戦である。牟田口中将の戦法は、第一五、第三一、第三三の三個師団をもってアラカン山中に突進し、英第四軍団（三個師団基幹）の作戦根拠地であるインパール周辺を奇襲攻略しようとするものであった。各師団は、三週間分の糧食、弾薬を携行し、数縦隊に分かれて険難な山中を突進し、インパールを占領する、まさに「鵯越《ひよどりごえ》戦法」であった。[*1] この作戦成功の鍵は、インパールを三週間程度で陥落させることができるかどうかという点にあった。

ビルマ方面軍は、第一五軍（第一五（一八年六月編入）・一八・三一・三三・五六師団）、第五五師団、直轄部隊で編成され、その任務は、「航空部隊と協力、海軍と協同して来攻する敵を撃破し、ビルマ要域を安定確保すべし、確保すべき要線は、怒江西岸及び北部ビルマにおける印支連絡遮断の要地、『コヒマ』付近及び『マニプール』河西側山系要地並びに『アキャブ』島周辺地区以南沿岸要地とす、特に航空作戦と相待ち印支連絡を封殺遮断すると共に南西沿岸方面の戦備を強化す」（南方軍命令〔威作命甲第一号　昭和一八年四月一二日〕）というもので、インパール作戦は、コヒマ付近及びマニプール河西側山系要地の確保にあたる。

四月二〇日頃、第一五軍はじめての兵団長会議が、第一八師団長田中新一中将、第三三師団長柳田元三中将、第五六師団長松山祐三中将及び第三一師団長佐藤幸徳中将などを参集して明妙《メイミョー》の軍司令部で行われた。この会議で牟田口中将は各師団長に対し、はじめてインド（インパール）進攻作戦案を披瀝した。各師団長は、いずれも唖然とこれを聞いた。特に佐藤中将は、「あんな構想でアッサム州まで行けると思っているとは笑止の沙汰」ともらし、柳田中将も、今からチンドウィン河西岸に地歩を獲得しておけという軍司令官の意図には不同意を表明していた。[*2] また、軍参謀長の小畑信良少将は、ビルマ方面軍司令官河辺正三中将に直接、インド進攻作戦の無謀を説いたが[*3]、河辺方面軍司令官は、何とかしてその目的を達成させてやりたいと考えていた。[*4]

インパール作戦発動の認可

六月二四日から二七日にかけてラングーン（現ヤンゴン）の方面軍司令部でインパール作戦に関する兵棋演習が行われた。ここで説明された第一五軍の構想は、インパール占領と敵基地覆滅の両者を狙ったもので、二個師団をもって直路コヒマ及びその南方で退路を遮断、完全包囲でインパールを取ろうというものであった。南方軍から参加していた総参謀副長稲田正純少将は、優勢な敵を前に、また、補給上からも無理があるとし、「南方で敵に遠くチンドウィン河を渡り、主力をもって南から敵を巻き上げてゆき、一部で北から退路を脅かすようにして、力の続く範囲内で敵を押してゆく」という安全かつ確実な南方軍の構想を述べた。[*5] 終了後、河辺方面軍司令官は、方面軍参謀長中永太郎中将に、「統帥を紊さざる範囲に於て其積極的意志を十分尊重せよ」[*6] とインパール作戦実施に向け強い指示を与えた。

八月初頭、大本営から南方軍に対して「ウ」号作戦（インパール作戦）準備を実施すべき指示が出された。南方軍はこの指示に基づいて、八月七日ビルマ方面軍に対して、ビルマ方面作戦準備要綱を打電した。[*7] ビルマ方面軍はこれに基づき、八月一二日、「第一五軍は、重点を『チンドウィン』河西

方地区に保持しつつ、一般方向を『インパール』に向け攻勢を執り成るべく我に近き地帯に於いて一挙に英軍の捕捉撃滅を図り、爾後国境付近所在の英軍を撃破したる後、『インパール』付近の策源を覆滅す」旨の南方

牟田口廉也中将

河辺正三中将

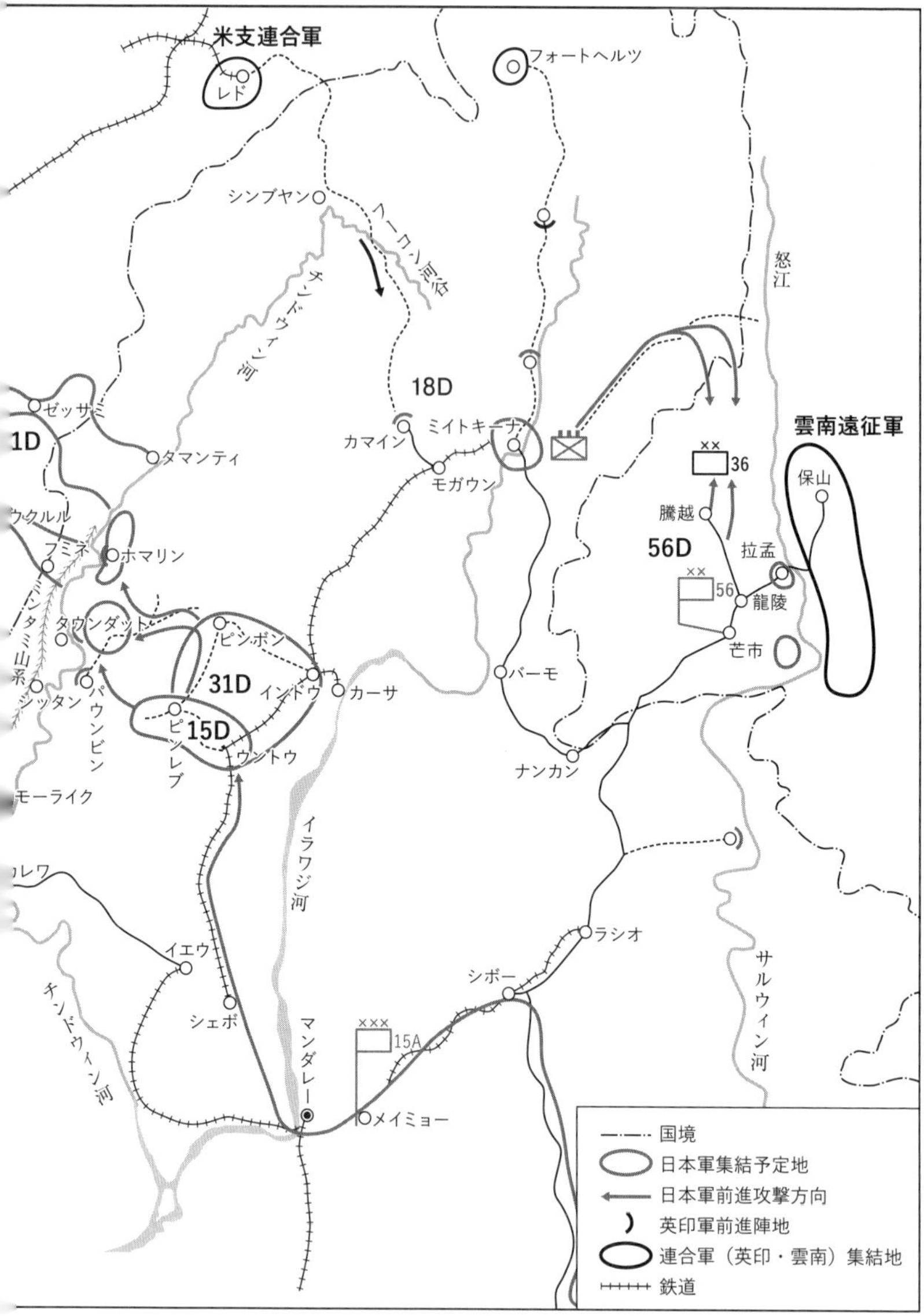
米支連合軍
レド
フォートヘルツ
シンブヤン
フーコン渓谷
チンドウィン河
怒江
18D
カマイン
ミイトキーナ
モガウン
ゼッサミ
1D
タマンティ
ウクルル
フミネ
ホマリン
ミンタミ山系
タウンダット
ピンボン
31D
インドウ
カーサ
シッタン
パウンビン
ピンレブ
15D
ウントウ
モーライク
雲南遠征軍
保山
36
騰越
56D
拉孟
56
龍陵
芒市
バーモ
ナンカン
イラワジ河
カレワ
イエウ
シェボ
マンダレー
15A
メイミョー
ラシオ
シボー
チンドウィン河
サルウィン河
国境
日本軍集結予定地
日本軍前進攻撃方向
英印軍前進陣地
連合軍（英印・雲南）集結地
鉄道

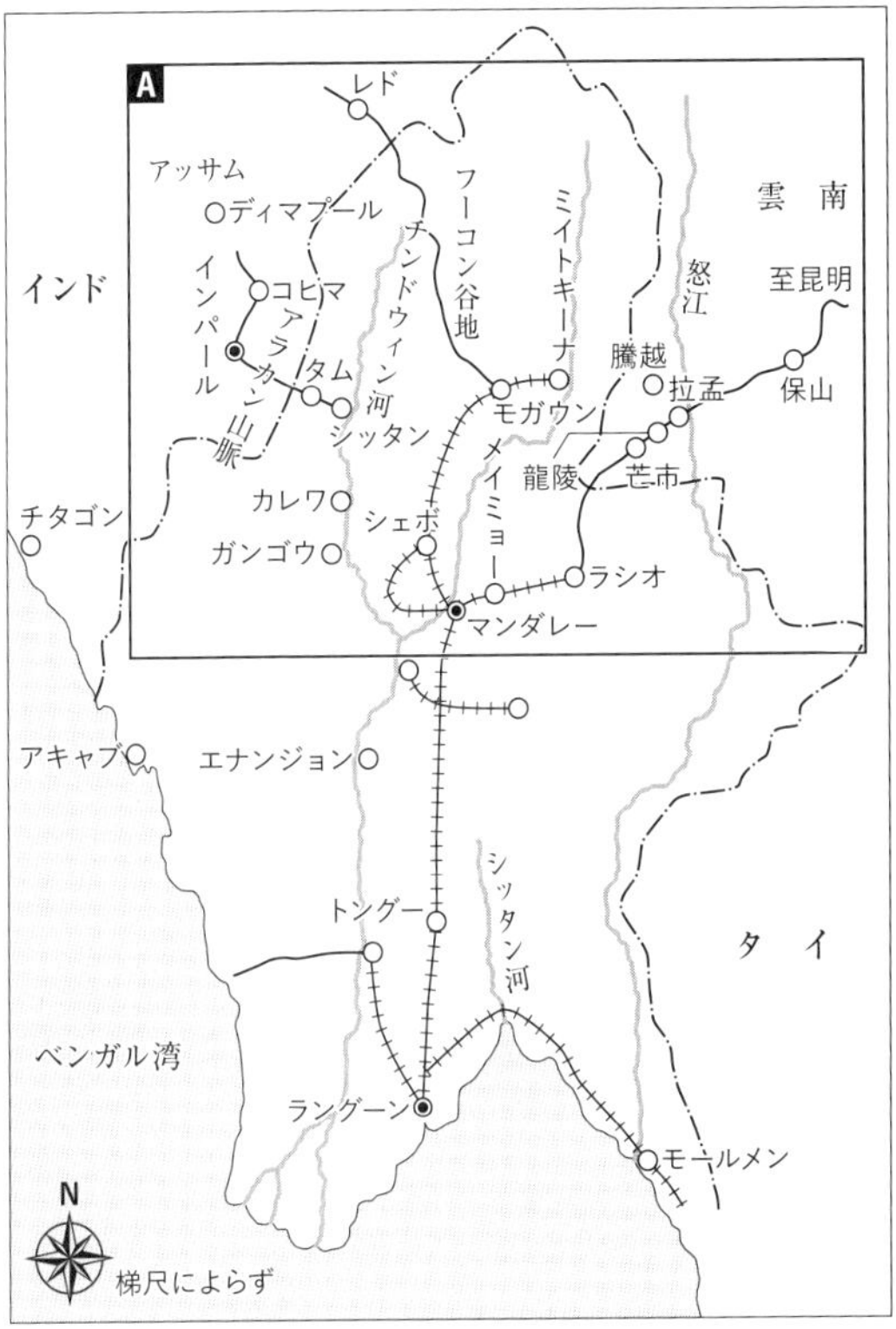

ビルマ主要地名図（その１）

防衛庁防衛研修所戦史室『戦史叢書　インパール作戦――ビルマの防衛』（朝雲新聞社、1968年）を参考に作成

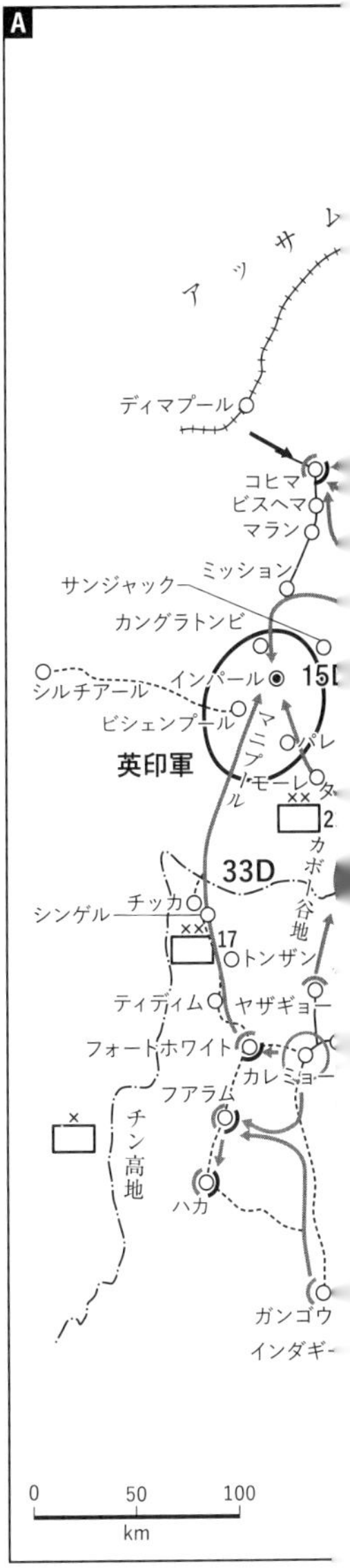

第15軍インパール作戦等計画要図（その２）

陸戦史研究普及会『陸戦史集13（第二次世界大戦史）インパール作戦（上巻）』（原書房、1969年）を参考に作成

軍の構想を踏襲したビルマ方面軍『ウ』号作戦準備要綱を示達した。[*8]

これを受けた牟田口軍司令官は、インパール作戦の実施は必至となったものと勇躍した。第一五軍のインパール作戦構想の骨子は、「軍は一部（第三三師団）を以て『カボー』谷地及び『チン』高地正面より一般方向を『インパール』に採りて攻勢前進せしめ、主力（第三一師団及び第一五師団）を以て『パウンビン』、『ホマリン』正面に於いて『チンドウィン』河を渡河し、第三一師団及び第一五師団を以て夫々『コヒマ』及び『インパール』に突進せしめ第三一師団を以て『アッサム』正面よりする敵の増援を阻止せしめつつ第一五師団及び第三三師団を以て北方及び南方より『インパール』を挟撃覆滅せしむ」というもので、方面軍の準備要綱の考えとは異なっていた。[*9] つまり軍の主力をインパール南方からではなく、密林濃い北方からインパールに向かわせるというのであった。

第一五軍は、八月二五日、明妙で第一八師団長田中中将、第一五師団長山内正文中将、第三一師団長代理歩兵団長宮崎繁三郎少将、その他各師団参謀を参集し、また、中方面軍参謀長なども参加し、兵棋演習を行い、インパール作戦に関する思想の統一を図り、各兵団に作戦準備を命じた。途中、後方主任参謀の薄井誠三郎少佐が補給関係について「とても責任は持てません」と答える場面があり、席上は気まずい空気に包まれたが、牟田口中将が強い口調で、「もともと本作戦は普通一般の考え方では初めから成立しない作戦である。糧は敵によることが本旨である。各兵団はその覚悟で戦闘せねばならぬ」と戒めた。そしてさらに言葉をやわらげ、「敵と遭遇すれば銃口を空に向けて三発撃て、そうすれば敵はすぐ投降する約束が出来ているのだ」と冗談ともつかぬ調子で言った。列席の各師団長は軍司令官の本心を疑った。[*10] また、一二月二二日から二六日における最後の詰めともいうべき第一五軍参謀長会議においても、牟田口軍司令官は、英印軍の戦力を評して、「中国軍より弱い。果敢な包囲、迂回を行えば必ず退却する。補給を重視するのは誤りである。マレー作戦の体験によるも、突進こそ、戦勝への道だ」と喝破し、中方面軍参謀長に対し、「天長節までにはコヒマもインパールも占領して見せます」と豪語した。[*11]

この会議に参加していた南方軍総参謀副長綾部橘樹少将は、発動採否に迷ったが、結局、一二月二八日、南方軍総司令官寺内寿一大将に「作戦決行」の承認を得、昭和一九（一九四四）年一月一日、大本営にこれを報告、第一部長眞田穰一郎少将は認可し難いとの信条を有していたが、参謀総長杉山元元帥の「寺内さんの初めての要望であり、たっての希望である。南方軍でできる範囲なら希望通りやらせてよいではないか。なんとかしてやらせてくれ」と言われ、これを認可することとなった。こうして大本営は、大陸指一七七六号をもって作戦発動を認可し、一月一五日、南方軍は南総甲四八六号をもって、「ビルマ方面軍司令官は、防衛態勢確立のため適時、当面の敵を撃破して、インパール付近東北部印度の要域を占領確保すべし」との命令を下した。[*12]

英軍の対日本軍戦略と第一五軍の情報

一月七日、東南アジア戦域連合軍司令官ルイス・マウントバッテン卿は、ビルマ正面における連合軍の作戦を、チンドウィン河への橋頭堡確立、米支連合軍によるレドからの進攻、ウィンゲート兵団による米支連合軍支援のための長距離挺進の三つとした。[*13] 当時、英軍では、日本軍第一の目標は、インパールの奪取で、第二の目標は中国に対する空中補給路（ＨＵＭＰ）の遮断と考えていた。これがため日本の第一五軍は、三月一五日頃、増強の一個師団をもってインパールにある第一七インド師団と第二〇師団の後方の退路を遮断する公算が大で、二個師団の日本軍がホマリン、タウンダット付近でチンドウィン河を渡河し、ウクルルを経てインパールに攻勢を取り、一方コヒマ方面に対しては、一個連隊程度がディマプール道を遮断するため進攻してくるだろう、とほぼ正確に判断していた。[*14]

ウィリアム・スリム中将指揮する第一四軍では、日本軍に対する行動方針を、ジェフリー・スクーンズ中将指揮する第四軍団（第一七インド・第二〇・第二三師団、第二五四戦車旅団基幹）をインパール平地に集中し日本軍の兵站線が延びきった時期と場所で自主的に決戦を求める、とした。[*15] この「後の先」の考え方は、第一五軍にとっては最も恐るべき計画であったが、当時第一五軍はもとより方面軍以上においても、英印軍がこのような後退作戦をとろうとは夢想だにしていなかった。[*16]

こうしてインパール正面を作戦地域とする英第四軍団は、第一七インド師団をインパールに後退させ、その一個旅団をもってインパールの南方四〇マイルに残置、第二〇師団を当初モーレ地区に集結させ、兵站部隊全部のインパールに対する撤退を待ってシュナムに後退し、同所を死守、第二三師団の一個旅団をウクルルに残置し、第一七インド師団、第二五四戦車旅団などとともに軍団の攻撃予備とし、日本軍がインパール平地縁端進出時、優勢な砲兵、戦車、航空部隊支援のもとに機動打撃部隊によって日本軍を反撃撃破する、というものだった。またコヒマには僅少な兵站部隊がいる程度であった。[*17]

第一五軍は、インパール正面の英軍情報を軍参謀藤原岩市中佐を主任として収集した。情報収集の手段としては、指揮下各部隊及び協力機関の偵察などによるほか、第一五軍直轄の特情班、傍受班、調査班、国境工作班などによるものであった。しかし、インパール正面は広大な密林山岳地帯であり、遠く敵と離隔し、その接触を得られなかったことなどから、その努力に比べ思うような成果を収めることはできなかった。[*18]

インパール作戦、攻撃発起

昭和一九年一月一九日、ビルマ方面軍は、「第一五軍司令官は、敵の反攻準備未完に乗じ、速やかにインパール付近に進攻し、当面の敵を撃破し、アラカン山系一帯の要域を領有し、その防衛を強化すべし。作戦は雨季前に終了する如く、特に、その指導を適正にすべし」と、インパール作戦発動命令を発した。[*19]

第一五軍の策定したインパール作戦計画の根底を貫いている根本思想は、急襲である。河辺方面軍司令官も「絶対有利な戦略態勢をとれば、それだけでインパール作戦は九分通り成功したもの」と考えていた。高嶺重畳するアラカン山中をいかに急進してもインパール周辺地区に進出するだけでゆうに三週間はかかる。したがってこの考えでは、インパール平地を包囲しただけで、英印軍が降伏するという前提に立たない限り、計画は成立しない。さらに雨季は五月中旬にはじまり、六月に入ると本格化する。したがって本作戦は雨季対策も考えると、四月中に終わらせる必要があるのである。[*20] 第一五軍高級参謀木下秀明大佐は、「雨期に入ってもインパールが占領できないときのことなどは当時考えてもみなかった」と述懐する。[*21] 地理的関係を本州に喩えると、インパールが岐阜、コヒマが金沢、第三三師団は小田原から岐阜を目指して、第一五軍の主力である第三一師団は軽井沢から金沢を、第一五師団は甲府から岐阜を目指して三週間分の食糧、弾薬を携行してそれぞれ中央アルプスを越え徒歩行進するのである。[*22]

この時方面軍としては、インパール作戦用としてビルマ方面に追送を予定した軍需品は、航空関係を含み約一四万トンであったが、泰緬鉄道による分がほとんどその実施をみなかったため、予定軍需品の約三分の二を集積したのみであった。[*23]

一方、第一五軍の兵站の方針は、作戦期間を概ね一ヶ月以内と予定し、進攻間の補給は主として各兵団の携行量及び鹵獲、現地調達等による、そしてインパール攻略後、主としてカレワ—タム—インパール—コヒマ道方面から側方補給をするというものであった。[*24] しかし、当時第一五軍のインパール正面に使用し得た輸送兵力は、自動車輜重二三個中隊、駄馬輜重一二個中隊であり、中隊はいずれも約四〇トンを携行し、車両は一日五〇キロ、駄馬は一日二四キロを推進するとすれば、合計五万七五二〇トンキロの補給推進量であった。一方、需要量は、一個師団一日あたり、弾薬九〇トン、糧秣四〇トン、その他一〇トンとすると、概ね一四〇トンであり、軍三個師団、軍直轄部隊を一個師団、兵站基地マンダレー〜補給端末コヒマまでを一〇〇〇キロと見積もると、一日の需要推進量は五六万トンキロとなる。よって五万七五二〇トンキロ／五六万トンキロから一日の供給推進量は、一日の需要推進量の一〇分の一に過ぎなかった。[*25]

このような問題を内包しつつ第一五軍は、二月一一日、当初の計画に基づき、紀元節の佳節をトして攻撃命令を下達した。[*26] この後、軍参謀長久野村桃代中将が薄井参謀を伴って第三一師団長佐藤中将を訪れ、コヒマ占領後引き続きディマプールに突進してもらいたいと申し入れた。佐藤師団長は、これを「黙殺」の態度で聞き流し、[*27] 逆に両名に対し、第三一師団に対する補給としてウクルルにおいて日量約五トン、チンドウィン河渡河後二五日以内に二〇〇トンを追走するという確約をとった。しかしこれは、三月五日、カーサ付近に英空挺部隊が降下し、第一五師団、第三一師団の兵站線が遮断されることなどにより反故となるのである。[*28]

三月八日、インパール作戦は、第三三師団の攻撃発起によって火蓋が切って落とされた。第三三師団の攻撃前進は順調に進展し、第一七インド師団撃滅の朗報がもたらされた。[*29]この間第一五軍主力（第一五、第三一師団）はチンドウィン河畔に逐次展開、三月一五日の攻撃発起を準備していた。

三月一一日夕刻、河辺方面軍司令官は、明妙の第一五軍司令部を訪ね、牟田口中将を激励した。そして一五日、第一五軍の主力、第一五師団はタウンダット北方から、第三一師団はホマリン北方から、午後九時半頃両師団並列して一斉にチンドウィン河を渡河、抵抗らしい抵抗も受けずに攻勢を開始した。爾後、両師団は数縦隊の突進隊をもってアラカン山中に分け入り、第一五師団はインパール北西方へ向かい、第三一師団はコヒマ方面へ、それぞれ果敢な突進を続けた。

第一五師団主力は、数個の突進縦隊に分かれて急進し、二八日、その一部は早くもコヒマ－インパール道上に進出して本道を遮断した。師団主力もまた、順調な前進を続け、三月末にはコヒマ－インパール道に近迫していた。

一方、第三一師団主力は、最も山深い北方山系に沿い、一路コヒマ方向に連日突進を続けていた。また、宮崎歩兵団長の率いる左突進隊は、二二日から同二六日の間、サンジャック付近の敵を強襲してこれを撃退した後、コヒマ南方に向かって突進を再開した。

第一五軍は、第三三師団がトンザン付近で第一七インド師団と交戦したのみで、ほとんど敵の抵抗を受けなかったため、当面の敵英第四軍団は奇襲により態勢を立て直す暇もなく、退却を続けているものと思い込んだ。[*30]

第三三師団は、当面の敵を撃破しつつマニプール河両岸地区に主力を指向しつつ北進し、三月一六日シンゲルにおいて敵の退路を遮断した。英第一七インド師団は、第三三師団が第一五軍主力に先立ち一週間も早く攻勢開始したことなどの誤算により、トンザン、シンゲル間の狭隘な谷地に包囲され、師団主力の他、多数の労務者、千数百両の自動車、約二〇〇〇頭の家畜がその圏内に閉じこめられた。[*31]しかし、二五日、英第四軍団の解囲攻撃を受けた左突進隊歩兵第二一五連隊長笹原政彦大佐から、「全員玉砕覚悟で任務に邁進す」との報告を受けた柳田師団長は、退路を解放してシンゲル以西に撤退するよう命令した。そして約三週間でインパールを攻略することが絶望となったこと、敵に比べ総合戦力不十分ということから、「インパール平地への進入を中止し、現在占領しある地域を確保して防衛態勢を強化すべき」旨を牟田口軍司令官に意見具申した。この柳田師団長の心的動揺は、忽ち部下に波及した。[*32]こうして退路を解放された第一七インド師団は、三月二六日、数百両の火砲、自動車類とともにインパール平地に撤退した。[*33]

四月六日、第三一師団長佐藤中将は、左突進隊長の宮崎歩兵団長から、「コヒマ占領」の報告を受け取った。これほど早くコヒマを占領できようとは思っていなかったので、佐藤師団長は喜び、第一五軍司令部に報告した。[*34]コヒマ占領の報告を受けた牟田口軍司令官は、四月八日、「第三一師団は師団主力をもってディマプールに追撃すべし」と命令したが、かねてから第一五軍の行動を注視していた方面軍は直ちに「第一五軍はディマプールへの追撃を中止すべし」と厳命をもってこれを拘束した。[*35]

一方、第一五師団は、四月六日、インパール平地を見下ろす三八三三高地で第五インド師団と激しい争奪戦を続けていたが、最終的に一三日撃退された。爾後、マパオ突出部(インパールーウクルル道とイリル河谷地の中間の高地帯)での激戦が開始される。[*36]この三八三三高地の戦いは、牟田口軍司令官に「鵯越戦法」をもってしては作戦目的達成が至難であることを認識させた最初の戦いであった。[*37]

また、インパール―コヒマ道上では、三月二九日、第一五師団の本多挺進隊がインパールの北約五〇キロ（ミッション付近）の道路を遮断した。さらに第一五師団は、四月九日にカングラトンビも占領したが、四月二三日戦車に支援された英印軍に奪回された。[*38]

山本支隊のパレル方面では、第二インド師団の二個旅団がテグノパールを中心とし、縦深横広に陣地を確保していた。山本支隊はこれらを粉砕すべく攻撃を反覆した。最も激しい戦闘は、テグノパール付近で行われたが、遂に突破することはできなかった。[*39]

第三三師団はインパール街道の西側山地のジャングル内を通って西方からインパール平地に進出しようと試み、四月の第二週、シルチアール道で英印軍と激突した。一四日の夜には、ビシェンプールを攻撃したが撃退されたため、同村の北西方を迂回してインパール平地へ進出しようとしたが阻止された。一方、ビシェンプール南方では第三三師団がニンソウコン村の一部を占領したが、ここでも平地への進出は阻止された。[*40]

こうした第一五軍の攻撃に対し英第一四軍司令官スリム中将は、三月一七日以降、チタゴンの第五師団をインパールに、また、第七師団の二個旅団をディマプール、一個旅団をインパールに空輸し、第三特務旅団をもってビシェンプール―シルチアール道を警備させた。また、コヒマ方面増援のため、インドにあった第三三軍団本部と第二師団並びに長距離挺進第二三旅団の増援を要求した。ディマプール方面に対してはさらに第二六八歩兵旅団、第二五五戦車旅団の派遣が決定した。[*41]こうしてインパール、ディマプールには続々と増援が送り込まれた。

四月中旬を迎え各戦線とも停滞してしまった。まさに三週間が過ぎ攻守所を変えるに至ったのである。ここで戦闘司令所を遠く後方約四〇〇キロの明妙にとどめ作戦を指導していた第一五軍司令部が二〇日ようやくチンドウィン河西岸のインダギーに戦闘司令所を推進した。[*42]

戦線の停滞と統帥の混乱

連合軍は、第一五軍の背後、北ビルマにおいても攻勢を強め、ビルマ全体が危険な状態となっていた。このため、大本営は四月一一日付で新たにビルマ北東部の作戦を統轄する第三三軍司令部を新設した。フーコン正面の第一八師団は怒江正面の第五六師団とともに第三三軍の隷下に入った。一六日、方面軍司令部を訪れた第三三軍司令官本多政材中将は、侍従武官長蓮沼蕃大将より託された名刺を河辺方面軍司令官に渡した。そこには「コヒマ占領殊の外御満悦ありし」とあった。河辺方面軍司令官は、「今イムパールを前にして遥かに御軫念《しんねん》の程を恐縮拝察に堪えず[*43]」と、己の重責を噛み締めた。

しかし、河辺方面軍司令官は、四月一七日、もはやコヒマが危ないのではないかと危機感を持ち、方面軍作戦参謀不破博中佐に万々一インパール攻撃停頓の場合当方面軍として打つべき手を秘かに考究させた。[*44]不破参謀の考案は、「第一五軍の戦力が消尽するに先立ち、概ねパレル陣地付近を核心とし、第一五師団をその右に、第三三師団をティディム付近にそれぞれ後退させ、雨季中も補給を確保し得る範囲で兵力の整備、戦線の縮小を図り、概ねチンドウィン河西岸の山地帯において防勢に転移する。この間、第三一師団をコヒマ付近から撤退させ、一部をもってタマンティ付近チンドウィン河の渡河点付近を制し、師団主力を第一八師団方面に転用してフーコン方面の戦局打開を図る」というものであった。不破参謀は、この案を河辺方面軍司令官に報告する際、作戦の見通しを早く立て、なお余力のある間に防勢に転ずることの必要性を強調した。しかし、この防勢案は、あくまでも南方軍からインパール作戦中止の命令を受けた場合の処置の腹案であった。[*45] 河辺方面軍司令官自身は、牟田口軍司令官を思い、何としてもインパール攻略の格好だけは付けさせたいと考えていた。[*46] よって方面軍は、牟田口軍司令官に対しインパール方面をこの際一気呵成に攻略するよう示唆した。このため牟田口軍司令官は、第三一師団の宮崎支隊主力を第一五師団長の指揮下に入れ、山本支隊及び第三三師団とともに四月二一日を期してインパールを総攻撃することを命令したが、佐藤師団長は、四月二一日、兵力抽出不可能としてこの軍命令を拒否した。[*47]

こうした中、方面軍参謀後勝少佐が第一線実視の後、第一五軍司令部へ帰還の挨拶に行くと、牟田口軍司令官から方面軍司令官並びに参謀長に宛てた名刺を渡された。見ると、中方面軍参謀長宛の名刺の裏に、「霊宝もその身立たざれば用うる方法なく、遥かに東京を思うて慙愧に耐えず」とあった。[*48] 河辺方面軍司令官も牟田口軍司令官はすでに策が尽きているものと考えていた。[*49] そうして四月二九日の天長節が来た。天長節までには必ずインパールを取る、と豪語していた牟田口軍司令官としては、無念のことであった。[*50]

すでに各戦線とも、最早単なる督戦でインパールに突入させることはできなかった。現状を打開してインパールに迫り得る公算の残されている正面は細々ながらもなお弾薬の後送を受け得る第三三師団のみであった。牟田口軍司令官は、熟考の上、万策を尽くして第三三師団のビシェンプール方面に重点を形成し、あくまでインパール突入を断行しようと決心した。この場合、牟田口軍司令官にとっては消極的な第三三師団長柳田中将を更迭することが必要であった。一方、方面軍においては、第一五軍とは異なり、あくまで山本支隊正面のパレル方向に対して突破を強行すべきと考えていた。[*51]

河辺方面軍司令官は、五月五日、山本支隊方面に重点を指向するよう方面軍の意図を伝えたが、牟田口軍司令官は、依然、軍の重点をビシェンプール方面に移すことを命令し、方面軍司令官にもその旨を報告した。河辺方面軍司令官の胸中には、自分の申し入れを無視した牟田口軍司令官に対する強い憤りがあったが[52]、この件は、中参謀長が容認していたことを知り、軍の指揮錯乱をおそれ、やむなくビシェンプール方面への重点変更に同意する旨打電した[53]。一方の牟田口軍司令官は、方面軍司令官の心配をよそに新第三三師団長田中信男少将の着任前に直接指揮であわよくばインパールを陥落させようと、五月一三日、ビシェンプールまで二〇キロのモロウに戦闘司令所を前進させた。途中、マニプール河の氾濫をみて流石の牟田口軍司令官も眉をひそめた。

この間、参謀次長秦彦三郎中将が、大本営参謀杉田一次大佐等を従えて五月一日ラングーンを訪れた。秦次長が河辺方面軍司令官と二人きりで懇談した時、インパール作戦について河辺方面軍司令官は、「中止せざるを得ないかもしれぬ」と言った口吻で語り、「この作戦は失敗だった」とも漏らした[54]といい、一方、河辺方面軍司令官の日記には、「予としては最後まで頑張りの一手であるのみなる事情を篤と説き暫く時日を借せよと主張するのみ[55]」とある。いずれにしても作戦がうまくいっていないことでは認識が一致していた。

一方、杉田参謀は、五月二日、明妙に四月に新設された第三三軍司令部を訪問し、前方面軍高級参謀の片倉軍参謀長と懇談し[56]、さらに多くの関係者からインパール作戦の実情を聴取した結果、インパール作戦は成功おぼつかなしとの印象を深めた[57]。

英機械化部隊コヒマ―インパール道打通

五月一五日、参謀本部で参謀総長東條英機大将に対する秦次長の報告会が行われた。秦次長の結論は、杉田参謀が不成功と報告してもらいたいと要望したが、「インパール作戦の前途は極めて困難である」と報告した。東條参謀総長は秦次長の報告に対し、「戦は最後までやってみなければわからぬ。そんな弱気でどうするか」との強い発言をした。こうしてインパール作戦は引き続き強気に推進されることになり、その後大本営からは、ビルマ方面軍に向けて再々強い督戦電報が発せられた。[*58]

しかし報告の後、別室で東條参謀総長と参謀次長後宮淳大将、秦次長と三人で話し合ったとき、一転、東條参謀総長は「困ったことになった」と困惑した。秦次長自身もそのうち現地から作戦中止を申請してくるだろうと考えていた。[*59] つまり、インパール作戦は、そもそも現地軍の申請ではじまったのだから、現地軍から中止を申請するのが筋なので、中央からは何も処置しなかったということである。

一方、この頃、スリム第一四軍司令官は、第三三軍団によりコヒマ―インパール道を打通させ、インパールに対する兵力の増強、地上補給路の確立を図り、一方、第四軍団にはウクルルを攻略させて、第三一師団、第一五師団の補給路を遮断し、第一五軍を撃滅しようと考えていた。[*60]

河辺方面軍司令官は、インパールを一度は我が手に収めねば承知せぬ意志を明確に表明するため五月二一日、第一五軍にインパール決戦の命令を下した。[*61] この頃、第三一師団長佐藤中将は、待ちに待ったかつて確約を得た軍からの補給の希望を遂に断念し、遅くも六月一日までには「コヒマ」を撤収することを決心していた。[*62] そして、五月二五日、第一五軍に対して、「遅くも六月一日迄には『コヒマ』を撤退し、補給を受け得る地点迄移動せんとす」と打電した。牟田口軍司令官は、あくまでコヒマ確保を要求したが、第三一師団は、六月一日予告通り独断でコヒマを放棄して退却を始めた。コヒマの放棄は、コヒマ―インパール道が打通され、敵増援部隊がインパール平地に殺到することを意味した。牟田口軍司令官は、結局もう一度佐藤師団長に翻意を促すことにし、五月三一日軍参謀長名をもって、「貴師団が補給の困難を理由に『コヒマ』を放棄せんとするは諒解に苦しむところなり」と打電した。爾後、双方非難電報の応酬がはじまる。[*63]

五月二五日夜、河辺方面軍司令官は参謀を伴い、インダギーの第一五軍戦闘司令所に向かったが、牟田口軍司令官以下主要幕僚は第三三師団方面指導のため不在であった。このため、六月二日、タムに北上、山本支隊を視察、この間、カレワ付近で更迭された柳田中将とすれ違い、五日になって牟田口軍司令官と会談した。牟田口軍司令官は感情脆く涙を湛えて、「今は峠なり之以上心配は掛けず」と挨拶した。河辺方面軍司令官は、午後四時から状況報告を受け、「華々しさを求めず専ら地味なる寸進尺略主義を以て必成を期すべく」旨を指導した。[*64] 河辺方面軍司令官の頭には、本作戦は、インドに対する政略の含みもあるため、作戦中止の決心は、日本全軍に影響するところきわめて重大であり、[*65]方面軍司令官の及ぶところではないとの考えも占めていた。

六月六日午前九時、見送りに立つ軍司令官以下司令部員一同に対し、河辺方面軍司令官は、「十分の確信と安心とを以て帰蘭する」旨述べて一行は、戦闘司令所を出発した。なお、この時を河辺方面軍司令官は、「牟田口軍司令官は、作戦成功に多大の懸念を抱いているを看取した。私も同様に懸念を抱いた。しかしながら互いにその懸念を胸中深く蔵したまま、パレル方面から万難を排して戦勢を打開し、作戦を成功に導くべく必死の努力を傾注することを語り合って別れた」と回想する。一方、牟田口軍司令官は、その時の状況を「私は最早作戦断念の時期であると咽喉まで出かかったが、どうしても将軍にこれを吐露することは出来なかった。私はただ私の風貌によって察知してもらいたかった」[*66]と回想している。

六月一一日、ラングーンに帰着した河辺方面軍司令官は病床に就いた。しかし戦況は一向に進展しないのみか第一五軍の作戦指導を憂い、最後の決意すべき時が到来したことを感知したものの、その前にさらに今一度参謀長をして戦況を見極めさせる必要を認め、中参謀長を戦線に派遣するとともに、最後の努力を傾注することとした。[*67]

この間、撤退する第三一師団長佐藤中将と意見調整をした久野村軍参謀長は、最終的に「第三一師団はもう駄目だ。軍紀が破壊されている」という結論に達し、牟田口軍司令官に報告した。牟田口軍司令官は、六月二五日、第三一師団の一部を第一五師団に配属し、師団主力は兵力を集結した後、パレルに向かい攻勢せよと命令し、同時に佐藤師団長罷免の手続きをとった。[*68]

第一五師団は、六月九日以来、ウクルル西南約一五キロの四二四一高地、三五二四高地で苦戦を強いられていた。第一五師団長山内中将は、六月一四日頃から三八度の熱発で病床の人となったが、軍からは現状を無視した実行困難な命令が次々と届いた。山内師団長は、心の底から憤慨したが、山内師団長と参謀長岡田菊三郎大佐とは、他の師団は兎も角、自分の師団だけは軍命令拒否を絶対にしないと誓い合っていた。[*69]六月二四日になってようやく歩兵第五一連隊尾本喜三雄大佐指揮する第一大隊（大隊長永田龍三郎大尉）は夜襲により四二四一高地に突入したが、攻略することはできなかった。

一方、コヒマ―インパール道に沿って作戦し、同道遮断の任務を受けた宮崎少将は、一地で長く持久することは困難と判断し、六月四日以降、ビスヘマ付近以南、四線での抵抗を計画した。宮崎少将は各陣地線における戦闘期間から英印軍の突進を約三週間阻止できればたとえ支隊が全滅しても本望であると覚悟した。しかし、第三の陣地であるマラン高地において、六月二〇日午後四時頃、戦車十数両を先頭とする英機甲部隊が遂に陣地を突破し、インパールに向かって南下した。[*70]

マラン高地からインパール道上の歩兵第六〇連隊長松村弘大佐指揮するミッション南方の陣地までわずか五〇キロに過ぎない。二一日、松村部隊の北方に現れた敵は、午後三時頃から攻撃を開始したが、松村大佐はこの敵を阻止した。第一五師団長からは、「松村部隊は状況真にやむを得ざればミッション付近に後退し、依然現任務を続行すべし」との命令が届いた。六月二二日、敵は攻撃を再興し、松村部隊は全力を挙げて応戦したが、午後一時過ぎ、戦車数十両を先頭に自動貨車（トラック）少なくとも一〇〇両をくだらない敵機械化部隊が、突破、コヒマ－インパール道をインパールに向かい突進していった。[*71]

六月二三日、薄井参謀は、第一五師団司令部を訪ね、久野村軍参謀長から託された手紙を山内師団長に手渡した。手紙の内容は、「山内正文中将は、六月一〇日付参謀本部付に転出、後任師団長は柴田卯一中将」というものであった。山内師団長は、薄井参謀に対し、「コヒマ道は突破され、インパール作戦終結の見込みはなくなった。このままでは補給上作戦を継続しがたい」旨を軍に伝達するように頼んだ。[*72] 山内師団長は、明妙の兵站病院に入院、八月五日午後二時危篤に陥り間もなく永眠した。[*73]

パレル方面においては、六月一二日、山本支隊長は歩兵第二一三連隊長温井親光大佐に所要の部隊を配属し、クデクノーからパレル方面に迂回して敵の本拠を攻撃するよう命令した。温井部隊は一二日午前〇時テグノパール出発、一六日、四四九二高地を占領し、二一日ランゴール付近に進出したが、敵の空爆、砲撃により前進不能となりパレル攻撃を諦めざるを得なくなった。目下のパレル飛行場では、連合軍の大型機の発着がさかんに行われていた。[*74]

六月二五日午後、病床の人となった河辺方面軍司令官に、高級参謀青木一枝大佐、不破参謀が、コヒマーインパール道が打通されたことを報告した。河辺方面軍司令官は、「嗚呼、斯くしてイムパール遂に攻略成らずと諦めざるべからざるか」[*75]と遂に決断を採らざるを得ない段階に達したものと認めた。[*76]河辺方面軍司令官がインパール作戦を断念した瞬間であった。

インパール作戦の中止とミンタミ山系への撤退

第一五軍司令部では、秘かに牟田口軍司令官の身辺を気遣い、万一の場合を心配して絶えずその動静に注意していた。六月二六日、久野村軍参謀長は、牟田口軍司令官の意中を察し、木下高級参謀に方面軍に対する意見具申の文案を起草させた。それは、「もし、方面軍において万一攻勢を中止し、防勢に転移せしめらるる場合においては、軍の現状よりして印緬国境上の要線たるチンドウィン河右岸高地よりモーライク西北方高地を経てティディム付近にわたる線に後退せしめらるるを至当と判断する」というものであった。牟田口軍司令官は黙って決裁しすぐ打電させた。[*77]牟田口軍司令官の状況を知り、また電報を承知した河辺方面軍司令官は、第一五軍に大転換期が来たのを承知しつつも、「一身の進退など今考えるべき時にあらずとして敢然健闘を慫慂す」と激励し、[*78]任務に基づく攻撃意志あるのみと、「軍よりかくの如き消極的意見具申に接するは意外とするところなり。方面軍としては、ただ任務に基づく攻勢あるのみ。軍としても一意現任務達成に邁進せらるべし」と返電した。さらにこの作戦上の重大転機を南方総軍に報告することを青木参謀に命じた。[*79]折り返し電を受けた牟田口軍司令官は、最後の力を尽くして敵を攻撃するのみである、と我に返った。[*80]このため、第一五軍は決意を新たにして、総力を結集してパレルに向かい最後の攻撃を決行しようとした。[*81]

南方軍においては、六月二九日、大本営に出頭している南方軍高級参謀美山要蔵大佐に宛て、「『インパール』作戦は逐次之を控制するの要あるやにも判断す、右に関する中央の見解等（出来れば対策）を打診せられ度」とする旨の電報が打たれた。[*82] 翌日、この電報に対し、参謀次長から、「『インパール』作戦完遂の為、大局に蹉跌を来すことは策を得たるものに非ず。この際、『ビルマ』方面作戦の目的達成、換言すれば印支連絡の直接遮断に徹底する如く作戦を指導するの要あるべく……」との返電があった。[*83]

この間、河辺方面軍司令官は、「胸奥誰に向けてか愬べし」と病床で孤独に一人堪えていた。[*84]

ビルマ方面軍の青木高級参謀が七月一日、マニラの南方総軍司令部に到着した。南方軍では、方面軍のインパール作戦中止の意向が明らかになったので、南方軍から直ちに大本営にその旨報告され、大本営は、「今後のビルマ方面の作戦は、印支連絡路の直接遮断に徹底する如く指導するの要あり」として作戦中止を認可した。[*85]

南方軍は、七月二日夜半、威作命甲第一〇一号をもって「緬甸方面軍司令官は、自今『マニプール』方面の敵に対し概ね『チンドウィン』河河畔以西地区に於いて持久を策しつつ、怒江西岸地区及び北部緬甸に於て敵の印支地上連絡企図を破砕封殺すべし」とビルマ方面軍にインパール作戦中止を打電（威参電第二三〇号〔昭和一九年七月二日午後八時五〇分発〕）した。[*86]

ビルマ方面軍では、この南方軍からの任務転換、マニプール方面持久を命ずる命令を七月三日午前二時半頃承知した。河辺方面軍司令官は、「残念此の上なけれども予が二ヶ月前より秘かに考えし到達点に来りしものなり」[*87]と日記に記し、朝になって第一五軍へも任務変更の予令を打電させるとともに、パレルの攻略及び確保が可能か検討させた。河辺方面軍司令官は、「嗚呼、七月三日！　イムパール遂に攻陥ならずと宣言を受けし日なり、予の一生の快心事とみて始めし此の攻勢作戦は遂に最も不快なる記憶として残る、噫々幾万の忠霊に何の顔を以て対すべきか、更に終始御軫念を寄せ給ひし至尊に何と御答え申上ぐべきや、又牟田口将軍の心事も察せられ悒々《ゆうゆう》苦悶の時を床上に送る」[*88]とその砕けんばかりの気持ちを日記に綴った。

七月五日、河辺方面軍司令官は、第一五軍に対してインパール作戦の中止とパレル方面確保を電命した。この命令を受けた牟田口軍司令官は、引き続きパレル攻略を強行することが方面軍の意図に沿うものと判断し、七月七日、第三三師団から歩兵三個大隊の兵力を山本支隊のパレル攻撃に協力させ、第一五師団に対しては、山本支隊の攻撃に策応してインパール方向を攻撃するよう命令した。しかし、第一五軍の計画を承知した河辺方面軍司令官は当惑し、七月一一日改めてパレル攻撃も転進を容易にさせるものという方面軍の趣旨を電報させ[*89]、パレル攻略計画の中止を強く申し入れた。

先にコヒマを放棄、独断退却を行った第三一師団長佐藤中将は、七月五日付で師団長を罷免、ビルマ方面軍司令部付になり、後任師団長には河田槌太郎中将が親補された。方面軍では、佐藤中将を軍法会議で処断すべきかどうかについて検討したが、結局、「苛烈な戦場における精神錯乱行為」として不起訴になり、予備役に編入された[*90]。

方面軍は、七月二日の南方軍命令に基づいて新作戦計画の検討を進めていたが、七月一二日、次の成案を得、直ちに各軍に示達した（第一五軍関係分のみ）。

三　「インパール」方面の戦線を撤退して前項「インドウ」付近に連繋して「ジビュー」山系を経て「カレワ」付近に亘る地線に於いて「アラカン」方面より追随し来る敵を拒止す

第一五軍は速やかに敵と離脱して前記の地線に後退し該線付近に於いて敵を拒止すると共

に、約一個師団の兵力を「マンダレー」付近に先遣して該地付近に集結せしむ

こうして七月一二日、ジビュー山系からカレワ付近にわたる線へ撤退すべき方面軍命令を受領した第一五軍は、翌一三日、敵から離隔するための第一段の処置として、次の要旨のチンドウィン河西岸のミンタミ山系への後退命令を下達した。[*91]

第一五軍命令要旨

一　第三一師団は、主力をもって、シッタン（タム東方約三〇キロ）西側地域に堅固に橋頭堡陣地を占領するとともに、有力な部隊をミンタミ山系の主要交通路に配置して、山本支隊及び第一五師団の後退を掩護せよ。

二　第一五師団は、主力をもってウクルル―フミネ―タウンダット道をタウンダット地区に転進し、同地域に主力を集結せよ。後退開始は七月一六日とする。

三　山本支隊は、七月二四日現戦線を撤し、クンタン、モーレの線に陣地を占領して、軍主力の後退収容に任ぜよ。同線撤退開始の時期は、七月三一日午前〇時とするも別命する。その後、主力をもってモーレーアロー（タム南東一五キロ）―モーライク道をモーライクに転進せよ。

四　第三三師団は、七月一七日転進を開始し、一部をもってトルボン隘路口を押さえ、主力をもってチッカ―トンザン―ティディム道をティディムに向かい転進せよ。

インドウ―カレワ―ガンゴウへの撤退と方面軍及び軍首脳の更迭

七月一三日の軍撤退命令に基づいて、第一五師団は松村連隊を後衛として英印軍の前進を遅滞させ、タウンダット道、トンへ道からチンドウィン河畔に向かって後退した。地上からの英軍の追撃は急ではなかったが、師団の総兵力は、六〇〇〇～七〇〇〇名に減じ、そのうち戦闘に耐えうるものは三〇〇〇～四〇〇〇名で、歩兵部隊は師団全部で千数百名であった。師団は、チンドウィン河畔まできて、初めて軍から米と塩との補給を受けたが、毎日倒れていく将兵の数は膨大なものであった[*92]。

山本支隊正面では、患者、重砲その他撤退に時間を要するものを逐次後退させて後方を解放し、係累のない戦闘部隊だけで第一線を守備させた。モーレ北方高地を確保した山本支隊は、その後一週間にわたって英印軍の追撃を阻止した。モーレ周辺の部落とジャングル内には、第一五、第三一師団の落伍者が相当残っていた。これらをユウ河東岸に移し終えるまでには、支隊はモーレ陣地を撤退できなかった。幸いにも当面の英印軍は絶対優勢の戦力をもちながら、支隊が自主的に撤退するまで積極的攻撃はしなかった。山本支隊の両翼にあったインド国民軍第二師団も、支隊の後退と前後して後退した。軍命令によればモーレは七月三一日まで確保しなければならなかったが、山本少将は落伍者の姿がモーレ付近から消えた二九日の午後、後退した。支隊本部は三一日朝ユウ河渡河点を出発して、八月二日シッタンに到着した[*93]。

第三一師団は、軍の撤退命令に基づき、師団主力をヘロウ（シッタン東一〇キロ）、シッタン、オークタン（シッタン南一三キロ）間に逐次推進するとともに、歩兵第五八連隊主力でシッタン西方ピンボンサカン北西鞍部を占領して、師団主力の転進を掩護し、あわせて後退した山本支隊を収容した。

八月上旬頃シッタン付近には各種の軍直轄部隊、山本支隊、第一五、第三一師団、その他の患者約二〇〇〇名、部隊から離れた単独兵など約一万三〇〇〇名以上のものが密集していた。

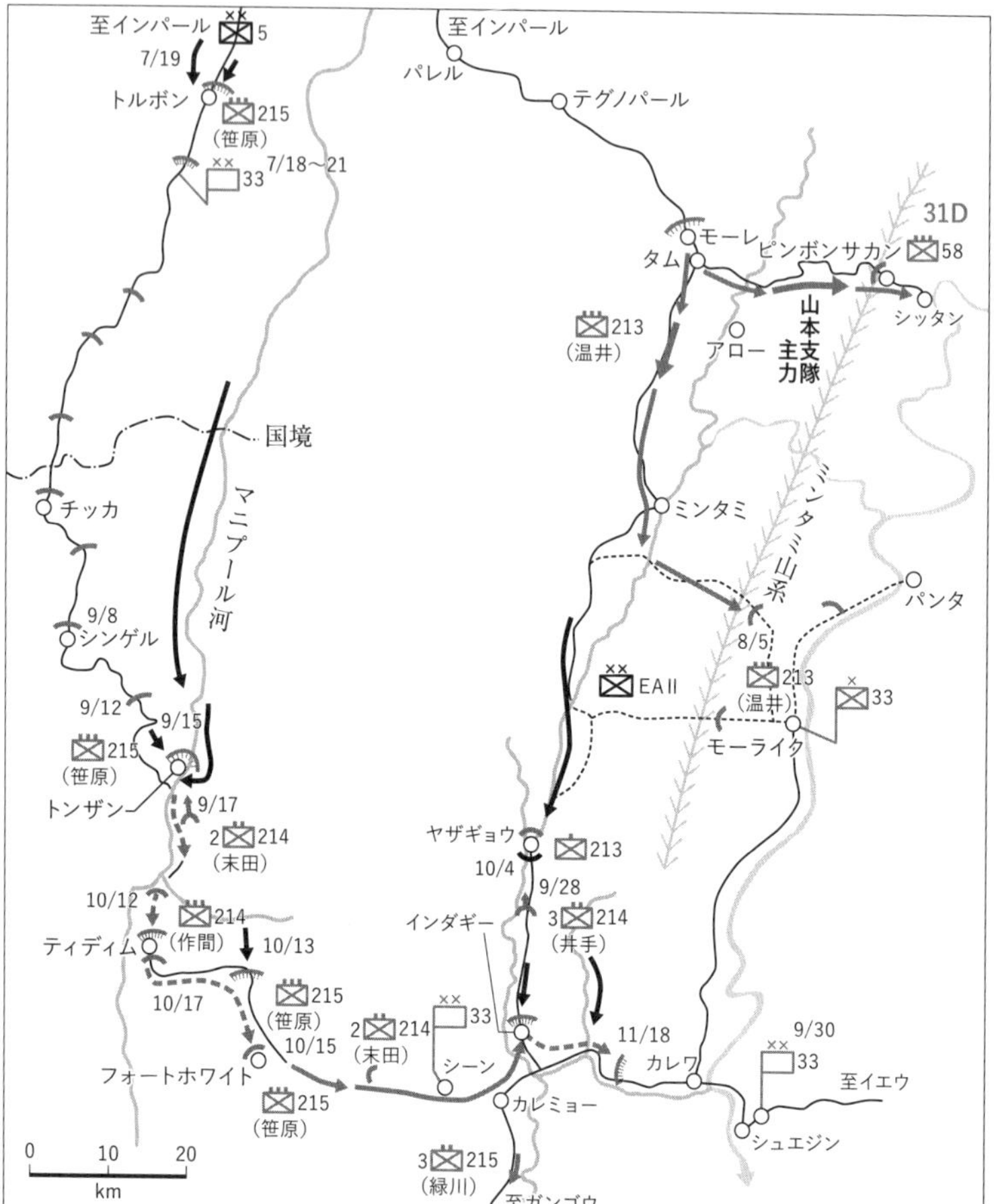

第33師団撤退作戦経過要図

陸戦史研究普及会『陸戦史集17（第二次世界大戦史） インパール作戦（下巻）』（原書房、1970年）を参考に作成

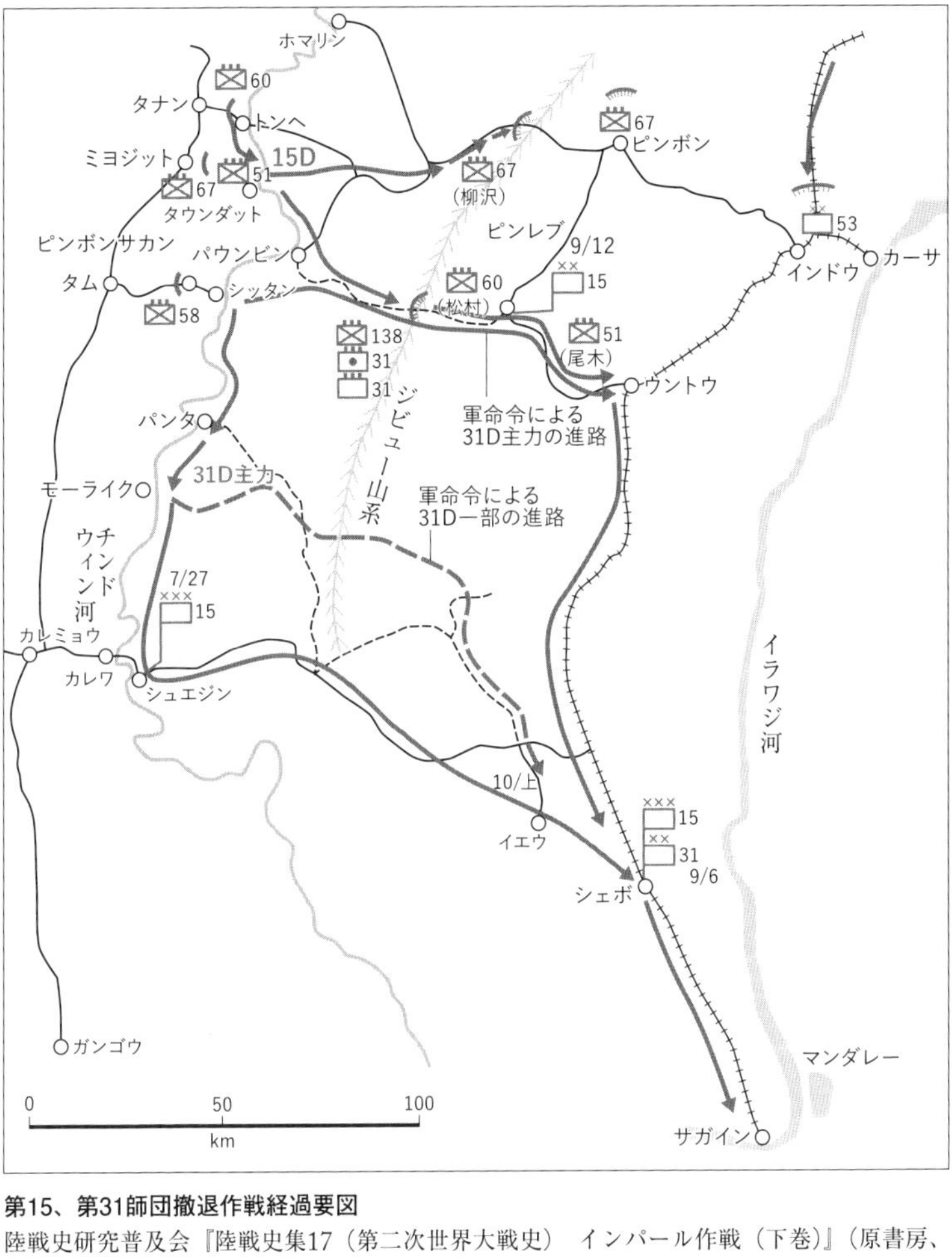

第15、第31師団撤退作戦経過要図

陸戦史研究普及会『陸戦史集17（第二次世界大戦史）　インパール作戦（下巻）』（原書房、1970年）を参考に作成シッタン東方を流れるチンドウィン河は、連日の豪雨で河幅一〇〇〇～一五〇〇メートル、流速三メートルに達し、赤土色に濁流とうとうとして不気味に流れていた。軍は、四ヶ所に渡河作業隊を配置して患者や部隊の渡河を続けていたが、船が岸辺に着くやいなや、我先に駆け込む患者や兵で統制もつきかねる状態であった[*94]。

牟田口軍司令官以下、第一五軍司令部の主力は、七月二五日、シッタンに到着した。しかし、軍は同地で所要の指導を行った後、参謀一人を残し、二六日日没後シッタン出発、門橋（鉄船二隻を合わせたもの）で月明かりのチンドウィン河を下航し、二七日未明、カレワ対岸シュエジンに上陸して、戦闘司令所を開いた。河辺方面軍司令官は、第一五軍司令部がシッタンに止まってこの困難な後退作戦を指導することなく、一挙にシュエジンまで下航したことに大きな不満を持った。しかし、牟田口軍司令官の関心は、この頃すでにジビュー山系の彼方に飛んでいた。彼がチンドウィン河以東の補給体系を一日も早く整備することが軍司令官の第一の急務であり、チンドウィン河畔での指導は、久野村参謀長以下に一任すればよいと考えていた。そこで、牟田口軍司令官は、久野村参謀長のシッタンで指揮を、という意見具申をよそに専属副官のみを連れてシュエジンを出発（七月二八、九日頃）、まずシェボ（マンダレー北西七〇キロ）に向かった。同地には方面軍兵站監高田清秀少将がおり、軍の補給について依頼し了解を得た。そうしてチンドウィン河畔にもどろうとしたところ、軍司令部はシェボまで後退していた。このため、牟田口軍司令官はチンドウィン河から遥か南東一五〇キロのシェボで軍の撤退作戦を指揮することとなった。軍司令官が、単身シェボに先行した問題は、軍司令部内はもとより、部隊からは怒りの言葉さえ聞かれた。河辺方面軍司令官も、軍戦闘司令所がシュエジンに後退したことさえ不満としたが、さらにシェボまで後退したことを知り慨嘆した[*95]。

第三三師団正面では、田中師団長は軍命令にかかわらず、補給の続く限り平地の一角にとどまり、さらにトルボン隘路口で英印軍に一大痛撃を与えようと決心した。そのため、笹原連隊及びこれを支援する砲兵隊等に対し、トルボン隘路口に陣地を占領して師団の撤退を収容し、英印軍の追撃を陣地前で破砕するよう命令した。[*96] トルボン隘路口の笹原連隊に対する英印軍の重砲及び戦車を伴う本格的攻撃は七月一九日開始されたが、同連隊は陣地前にその攻撃を阻止した。田中師団長は、トルボン隘路口での阻止は七月二五日が峠であると判断し、後方の整理も概成し、二六日後衛の後退を命令した。マニプール河は流速三・五メートル、水深三メートルに達し、進攻作戦当時徒渉を許した状態とは一変して一大障害となっていた。笹原部隊は、九月一三日夜になりマニプール河を渡河し、主力はトンザン周辺の高地に陣地を占領したが、一七日には火砲一〇門以上を伴う約三〇〇〇の第五インド師団に完全に包囲されてしまった。師団長は脱出を命じたが成功せず、連隊長笹原大佐も砲弾のため戦死したが、連隊はようやく離脱し、二〇日夜一四二マイル道標に到着し、作間連隊に収容された。[*97]

険しい山系数百キロを踏み越えて行われた第一五軍の後退行動は、四ヶ月にわたる激戦の後でしかも雨季の最盛期に開始されたため、極度の食糧不足と相俟って各兵団は惨憺たる状況を呈していた。しかし、牟田口軍司令官は、八月中旬頃には、後退行動の一番困難であった第一五師団もミンタミ山系への撤退が確実となり、また第三三師団は第五インド師団の急迫を受けながらも、その前進を阻止しつつ後退中の状況を知り、ジビュー山系からカレワの線に向かう第二段の後退を実施するに決した。そして、「軍はインドウ－ジビュー山系カレワ－ガンゴウの要線に転進し、密に第五三師団に連繫して同地域を堅固に占領し、来攻する敵を撃砕する」旨の第二段撤退計画を立案し、八月一六日これに基づく軍命令を下達した。この第二段の後退行動は概ね予期の通り開始され、八月三一日、第一五師団と第三一師団の後衛は、チンドウィン河西岸を完全に撤退した。シュエジンの第一五軍戦闘司令所は八月末同地を撤して、シェボ南西三キロのチバ村に転進した。[*98]

このようにして、第一五師団は九月中旬、第三一師団は一〇月下旬概ね所命の地域に転進を終え、ビルマにおける戦局は雲南方面の断作戦及びイラワジ会戦へと進展していくのである。

八月二九日、午前〇時頃、病床の河辺方面軍司令官に青木参謀が電報を手渡した。予期していた更迭の電報である。「何れにせよ予の兵隊生活も愈々之を以て終焉と決したり、……唯今に於いて口惜しきは八月六日以来準備せし進退伺いを出し遅れて今日に至りしこととなる」[*99]と自らの進退伺いすら提出できなかったことを悔やんだ。また、牟田口軍司令官はじめインパール作戦中止後、方面軍及び第一五軍の両司令部の人員はほとんど根こそぎ更迭された。

インパール作戦を振り返ると、その作戦準備の段階から作戦目的及び構想に対し各師団長などに異論があった。作戦が順調に進んだならば、何の問題もなく終わっただろうが、一旦どこかで挫折すると各々の当初からの不満が爆発する危険性を孕んでいた。このように危険なインパール作戦を決行する場合、最も重要なことは、作戦の限界点を看破し、機を逸せず攻勢から防勢に転移することであった。その最も適当と考えられる時期は、攻撃開始から三週間後、すなわち四月初旬であったろう。この点、決断の責任を回避した方面軍、南方軍及び大本営の責任は重大であり、特に最も親しくその実情に接しながら、その機を逸した方面軍司令官の統帥については問題があった。結局、インパール作戦の失敗は、ビルマの防衛に一大破綻を来す原因となり、ビルマ防衛強化という作戦目的とは正反対の結末を招来することになるのである。

インパール作戦に参加した総人員及び損耗は、明確な史料がないが、チンドウィン河を越えて直接アラカン山系内の戦場に行った人員は約六万名前後といわれる。また、資料から推測するに第一五師団の残存兵力約三三〇〇名、第三一師団約六四〇〇名、第三三師団約三三〇〇名からすると損耗は、約四万七〇〇〇名ぐらいと推測される。なお、スリム中将は、インパール作戦間の英印軍第一四軍の損害を、死者約一万五〇〇〇名、傷者二万五〇〇〇名、計四万名としている。[*100]

第七章　キスカからの撤退

――天佑神助の撤退作戦――

西部アリューシャン列島からの撤退

㈠　キスカ島、アッツ島の占領

キスカ島、アッツ島のある西部アリューシャン列島は、日本軍北千島の根拠地である幌筵（パラムシル）島から約一二〇〇浬《かいり》の距離にあり、米海空軍の北方からの日本本土攻撃を制し、かつ、米ソの対日戦略的提携を困難にするなど政戦略上の価値は極めて大きい。[*1]

昭和一七（一九四二）年六月四日、日本の第二機動部隊によるダッチハーバー空襲から西部アリューシャン列島の攻略作戦は開始された。アッツ島には、六月八日午前〇時一五分、陸軍の北海支隊が、キスカ島には、七日午後一〇時二七分、海軍の舞鶴鎮守府第三特別陸戦隊がそれぞれ上陸して、いずれも無血占領に成功した。アリューシャン方面に対する大本営の作戦指導方針は、キスカ島及びアッツ島を二大核心とし、明春（概ね二月）までに陸上飛行場を設定することであった。[*2]この間、海軍で

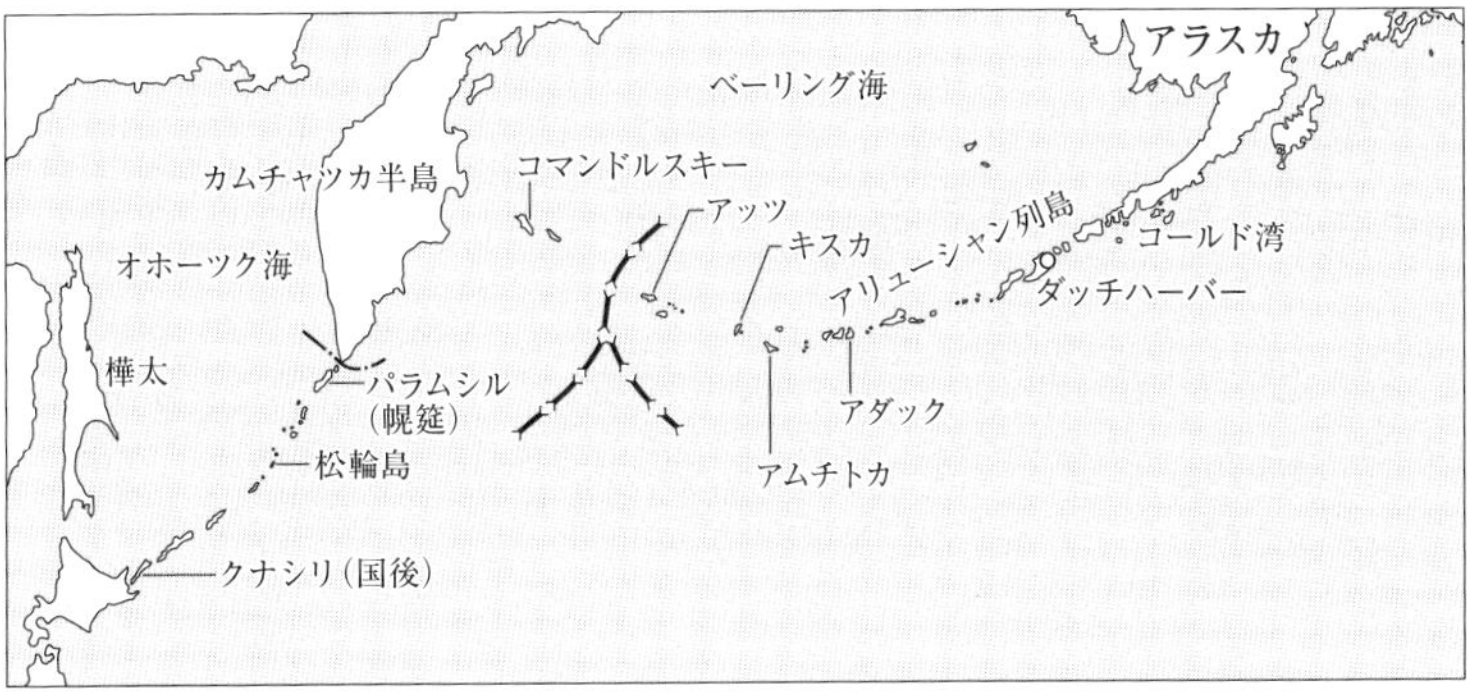

北東方面主要地名図
防衛庁防衛研修所戦史室『戦史叢書　北東方面海軍作戦』（朝雲新聞社、1968年）を参考に作成

は九月一五日、第五一根拠地隊を編成して、キスカ島方面の防衛強化を図った。[*3] 第五一根拠地隊司令官秋山勝三少将及び司令部は九月二五日君川丸によりキスカ島に進出した。一方、北部軍司令官樋口季一郎中将は、北海支隊に歩兵約二個大隊の部隊を増加し、約三個大隊半基幹の北海守備隊を新設し、一〇月二四日、北海守備隊司令官峯木十一郎少将に、「第五艦隊司令長官の指揮下に入り西部アリューシャン列島の要地を占領確保すべし」と命令した。[*4]

一一月一〇日、キスカ島に上陸した北海守備隊司令官峯木少将は、司令部をキスカ島西南中央部にある七夕湾の奥地に開設し、[*5] 第五一根拠地隊司令官秋山少将と会同し、主力をもってキスカ島、各一部をもってアッツ島要域を占領し、飛行基地等の施設を概ね昭和一八（一九四三）年三月末までにこれを概成するとした。[*6]

一方、キスカ島、アッツ島に対する空襲は三月中旬以降激烈となり、輸送船はいうまでもなく潜水艦すらも到達することが困難となった。また、四月二七日にはアッツ島への艦砲射撃もあったことから、米軍の来攻は近いものと判断していた。なお陸軍において北部軍は北方軍へと編成替えされ、北海守備隊は第一地区隊（キスカ島）[*7]、第二地区隊（アッツ島）[*8]に改編され、第一地区隊長佐藤政治大佐は四月九日、第二地区隊長山崎保代大佐は四月一八日、それぞれ潜水艦で現地に進出した。[*9]峯木司令官は、四月一五日、潜水艦によりアッツ島に向かい一七日から二七日の間、同島の防備指導を行い、改めてキスカ島、アッツ島確保と飛行場設営を命じた。しかし、北海守備隊総員約一万一一〇〇名中、キスカ及びアッツ島に到達したものは各々約二五〇〇名、輸送途中戦死したもの約四〇〇名、内地に待機中のもの約五七〇〇名であった。[*10]

(二) アッツ島への米軍上陸と大本営の対応

米統合幕僚会議は、四月一日、太平洋艦隊司令長官チェスター・ニミッツ大将にアッツ攻略を命令した。こうして五月四日、北太平洋上陸作戦部隊指揮官フランシス・W・ロックウェル海軍少将の攻略部隊はコールド湾をアッツ島に向かい出撃し、[*11]一二日、艦砲射撃掩護のもとに米陸軍第七師団が、午前一〇時頃からマカッサル湾、ホルツ湾西浦西北方海岸及びサラナ湾方面から上陸を開始した。[*12]

第二地区隊長山崎大佐は、敵の上陸企図を知るや直ちに海軍無線により北海守備隊司令官及び大本営に報告するとともに、水際撃滅を図ったが、マカッサル湾及びホルツ湾方面においては成功するに至らず、サラナ湾方面においてはこれを水際において撃退した。[*13]

峯木司令官は、アッツ島から発進された海軍側通信系により五月一二日午後一時四〇分、アッツ島に米軍が上陸したことを知った。峯木司令官は、午後二時、山崎第二地区隊長に「全力を揮って敵を撃砕すべし、隊長以下の健闘を切に祈念す、海軍に対しては直ちに出動、敵艦船を撃滅するごとく要求中」と電報し、同時にキスカ島に第二戦備を下令した。さらに翌一三日、北方軍司令官に対し、海軍による敵艦船の覆滅、アッツ島への弾薬、兵器、糧秣等の戦力増強、落下傘部隊もしくは歩兵六大隊基幹による敵前上陸を意見具申した。[*14]

一方、大本営では、五月一二日、現地からの詳細な報告を受け、アッツ島に上陸した敵を撃滅しあくまでアッツ島を確保する構想の下に準備を進めた。[*15]北千島に位置した海軍北方部隊指揮官（第五艦隊司令長官）は、一二日、アッツ島敵上陸中の報に接するや、航空機による敵輸送船団の攻撃（これは天候等の関係で実施せず）、潜水艦のアッツ海域急行、陸兵輸送準備等を命じ、連合艦隊に対して、「今後敵の増援兵力も撃破すると共に、敵の艦隊を捕捉撃滅以って敵のアッツ島占拠の企図を破砕」する決心を述べ、兵力増強を要請した。一方、連合艦隊司令長官古賀峯一大将は、第五戦隊及び第二四航空戦隊と飛行艇六を北方部隊に増強したが、連合艦隊としては、南方ソロモン方面への反攻が緊迫している中、北方での新事態発生は望ましくないものであった。[*16]

翌一三日も大本営陸海軍部では作戦関係者の合同会議が開かれたが、彼等の最大の関心は守備隊がいつまで持久できるかにあった。結局全体の方針として、「陸兵の増援とアッツの確保」を定めたが、作戦の主隊となる連合艦隊は、飛行場を有しないカムチャツカ方面に兵力を続々と送り込めばガ島の二の舞になると否定的であった。[*17]一方、陸軍参謀本部第二課長眞田穣一郎大佐は、「統一ある抵抗をなし得る期間は先ず一週間であろう。実力は次第に低下するであろうから何等かの方法によりこの一週間以内に同島に逆上陸が可能か否か、これが同島を確保し得るか否かの鍵であろう」と述べた。[*18]

続けて一五日から行われた大本営陸海軍部の合同研究では、陸海軍協同して来攻した敵を撃破する方向でさらに検討することになった。一六日も引き続き行われたが、ここでは第二課航空班長大賀時雄中佐から、敵の後方遮断のため、挺進部隊をもってアムチトカ島のコンスタンチン飛行場奇襲占領を図るアムチトカ奇襲作戦（「テ」号作戦）が提案された。[19] これを受け、翌一六日、北方軍司令官は、アッツ方面に対する増援、逆上陸を速やかに遂行するため、アッツ島守備隊（第二地区隊）を北方軍直轄とするとともに、山崎第二地区隊長に極力持久を策し、東浦沿岸要地を最後まで確保することを命じた。[20]

アリューシャンからの撤退の決定とアッツ島の玉砕

(一) アリューシャンからの撤退の決定

五月一七日、陸海軍両統帥部次長、両第一部長、両作戦課長の六者会談が軍令部総長官邸において行われた。海軍側は、アッツは気の毒であるがこれに悪あがきをすると戦力を消耗して大変である。なお内地にある燃料は全部で一ヶ月半分に過ぎず、作戦の継続は補給で行き詰まると主張したのに対し、陸軍は、海軍には出撃の真剣さほとんどなし、と両者の意見は一致しなかった。[21] このため、両作戦課は各別に夜半に至るまで検討作業を行った。陸軍第二課内の審議では、「テ」号作戦は気象の関係などから五月末は実施不可能である、いや今の段階では撤退作戦を考えるべきではないか、など夜半に至るまで検討した。陸軍作戦担当者間では、今やアリューシャン作戦の根本問題につき、増援すべきか、放棄すべきか、放棄撤退すべきかを決すべき関頭に立たされるに至ったのである。[22]

眞田第二課長は、この結果をもって、一八日午前軍令部を訪問した。眞田第二課長は、奇襲作戦（「テ」号作戦）が成功しない限り上陸作戦成功の算は少ない、結局アッツでうまく揚陸しても対峙状態となり、ここで消耗戦を繰り返すことは対ソ関係をかえって悪化させる恐れがあると説明した。また、北東方面に海軍兵力を集中した場合、南西、南東方面をいかにするか考慮を要す、ということで、総判決として、アッツは確保が絶対のものではなく、奪回の可能性は薄い。撤収した場合の処置・対策なきにしもあらず。その処置として、①アッツ残留中の部隊の生存中は輸血輸送を行う、②キスカは、霧期の末期か海上作戦が有利な状況の後に撤収する、③千島の防衛強化の必要、と海軍側の同意を求めた。[*23]軍令部第一部長福留繁少将はこの陸軍案に同意したが、海軍は陸軍研究の通り敵海上兵力の撃滅とアッツに対する補給の一部は行うが、総兵力の引き揚げのため潜水艦を利用することは難しいと考えた。第一課長山本親男大佐は、気の毒であるがアッツのため艦隊及び航空とも釘付けにされることは避けたい。艦隊燃料は内地に一ヶ月半分しかないので南方への回航不能の恐れあるとし、撤退に同意した。撤退については、陸軍側から申し入れたように見えるが、海軍戦力の不足が積極作戦を放棄せざるを得なくさせていたのである。[*24]五月二一日の「大本営機密戦争日誌」には、「アッツ島の軍神部隊の救援不可能なりしは、海軍が作戦に自信を有せざりしこと、政府が船舶の損耗を極度に避けんとせしことに原因し」とある。[*25]

ここで陸海軍の作戦担当者の意見がアッツ作戦を断念し、撤退する案に一致した。また陸軍では秦参謀次長もこれに同意したので陸軍部としても方針が確定した。一二日、米軍のアッツ上陸以来鋭意検討を続けてきたアリューシャン増援確保の根本方針は、上陸七日目の一八日になって撤退へと一八〇度の方針転換をすることになったのである。[*26]こうして大本営は、「『アッツ』生存者及び『キスカ』守備隊の撤収」方針を定めた。そしてこの夜、陸海軍部の次長以下作戦関係者は、合同懇談会を開き、陸軍側は、一時でもキスカ飛行場に海軍機を入れ、その掩護下に駆逐艦で一挙に収容を希望する旨を、海軍側は、潜水艦による撤収を希望した。[*27]

五月二〇日、宮中において大本営会議が開かれ、天皇臨御のもとに北方作戦方針の転換に関する件が審議され、西部アリューシャン方面の撤収に関する大命（「ケ」号作戦）が允裁《いんさい》された。よって大本営は、二〇日、大陸命第七九三号をもって北方軍司令官に対し、「海軍と協同し現に西部アリューシャンにある部隊を後方地区に撤収するに努むべし」と命ずるとともに、また二一日、大陸指第一五一七号及び大海指第二四六号をもって、「アッツ島守備部隊は好機潜水艦により収容するに努む、キスカ島守備部隊はなるべく主として潜水艦により逐次撤収するに努む、海霧の状況敵情等を見極めたる上、状況により輸送艦、駆逐艦を併用することあり、本撤収作戦を『ケ』号作戦と呼称す」と「情勢に応ずる北太平洋方面作戦陸海軍中央協定」を関係部隊に指示した。[*28] アッツ島守備隊はこの「ケ」号作戦決定と同時に玉砕することが明らかとなった。[*29]

一方、天皇はこれを裁可したものの、後に蓮沼侍従武官長から大本営首脳に伝えられた天皇の御言葉は、「今度の如き戦況の出現は前から見通しがついていた筈である、然るに五月一二日に敵が上陸してから一週間かかって対応措置が講ぜられ、濃霧のことなど云々していたが、霧のことなど前以て解りていた筈である、早くから見通しがついていなければならぬ」というものであった。[*30]

(二) アッツ島の玉砕

五月二一日、「ケ」号作戦に関する大陸命第七九三号を受領した北方軍は、まず第五艦隊と協定するため、軍戦闘司令所を幌筵島の柏原に進出し、五月二三日、北海守備隊司令官及び第二地区隊長山崎大佐に「軍は海軍と協同し、万策を尽くして人員の救出につとめるも地区隊長以下凡百の手段を講じて敵兵員の尽滅を図り最後にいたらば潔く玉砕し、皇国軍人精神の精華を発揮するの覚悟あらんことを望む」と電報を発した。[31] 山崎守備隊長は、「我が軍は最後まで善戦奮闘し国家永遠の生命を信じ武士道に殉ずるであろう」旨を返電した。[32]

一方、大本営の撤収企図を承知していない北海守備隊司令官は、この北方軍司令官の電報をもってアッツ島奪回作戦を断念するとともに守備隊を撤収させるのではないかと推察し、北方軍参謀長に問い合わせた。軍司令部からは、今後の作戦に関しては追って指示するがますます防備の強化に努めるよう返電があった。その後、現地海軍側でガ島撤退作戦に使用されていた「ケ」号作戦を口にするものがあり、撤収するには事前に十分な準備を必要とするため、六月初旬高級参謀を幌筵に派遣した。[33]

五月二八日になり北方軍は、第五艦隊及び第一二航空艦隊と交渉し、「ケ」号作戦に関する陸海軍指揮官間の協定を締結した。この協定における重点は、①アッツ部隊の撤収は、潜水艦により一部でも撤収すること、②キスカ部隊の撤収は、霧を利用し、潜水艦以外の艦船をもって一挙撤収に努めること、であった。五月二九日午後九時一〇分、「従来の懇情を深謝するとともに閣下の健勝を祈念す」との電をもってアッツ島からの交信は途絶した。[34] 同日夜から三〇日朝にわたり、山崎地区隊長以下第二地区隊全員と海軍部隊及び陸海軍軍属は最後の夜襲を決行し玉砕した。[35] アッツ島の玉砕は、当時日本軍玉砕の第一号として、日本国民の心に深く刻まれた。[36]

キスカ島撤収作戦

(一) キスカ島撤収要領の決定

五月二九日アッツ島守備部隊の玉砕後、米軍はキスカ島に対し執拗なる空襲を反覆し上陸の機を窺った。キスカ島の近海には連日一～二隻の小艦艇を派遣し、日本軍潜水艦の行動を妨害するとともに米潜水艦は六月中旬頃から千島近海まで出没した。[*37]

五月三〇日、海軍北方部隊は、陸海軍中央協定に基づき、「第五一根拠地隊司令官は北海守備隊司令官と緊密に協同し鳴神（キスカ）島守備海軍部隊を撤収、北千島方面に転進すべし」と命令（機密北方部隊命令作第一一号）を下達し、機密北方部隊命令作第一二号（「ケ」号作戦実施要領〔抜粋〕）をもって「撤収には潜水艦を主用し、機宜監視艇、特設艦船等を以て中継収容を行う、海霧の状況、敵情等を見極めたる上、状況により駆逐艦等にて撤収を行うことあり」と示した。[*38]

峯木司令官は、六月九日、幌筵派遣中の参謀が帰還し、「ケ」号作戦に関する北方軍命令を受領するや、①企図の絶対秘匿を図ること、②霧の時期を利用し時機を失せざること、③兵力の抽出と防備強化との節調、と三つ方針を確立して直ちに計画作成に着手した。[*39] そして六月一〇日、北海守備隊司令官と第五一根拠地隊司令官は、次の要旨の協定を申し合わせた。[*40]

一　患者及び非戦闘員を優先し、次いで海軍側設営隊人員をまず撤収させる（六月一〇日現在の員数は、陸軍二四二九〔うち軍属九〕、海軍三二一〇〔うち軍属一一六〇〕、合計五六三九〔うち軍属一一六九〕）。

二　潜水艦輸送を継続しつつなるべく早い時期遅くも七月中旬末までに水上艦艇をもって一挙に撤収するを要す。

三　作戦の目的はなるべく多く収容するに非ずして、全員挙げて転進行動を完遂するにあり。

四　水際配備に撤し、ますます防備を強化す、これがため潜水艦輸送により所要の兵器、弾薬類、特に山砲及び高射砲、弾薬並びに携帯口糧等の追走を促進する。

なかでも潜水艦輸送のみに依存することなくなるべく早い時期、遅くも七月中旬末までに好条件の濃霧を利用し水上艦艇をもって一挙撤収することが絶対に必要である旨を申し合わせた。北海守備隊においては企図秘匿の観点から六月一二日になって大隊長以上にこの企図を伝達した。

しかし守備部隊がいつ海岸に集合して待機するかということは大問題であった。話し合った解決策は、救援部隊が幌筵を出港して入港予定の五日目以後、毎日、予定の到着時刻である日没時から約三時間の間、海岸に集合して待機する。三時間待っても救援部隊が到着しない場合は、その日の撤退を諦めて夜明けまでにもとの陣地に帰り、翌日またこれを繰り返すというものであった。しかし、これは大変な仕事であり、最も海岸に遠い部隊は往復一〇里も歩かなければならなかった。[*41]この協定に基づいて陸海軍部隊は準備に着手するとともに、また連絡のため北海守備隊藤井一美参謀及び第五一根拠地隊安並正俊先任参謀を六月一六日潜水艦で幌筵に派遣した。[*42]

木村昌福少将

峯木司令官は藤井参謀に、「撤収のためキスカ島に接近するや、敵艦隊と衝突することは必至である。その際は陸軍側としては一兵たりとも撤収を考えず、敵上陸部隊の撃破に任ずるから、海軍側は全力を挙げて敵艦隊の撃破に任じてもらいたい」と伝言した。

藤井参謀は、第五艦隊の作戦会議に列席して、このことを海軍側に伝達したところ、直接撤収に任ずる第一水雷戦隊司令官木村昌福少将は、「撤収を主任務とする小生麾下の戦隊は、一艦でも二艦でもキスカ島に突入し、一兵でも多くの陸軍部隊の収容に任じたい。海軍部隊は同僚であるから遠慮してもらう」と述べた。さらに峯木司令官は、藤井参謀に対して

「第五艦隊との撤収のことを連絡したあとは、貴官は幌筵に残り作戦記録を残してくれ、撤収のためにキスカに来る必要なし」とも伝えていた。峯木司令官は、撤収によって生還しようなどとは毛頭考えていなかったのである。[*43]

なお、水上艦艇による一挙撤収に対する要望は連合艦隊にもあった。連合艦隊は、主戦場である南東方面に全力を傾注するため、北東方面「ケ」号作戦の速やかな解決を希望していたのである。連合艦隊ではこれを徹底するため小池伊逸参謀を六月上旬、幌筵に派遣した。こうして第五艦隊司令部も水上部隊による一挙撤収のさらなる必要を認め、具体的方策について検討を始めた。第五艦隊で検討された水上艦艇による撤収案は、次のような二案であった。

甲案：駆逐艦一一隻を使用し一挙に収容撤収を企図する。最大四九五〇名、未収容分は潜水艦による。

乙案：特設巡洋艦二隻と駆逐艦四隻を使用する。収容最大七五〇〇名は可能、他に駆逐艦五〜七隻は対潜警戒、戦闘用にあてる。

甲案は行進迅速、敵情に即応できるが収容能力に難点があり、乙案は収容能力は十分であるが速力など行動の制約が懸念されていた。連合艦隊と第五艦隊の打ち合わせの結果、軽巡洋艦を加えた甲案によることとなり、決行時機は霧の最も濃密な七月上、中旬と決定された。[*44]

この間、潜水艦でキスカ島から北千島に輸送した人員は、海軍二九九名、陸軍五五五名、軍属四六六名、計八二〇名であり、キスカ島に揚陸した物件は、兵器弾薬一二五トン、糧食一〇六トンであった。[*45]

しかし、この潜水艦による輸送は損害が大きく、六月二二日で中止された。

一方、在キスカ部隊は、幌筵から帰還した藤井参謀から一挙輸送に関する報告を受け、次の事項を確認した。[*46]

一　期日：霧の最も多い七月上旬～中旬の間において決行
二　収容艦隊の兵力：駆逐艦一一隻並びに軽巡洋艦二隻
三　入港錨地：キスカ港より乗船
四　携帯兵器の処理：撤収部隊は努めて軽装とし、海軍側の意見から「下士官、兵の服装は外套着用とし、小銃を携行せず」とした。

また、藤井参謀及び安並参謀は、幌筵において第一水雷戦隊旗艦「阿武隈」艦上で、敵艦隊に遭遇した場合の処置、特別暗号表の作成、敵情、霧の状況通信法、撤収部隊の集結、乗船法、兵器、弾薬、私物品の処理法、キスカ島南西端からの電波（ラジオビーコン）発射、艦隊入港時の探照灯点灯等について、詳細にわたって打ち合わせを行った。[*47]

(二)　第一水雷戦隊司令官木村昌福少将の着任と撤収準備

六月一一日、木村昌福少将が第一水雷戦隊司令官として着任した。同少将は、鼻下の長い髭をもって部内に知られ、温厚沈着不言実行型で、[*48]駆逐隊司令、駆逐艦長のあいだで信望が厚く陣頭指揮により難局を突破するタイプの武将であった。[*49]

六月一四日、第一水雷戦隊司令官は、第五艦隊司令長官河瀬四郎中将を表敬した。河瀬司令長官は、「木村君ご苦労だけれど願います。……尚本作戦は一水戦司令官に一任するが、もとより我五艦隊の作戦であるから私も充分責任を持つし、また使用兵力等で一水戦の要望があれば私で出来る事ならどんな世話もするし、命令も出すから申出てもらいたい」[*50]と述べた。そして第五艦隊司令部から「ケ」

号作戦の腹案が説明された。その後、約一週間にわたり第一水雷戦隊司令部は第五艦隊司令部と打ち合わせを実施し、甲案、乙案あらためて検討した結果、六月中旬から被害が続出して漸次輸送困難となってきたことからも速力の遅い特設巡洋艦の使用を避け、代わりに軽巡洋艦二隻を使用することに内定した。[*51]

河瀬四郎中将

木村第一水雷戦隊司令官が第五艦隊司令長官を表敬した六月一四日、第一水雷戦隊司令部は駆逐艦「島風」を含む兵力増強を要望した。「島風」は初めて電探（電波探信儀）を装備した最新鋭の駆逐艦であった。濃霧中の作戦を企図する水雷部隊にとって最も欲しい艦である。翌一五日、第五艦隊司令長官は、「七月中旬駆逐艦により一挙に残留員大部の撤収を行う予定なるところ、北方部隊駆逐艦中之に使用し得るものは八隻（内二隻は敵情に鑑み泊地警戒艦）にして、為し得れば更に二隻（航続力大なるものを要す）の増勢を得度。なお一水戦司令官は霧中作戦の困難性に鑑み電探を装備せる駆逐艦に乗艦陣頭突入を考慮し居られるに付、為し得れば『島風』の一時編入に関し特別配慮を得度」と連合艦隊司令長官に具申した。[*52]

この具申に基づき、連合艦隊司令長官は、一七日に七月一日付で「島風」を北方部隊に編入した。[*53]また、第一駆逐隊の駆逐艦二隻の指揮下編入及び洋上補給艦の護衛として「国後」が指定された。木村司令官を特に喜ばせたことは、これら増援部隊の司令官や駆逐艦長が、かつて彼と訓練や作戦をともにしたベテラン仲間であったことであった。[*54]

こうして六月二四日、北方部隊指揮官は機密北方部隊命令作第一五号（六月二四日）をもって「七月Z日（Z日は収容部隊のキスカ港入泊日とす）軽巡及び駆逐艦によりキスカ島残留部隊を一挙撤収せんとす」と発令した。また、二八日、機密北方部隊命令作第一六号（六月二八日）をもって、「行動要領」として概ね次のように示した。[*55]

- 収容部隊（軽巡二、駆逐艦六）は一水戦司令官指揮のもとに七月七日（Y日）幌筵出撃
- Z日（Y＋四日、七月一一日の予定）日没後「キスカ」に突入、守備部隊全員五二〇〇名を収容
- 第五艦隊司令長官は、主力を直率収容部隊の援護収容のため一〇日幌筵出撃「キスカ」の南西四〇〇浬に進出

特に北方部隊としては、霧の中でどうやってタンカーから燃料の補給を受けるのか、またどうやってキスカ島に残る六〇〇〇名近い部隊を、できるだけ短時間に各艦に収容するかということが大きな問題であった。各艦に対する収容数の割り当てから、海岸と艦との間の輸送のための舟艇の準備や海岸における集合地点に至るまで、こと細かに決めなければならなかった。また、当時キスカ島には約一〇隻の大発動艇（大発）が残っていたが、それだけでは不十分であったので、軽巡洋艦に二隻、駆逐艦に一隻、総計一三隻になるように大発を積んでいく準備も進められた。[*56]

幌筵にある第一水雷戦隊でも出撃に必要な準備が着々と進められていた。六月二五日「阿武隈」において行われた総合研究会では冒頭、木村第一水雷戦隊司令官が「……好機を把握するまでは焦らず逸《はや》らず隠忍自重し、時到れば電光石火、敵の意表を衝いて引揚げを実施」[*57]と指針を示し、翌二六日には、研究会の成果をもって全艦艇が泊地外に出動し、編隊航行、タンカーからの燃料補給、大発の揚げ卸し作業などの訓練を行った。[*58]また、第一水雷戦隊には新たに気象専門の士官一名が配員された。

さらに「木曽」艦長の発案により軽巡洋艦の煙突一本を白色に塗装して米軽巡の二本煙突に見えるようにし、また駆逐艦は一本を仮設して三本煙突に見えるようにした。[*59]

こうして第一水雷戦隊司令部は六月中に作戦計画を概ね策定し、七月一日第一水雷戦隊の打ち合わせを行い、五日水雷部隊命令（機密水雷部隊命令作第四号（七月五日））をもって「水雷部隊（収容部隊）はY日（艦隊所定）幌筵出撃、途中友軍部隊の協力により極力海霧を善用し行動の隠密、企図の秘匿を主眼とし、Z日（Y＋四日）鳴神島に進入撤収部隊を収容急速幌筵に帰投せんとす、情況により断固抵抗を一蹴脱過し、極力目的の貫徹を期す」と発令した。水雷部隊の作戦計画において特に考慮された点は、キスカ島南西端付近からキスカ港へ向かう航路であったが、隠密を第一条件として北方航路を採用した。[*60]

一方、七月四日、キスカ島の北海守備隊司令官は、各大隊長及び独立隊長を集め次のような北海守備隊命令を下達した。

一　守備隊は「ケ」号作戦のため、現地海軍部隊と密に協同し一挙にキスカ島の防備を撤し、第五艦隊派遣艦艇により「〇〇〇」方面に転進せんとす

二　諸隊は現任務を続行しつつ、Z日一五〇〇（午後三時）迄に乗艦地に集結し、乗艦地指揮官（五警司令）の区処により乗艦すべし、本作戦間厳に企図を秘匿するとともに、特に戦備を厳にし、来攻する敵を随時撃砕し得るの準備にあるを要す

また、守備隊司令官は「ケ」号作戦実行に関し、中隊以下に命令を下達する時期は七月七日午前七時以降とし、一兵といえども残置すべからずと厳に要求した。[*61]

キスカ島からの撤退

(一) 第一次撤収作戦

七月六日、第一水雷戦隊は最後の撤収作戦打ち合わせを行い準備を完了した。第五艦隊司令長官は、天候予測からY日を七日と定めた。木村第一水雷戦隊司令官は、出発にあたり各級指揮官に対し「『千慮無惑』という句があります。今度の作戦は実に難しいのでありますが、機密水雷部隊命令作第四号は実に練りに練った籌劃であります。これを基礎としてあとは臨機応変、軍人精神と我が伝統の腕前（戦術思想や技量）をもって解決するので些かも惑う処は無いのであります[*62]」と訓示を行い、七日午後七時三〇分幌筵を出撃した。

Z－一日である七月一〇日までは順調に経過し、その間、米軍は、キスカ島に対し連日飛行哨戒を実施するほか砲撃を行った。なお、第五艦隊司令長官は主隊五隻を率い、一〇日午後七時幌筵を出撃して支援に任じている。七月一〇日昼までの第五艦隊司令部の霧予測は、「一〇日夕方から霧濃くなり、一一日は霧または霧雨、一二日は霧少なくなる」、第一水雷戦隊司令部は、「途中及びキスカ島とも霧なし」と判断し、Z日と予定した一一日の突入を断念、日本丸と合同補給の上、再挙を図ることとし、Z日を一三日に延期した。一一日、キスカ島は薄霧、視界一〇～一五キロ（正午頃一時視界三～五キロ）で米軍はキスカ島七夕湾及び小キスカ島方面を砲撃した[*63]。

第一水雷戦隊は、一二日午前九時～正午まで駆逐艦四隻に補給を実施し終わって、日本丸を解列してキスカ島へ向かった。一二日午後三時における第五一根拠地隊の天候予測は、一三日濃霧、霧雨、一四日霧と予測していたが、第一水雷戦隊は、高気圧去らず、気圧はなお降下しあらず、一三日は早くて午後から霧となる見込み、もし低気圧が遅ければ夜となると予測していた。一三日、キスカ島は終日霧が多かったが、第一水雷戦隊の待機海面は終日霧がなかった。一三日、キスカ湾の東方海面には米駆逐艦一隻、小型艦艇一隻が哨戒していた。このような状況により第一水雷戦隊司令部は、「現地及び鳴神方面の気象は、明日午前天候曇程度にして利用し得べき霧なし。なお敵情は一一日、一二日の状況よりみて警戒極めて厳重、一三日突入は飛行機による被発見の公算極めて多し」と判断し、午後三時反転してZ日を一四日に変更した。[*64]

また、一三日午後四時半、一四日もキスカ島付近は淡霧程度で視界相当良好、一四日突入成功の公算小と判断し、水雷戦隊は一五日をZ日とし、一五日の突入を期して反転針路を取ったが、午後九時天候判断が変わったため再び一四日の突入を企図した。しかし一四日午前一時二五分、「台風後方に近接を知り、このまま一四日突入は鳴神作業困難」と判断し一四日の突入を断念した。一方、明一五日の突入は可能であると判断した木村司令官は、キスカ島へと向かった。途中、一四日夜、キスカ島の第五一根拠地隊司令官から、「敵味方不明艦船多数東方海面にあり、なお一部七夕方面を砲撃中、行動を中止す」との連絡があったが突入行動を継続した。[*65]

一五日早朝、第一水雷戦隊は、キスカ及び「アムチトカ」は曇時々淡霧、視界良好、飛行可能、なお視界は広くなる傾向がある、ということから「本日突入は全く絶望と言い難きも成算殆ど無し」と判断してさらに検討することとした。午前八時一五分における第一水雷戦隊の気象判断は、キスカ島に到着する午後三時頃、キスカ島南方及び南西方の視界は良好であり、アムチトカ基地も飛行適というものであって、また、一六日も天候を予測するに突入期待できない、一七日とすれば燃料補給を必要とするが、日本丸との合同が困難であるなどのことから再び一五日の突入は不可能であると判断し、水雷戦隊は午前八時二〇分反転針路二二〇度とした。[*66] 先任参謀から最後の断を求められた木村司令官は、決心の象徴である軍刀を力強く甲板に敲いて立ち、「よし帰ろう、帰ればまた来ることが出来るからな」と述べた。[*67] 突入行動中止を決心した木村司令官は、幌筵帰投のため、一五日午前九時五分、「突入航路上並びに鳴神島付近天候好転しつつあり、利用すべき海霧発生の見込みなし、今より反転幌筵に帰投再挙を図らんとす」と発令した。[*68]

第五艦隊司令長官は、第一水雷戦隊司令官からの通報に接し、一五日午後一時二五分、「水雷部隊、補給部隊、粟田丸は幌筵海峡に帰投すべし、再挙行動に関連右行動中霧を利用極力燃料節減に努べし」と命令（北方部隊電令作第三三四号）した。[*69]

こうして、第一次撤収作戦は不成功に終わり、「阿武隈」、「五月雨」、「国後」、粟田丸は一七日、その他は一八日幌筵に帰投した。

在キスカ島部隊は、当初予定Z日の一一日、海岸に集合したが艦隊は入港せず、遂に午後八時三〇分になり北海守備隊司令官の命によりもとの陣地に復帰した。その後、一二・一三・一四・一五日と連日同一行動を繰り返し、一五日も第一水雷戦隊の突入行動中止に伴いもとの陣地に復帰した。第一次撤収作戦の不成功がキスカ島の隊員に与えた影響は深刻なものがあった。

(二) 第二次撤収作戦

七月一七日、連合艦隊参謀長は軍令部との打ち合わせにおいて、「今一回全力撤収作戦を実施す　断行」と第二次撤収作戦の断行を要望したが、第一次撤収作戦における第一水雷戦隊の行動及び第五艦隊司令部の作戦指導に対しては批判的であった。駆逐艦「秋雲」艦長相馬正平中佐は、「第一次の不成功に対して中央から第五艦隊が叱られた」と回想している。また、第五艦隊司令部が第一水雷戦隊の行動に不満であったことも明らかであり、通信参謀の橋本少佐は、「第一次は天候状況から判断して突入可能と思っていたのに水雷戦隊が突入せず、司令部は大いに不満であった」、また大和田第五艦隊参謀は、八月二四日軍令部において「第一次の際は水雷戦隊に胆なし」との声を聞いたと述べている。一方、第一水雷戦隊では今回の処置を当然と考えていた。特に有近先任参謀は、第五艦隊司令部の批判が全く心外であった。

第五艦隊司令部では、当時の情勢（霧、燃料状況等）あるいは上級部隊の空気から、第二次撤収作戦は少々の危険をおかしても断行しなければならないと考えていた。一方の第一水雷戦隊司令部もなんとかやらなければならないけれども、冷静、周到かつ上手に実施する必要があると考えていた。このようなことから河瀬第五艦隊司令長官は、第一水雷戦隊に任せてはおけない、次は、自ら陣頭指揮をしなければならないと考えるようになった[*70]。

こうして第五艦隊司令部は、①霧は八月に入ると減少する、②作戦用の燃料はあと一回分しか保有していない、という制約のもと直ちに第二次撤収作戦の計画に着手した[*71]。

第二次撤収作戦実施に関する第五艦隊（北方部隊）の作戦命令は、機密北方部隊命令作第二〇号（発令期日不明であるが、一九日以前）をもって発令された。特にキスカ突入の決定は、第一次撤収作戦では第一水雷戦隊司令官に一任したが、第二次撤収作戦では第五艦隊司令長官がこれを決定するとされた。こうして第五艦隊司令長官は参謀長、先任参謀、通信参謀等を帯同して「多摩」に乗艦、Z－一日午後一〇時まで水雷部隊を指揮することとなった[*72]。

第一水雷戦隊は、七月一九日、第五艦隊司令部先任参謀も含め旗艦「阿武隈」において研究会並びに打ち合わせ（「阿武隈」会議）を行った。[*73] この会議で特に問題となったのは、①前日夕刻の天候予測で突入できるかどうかであり、Z－一日午後一〇時に突入を発令されて翌Z日、霧の状況が適当でない場合どうするか、②なぜ第五艦隊司令長官がキスカ島の突入まで直接指揮しないのか、の二点であった。従来から第一水雷戦隊には、第五艦隊司令部が常に後方にいると不満があり、遂にこれが爆発したとも言えた。この会議から「多摩」に帰艦した第五艦隊先任参謀は、最終的な突入の決心を「水戦部隊が判断できないなら長官が行って判断すべきだ」と漏らした。この結果、第五艦隊司令長官が乗艦した「多摩」は、Z日午前八時三〇分まで第一水雷戦隊に同行することとなり、七月二一日、第五艦隊司令長官名で「多摩はY日水雷部隊に引き続き幌筵出撃、概ねZ日〇八三〇頃まで水雷部隊と行動をともにし爾後機宜行動、日本丸第一待機線付近にありて水雷部隊の収容に任ず」と発令された。[*74]

この頃、キスカに対する砲爆撃は激化し、今にも米軍が上陸するのではと思わせるものがあった。こうした中、北方部隊は、一挙撤収の最後の機会として、Z日を七月二六日と予定し、七月二二日夜、水雷戦隊、主隊相次いで幌筵を出撃した。[*75]

第一水雷戦隊司令部は、翌二三日、突入予定日である七月二六日のキスカ島方面の天気を「偏西の風曇、時々霧」と予報し、また、現時点で相当の遅れを生じていること、予定日の突入には一部駆逐艦の燃料に不安があること、などからZ日の一日延期を具申した。これに対し、午後六時一〇分第五艦隊司令長官から「とりあえず針路九〇度速力一四ノットとなし予定日に応ずる如く行動せよ」との指令がありこれに従った。[*76] 二三日はキスカから千島まで一連の霧であった。東西約一二〇浬、南北約三〇〇浬、日本の北海道から九州まですっぽり入る視界五〇〇～六〇〇メートルの広大な霧の世界であった。隣接艦も全然見えない状態であり、補給護衛艦の「国後」との連絡も途絶えてしまった。[*77]

一方、二三日、第二次撤収作戦に関する企図を承知したキスカ島の北海守備隊司令官は、午前一〇時、「輸送艦隊は昨二二日夜幌筵を出撃せり、Z日は七月二六日と予定す、守備隊は『ケ』号作戦行動を再興せんとす」との命令を下達した。[*78]

七月二四日も終日濃霧で「多摩」も隊列を離れた。第一水雷戦隊では各艦掌握のため午後二時、午後三時と「木曽」「阿武隈」が仮装備高射砲の試射を行ったためその音源を確認した「日本丸」は掌握できたが、「国後」は不明のままであった。第五艦隊司令部からは、「濃霧隊形混乱、補給困難の実情に鑑みZ日延期やむを得ずと認む」と指示があった。正午頃における第一水雷戦隊司令部のキスカ島の天候判断は、二七日以降にならなければ霧発生の望みがないと、Z日を二七日と予定した。[*79]

七月二五日は終日濃霧であり、視界概ね五〇〇メートル以内であった。一時米潜水艦の電探らしいものを探知して警報を発した。第五艦隊司令長官は、「Z日は二八日または二九日と予定すること」と命じた。翌二六日も終日濃霧となり、「阿武隈」「木曽」「多摩」は午後一時頃から補給を実施した。午後五時過ぎ、「阿武隈」の右舷二〇〇メートルに突如、行方不明だった「国後」が出現した。「阿武隈」は、回避の余裕なく「国後」の艦首が右舷中部に衝突、連鎖して「初霜」は艦首で「若葉」の右舷中部に衝突、また艦尾で「長波」の左舷に接触する事故を生じた。[*80]

七月二七日、午前六時四五分に再び隊列を整えるため、高射砲を発射、午前七時一五分になってようやく隊形を取り戻した。こうした状況から午前七時一〇分、第五艦隊司令長官は、「Z日を二九日と予定す、水雷部隊指揮官は右に応ずる如く行動すべし」と発令した。[*81]

二八日午前一時頃、「阿武隈」の無線方位測定器では艦首方向にキスカ島から輻射するラジオビーコンを聴取していた。その推定距離は約二〇〇浬、このまま行けばあと一二時間でキスカ港に突入できる。[*82]また午前一〇時一〇分から約三〇分間、太陽が現れ視界が約一五キロに拡大した。出航以来、一度も太陽のもと実測艦位を得られなかったが、キスカ島を目前にして幸運にも天測ができて艦位整合が実施できた。これは真に天佑であった。しかしながら当時、第一水雷戦隊司令部では、Z日の二九日、また三〇日とも曇、断霧を伴う、時々視界良好となる、第五一根拠地隊では、霧多き見込み、第五艦隊では、二九日、曇、淡霧視界四キロ、三〇日午前曇、淡霧、午後晴間あり、と予報が第一次撤収作戦を断念したときと同様の状況であり突入判断が非常に難しい状況であった。[*83]

一方、二八日未明、このまま突入を続けるか、さらに延期してさらなる好機を待つか、第五艦隊司令部では判断に迷っていた。橋本通信参謀は、「長官、参謀長も判断に迷い、先任参謀はどうしてよいか分からない状況であった。私は前回も同じ状況であり、キスカ島に近づけば霧が深くなると考えていたので突入を進言した。長官は、『多摩』艦長神重徳大佐を呼ばせて意見を求めた。同艦長は私の意見を支持して突入を進言し、長官の決心が決まった」と回想している。神大佐は積極果敢な人であって、同艦航海長越口敏男少佐の回想では、二八日早朝長官が艦橋で沈思黙考していたとき、神艦長が上がってきて、「ぐずぐずしていたら突入の時機を失しますよ」と突入を督促したという。こうして第五艦隊は二九日突入を期し、引き続きキスカ島へと向かい、午後五時補給隊を解列した。霧はますます深くなり突入行動には最適となった。第五艦隊司令部は判断の正しかったことに満足した。特に夜に入り深い霧となり、「多摩」に乗艦して気象業務に従事していた第五気象隊長石原英男中佐は、第五艦隊参謀長と抱き合って喜んだ。[*84]

Z日の七月二九日、この日は濃霧のためキスカ島に対する米軍の空襲はなく、哨戒艦艇も認めなか

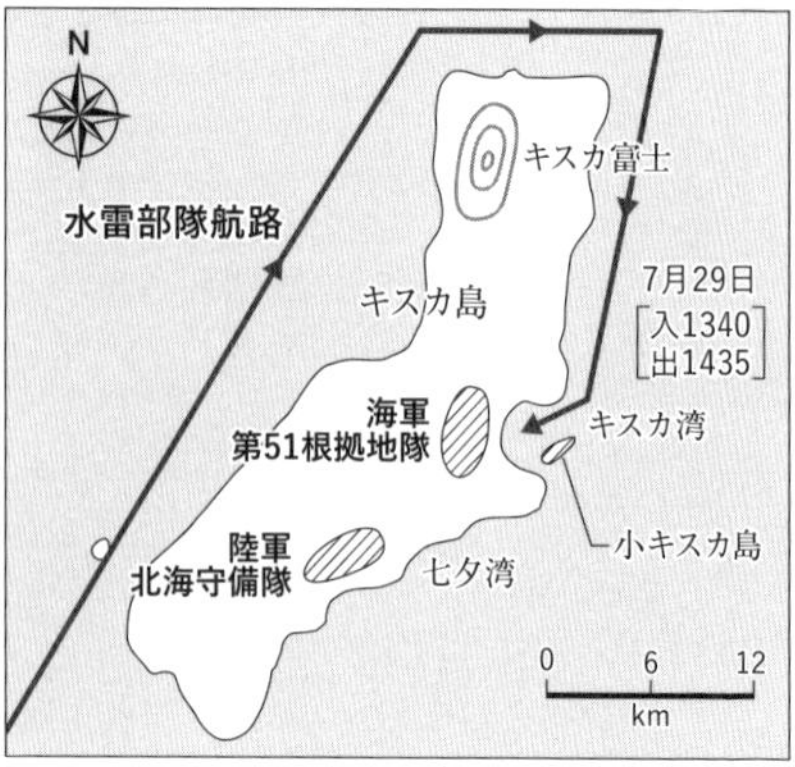

「ケ」号第二期作戦（第二次）水雷部隊行動要図

千早正隆『呪われた阿波丸』（文藝春秋新社、1961年）を参考に作成

った。行動海面は終日濃霧または霧雨、時に視界三〇〇メートル程度となることがあったが、概ね一五〇〇メートル内外で、突入には絶好の天候であった。午前一時一五分、第五艦隊司令長官は第一水雷戦隊司令官に「霧の状況行動に最適、天佑神助なり、鳴神進入時刻を繰上げ実施するを適当と認む」と信号してその決意を表明した。次いで第五艦隊参謀長は、「敵警戒の裏をかくため入港を成る可く繰上げるを有利と認めらる　為念」と加えた。これに対し第一水雷戦隊司令部は、第五艦隊司令長官の意図に基づき午後二時入港を期して午前五時速力を二〇ノットとし、木村第一水雷戦隊司令官は午前六時二五分、「一四三〇突入の予定、各員協同一致任務の達成を期せよ」と訓示した。第五一根拠地隊司令官も好機と認め「現在霧深く終日霧続く見込み、各基地とも敵機の出現極めて少なく好機なりと認む」と連絡した。[*85]

二九日、木村第一水雷戦隊司令官は、「先任参謀、今日は大丈夫いけるぞ、長官に具申してお訣れをしよう、『多摩』を離すのは早いほうがよい」と先任参謀に起案させ、[*86]午前七時、「多摩」艦上の河瀬第五艦隊司令長官に「本日の天佑我に在りと信ず、適宜反転され度」と信号発信、河瀬第五艦隊司令長官は、「鳴神港に進入任務を達成せよ、成功を祈る」と応答した。木村第一水雷戦隊司令官は、霧中航行の間一言も発せず、有近先任参謀と要談するのみで、軍刀をもち、沈黙を保っていた。[*87]第一水雷戦隊は、キスカ島守備隊の準備を考慮して、午後二時半頃入港を期し前進したが、午前八時五五分第五艦隊司令長官が「入港時刻を四時間繰上」と第五一根拠地隊に通報したので、午後一時三〇分入港するよう午前九時速力を二〇ノットとした。幸運にも午前一一時五分、一九三度方向にキスカ島最南端を視認し艦位を確認、概ね距岸一浬付近の接岸航路を採って午後一時四〇分無事キスカ港に入港した。[*88] 木村司令官は、この艦位確認を「入港可能ならしむる素因なり」[*89] とまさに天佑であると感謝した。

なお、午前一一時五〇分、第五一根拠地隊から「一一二五松ヶ崎の六七度二〇キロに艦艇の音源を聴く」との警告があり、同時に「島風」もキスカ港湾一四〇度方向に艦影を感知したため、会敵を予期していた「阿武隈」は、午後一時突然二〇〇度方向に艦影を発見、魚雷四本を発射した。しかし、この目標は小キスカ島の小島崎を誤認したものであった。[*90] 任務の困難性、あまりにも危険なことから木村第一水雷戦隊司令官は、「全部乗艦せしめ得ればあとは根拠地に到達し得ずとも『成功』と謂うべき程の困難なる作戦なり、況わんや艦の喪失に於いては相当多数を予期せり」[*91] と考えていた。

深い霧の中、このようなトラブルがあったもののキスカ港内は視界良好であった。二九日午後一時四〇分輸送艦隊はその威容をキスカ湾頭に現出し、キスカ港に入港した。[*92]「阿武隈」は、徐行しながら港内深く予定錨地に進出、艦橋からは海岸に集まる五三〇〇の将兵が見えた。旗、帽子を振っているもの、抱き合っているもの、笑顔さえ見えた。[*93] 峯木北海守備隊司令官は、堂々と入港した巡洋艦、駆逐艦の姿を浜辺から唇を結んで睨むが如く見つめていた。峯木司令官は、大発で次から次へと軍艦内に消えゆく部下の姿が終わりに近づいた頃、「残っている兵はおらんだろうな、病人は全部収容したか」と柳丘参謀に確認した。柳丘参謀は、「犬三匹は偽装のために残置しましたが、島には最早一人の兵も残しておりません」と報告するとようやく顔面の厳しさを解き、最後の大発で艦上の人となり、「あとは海軍さん任せだなー」と一言漏らした[*94]。また秋山第五一根拠地隊司令官も最後の便に乗船した。役目の終わった大発は、撤退の跡を残さないように、艇底に穴を開けて沈められた[*95]。木村第一水雷戦隊司令官は、艦橋からずっと状況を見守っていた[*96]。こうして各艦から「人員揚収終了」と報告があり、第二輸送隊（木曽、第九駆逐隊、響）は午後二時二五分、第一輸送隊（阿武隈、第一〇駆逐隊）は午後二時三五分出港、約一浬の接岸航路を採って漸次増速、午後四時には速力二八ノットとして帰投航路に入った。すると誰が言いだしたわけでもなく甲板上では帽子を脱いでアッツ島のある北の方向に向いて頭を垂れ、「無言の祈り」をはじめた[*97]。帰途は極めて順調に経過し、七月三一日及び八月一日全員北千島に上陸した[*98]。木村第一水雷戦隊司令官は、「斯くの如く完全に霧を利用し得たことは寔に天佑、有難し[*99]」と感謝した。撤収人員は海軍二五一八名、陸軍二六六九名、遺骨三〇柱と報告された[*100]。

この間、連合艦隊では偽電を発し、潜水艦をキスカ東方に散開させ、基地航空部隊は哨戒を強化してこの作戦に協力した[*101]。

天佑神助の作戦

この突入が成功した蔭には信じられないほどの偶然があった。それは七月二四日、米カタリナ型哨戒機がアッツ島の南西二〇〇浬に、七隻の船を電探で捉えたとの誤報からはじまった。その時第一水雷戦隊は、アッツ島から約五〇〇浬のところにあった。この報を得た米北太平洋部隊司令部は、封鎖部隊に対して警戒を命じ、キスカ湾口にあった二隻の哨戒艦は、封鎖部隊に合同するためにその哨区を離れた。七月二六日の夕刻には、戦艦二隻及び重巡五隻を含むロバート・C・ギッフェン提督麾下の米国封鎖部隊は日本部隊を捕捉するため、キスカ島の南南西約八〇浬の地点で待機していた。雲一つない空には月が輝いていた。午後一〇時（地方時間）過ぎ、封鎖部隊は電探で西方に目標を捉え、数分後これに対して戦艦、巡洋艦は砲撃を加え、駆逐艦は魚雷を発射した。約四〇分後、電探上の目標が消えたので砲撃を中止したが、約六〇〇発の弾丸を北太平洋の海中に撃ち込んだ。この目標は、一〇〇浬以上離れたアムチトカ島の反射だった。[*102]

弾薬と燃料を消耗した米国艦隊は補給のため翌々日、封鎖区域を離れてキスカ島南南東の補給地点に向かった。このためキスカ島の南西の海面は、二八日の夕刻から翌二九日にかけて封鎖が解かれることになったのである。第一水雷戦隊は、二八日夜に米艦隊が弾丸を撃ち込んだ戦場のあとを通過して、翌朝にキスカ島の南西端に達したのであった。第一水雷戦隊がキスカ湾に近づいたときも幸運に恵まれていた。二四日に敵の哨戒艦が湾口の哨区を離れたあとには別の二隻の駆逐艦が派遣されていたが、一隻は補給のため哨区を離れ、他の一隻はたまたまキスカ島の北方にいたのである。[*103]これ以上のタイミングはなかったのである。後にこの状況を知った木村第一水雷戦隊司令官は、「二六日敵は味方射ちをなし、二九日は濃霧中哨戒艦艇を撤し居たるものの如し、以上に凡て天佑に非ずして何ぞや」[*104]と自らの幸運にあらためて感謝した。

米キスカ島攻略部隊は、八月一五日正午過ぎ、無人のキスカ島に上陸した。この上陸で、過失により死者二五名、傷者三一名、また、八月一〇日、駆逐艦アブナー・リードは漂流した日本の機雷に触雷し、死者または行方不明七〇名、不詳四名を生じている。[*105]

八月一日午前五時三〇分、第五艦隊司令長官は、「……本作戦が濃霧のため敵機の活動全く封殺せられ敵艦隊の哨戒また不備なる好機に乗じ得たるは全く天佑神助によるものにして感慨の他なし」と「ケ」号作戦概報を発した。*106

第三部　現地指揮官の決断で行われた撤退

第八章　沖縄戦、第三二軍の南部島尻への撤退

――作戦第一主義がもたらした決断――

第三二軍による沖縄防衛と米第一〇軍の上陸

昭和一九（一九四四）年一二月、フィリピンを占領した米軍が日本を降伏させるため、次に選んだ目標が沖縄であった。フィリピンにおける決戦（捷号作戦）指導に苦慮していた大本営は、沖縄で決戦を強いて講和に持ち込もうという海軍を中心とする意見と、本土決戦の前進陣地として少しでも時間の猶予を得ようという陸軍を中心とする意見が両立していた。しかし、沖縄を東シナ海周辺における機略ある航空作戦の拠点にしたいという考えは一致していた。そのため、大本営は、台湾の第一〇方面軍に「来攻する敵を撃破して台湾及南西諸島を確保し帝国本土を中核とする要域に於ける全般作戦の遂行を容易ならしむべし」（大陸命第一二四二号　昭和二〇年二月二日）と命じ、これに基づき第一〇方面軍は、「南西諸島を確保し、特に敵の航空基地の推進を破砕するとともに、東シナ海周辺における航空作戦遂行の拠点を確保」（台作命甲第二一五号　昭和二〇年二月一七日）という任務を

陸軍中将牛島満が指揮する第三二軍に付与した。[*1]

当時、第三二軍は、沖縄本島において第二四師団、第六二師団、独立混成第四四旅団を基幹とする約一〇万名の部隊であり、沖縄本島南部島尻地区を占領し、同地区の主防御陣地帯沿岸においては敵の上陸を破砕し、北方主陣地帯陸正面においては戦略持久を策するという基本方針で防御していた。[*2]

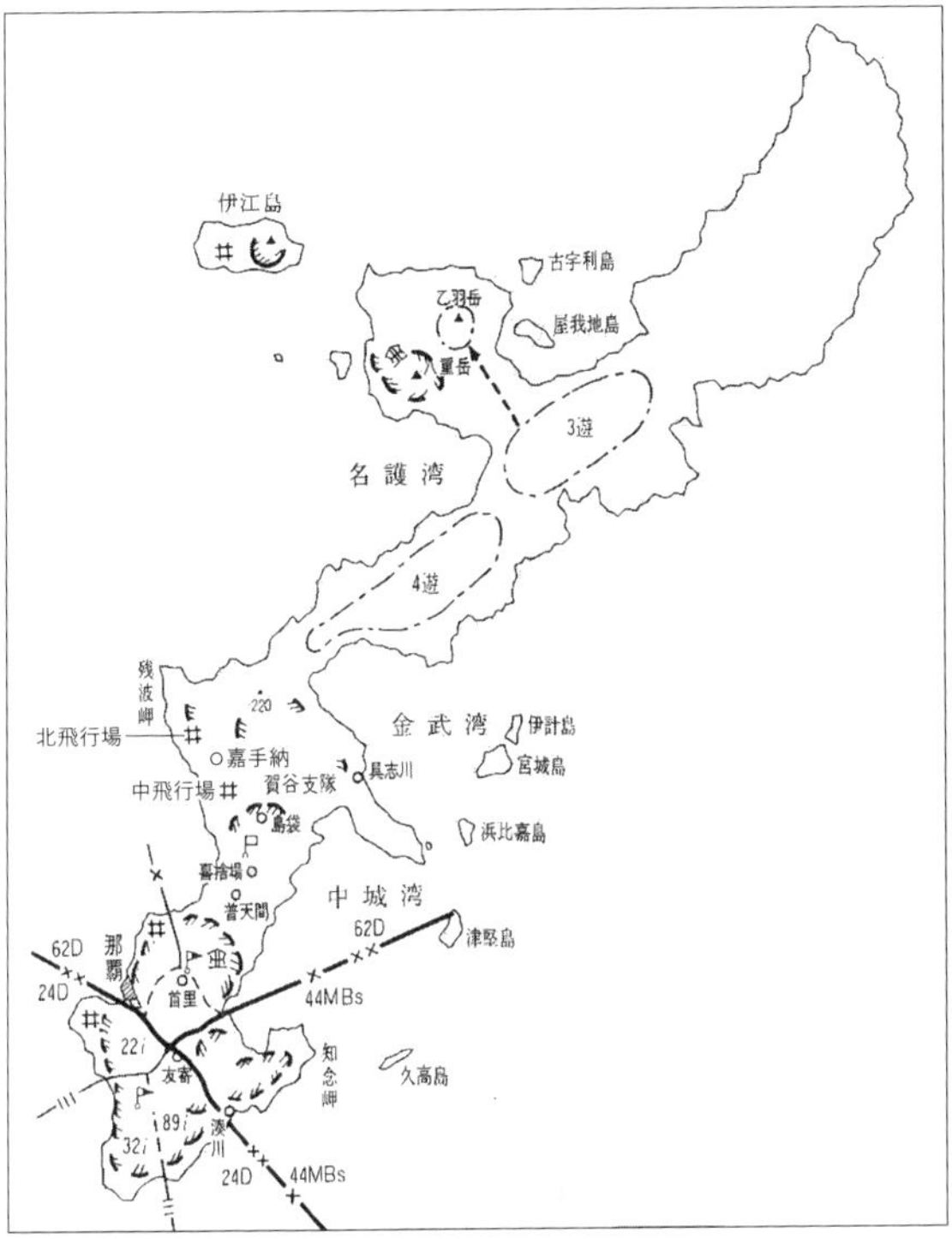

3月末の沖縄本島配備要図
出典：防衛庁防衛研修所戦史室『戦史叢書　沖縄方面陸軍作戦』（朝雲新聞社、1968年）

昭和二〇年四月一日、サイモン・B・バックナー中将率いる二個軍団と三個師団の計七個師団からなる約一八万三〇〇〇名の米第一〇軍は、[*3]第三二軍が戦略持久を基本方針とした北正面の嘉手納《かでな》海岸一帯から上陸した。米第一〇軍の上陸は、予想した日本軍の抵抗もほとんどなく、四月三日には東海岸に到達し、本島を南北に分断した。第一〇軍は強大な橋頭堡を確立し、第三海兵軍団の一個海兵師団

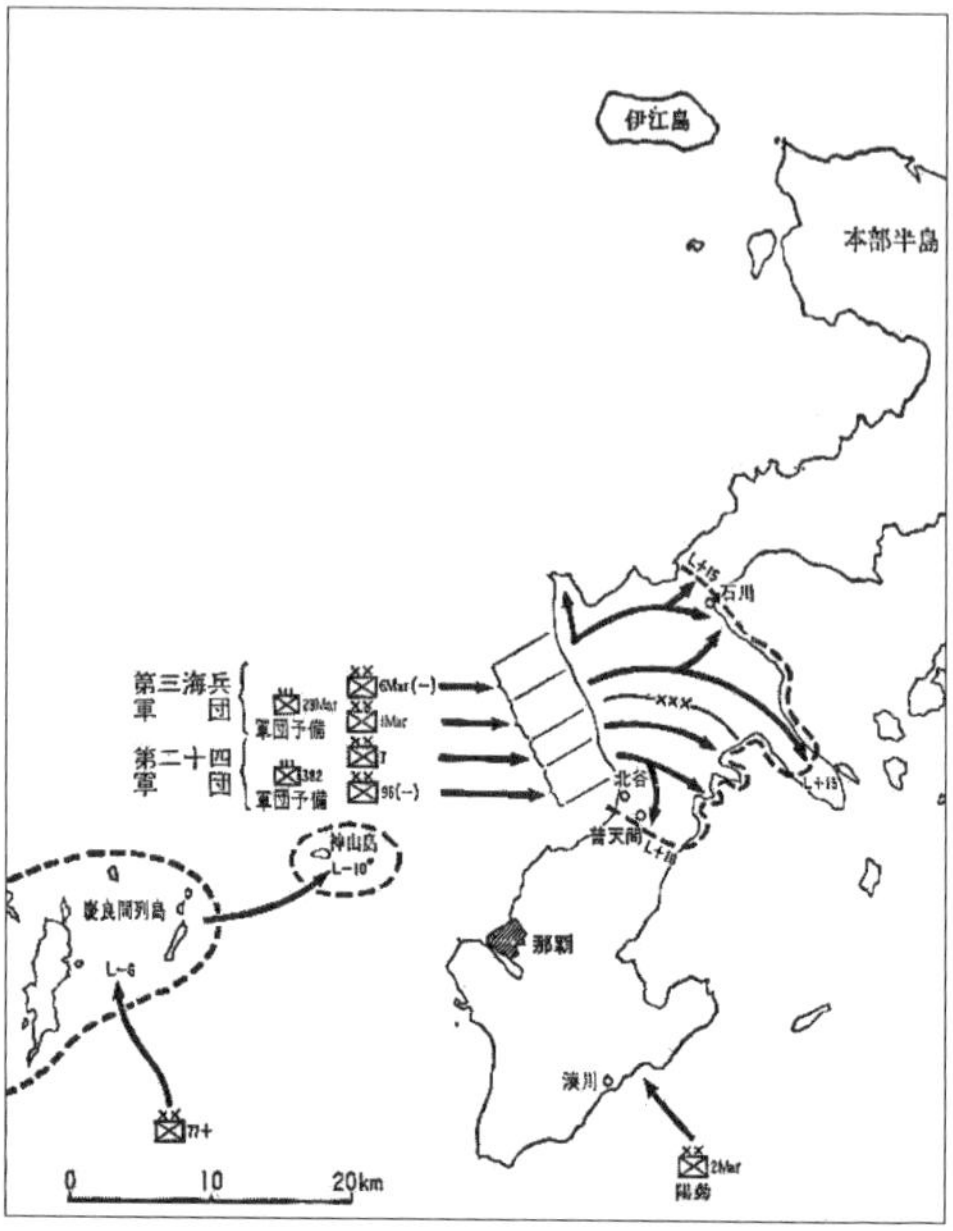

米軍沖縄攻略計画

出典：防衛庁防衛研修所戦史室『戦史叢書　沖縄方面陸軍作戦』（朝雲新聞社、1968年）

をもって北の国頭地区に、陸軍部隊第二四軍団の二個師団、第七、第九六師団を南に進撃させた。

この時のバックナー中将の最大の関心は、第三二軍の主陣地はどこかということであり、牛島中将の最大の関心は、嘉手納に上陸した米軍は沖縄に上陸進攻する米軍の主力かどうかということであった。つまり、日米双方の現地部隊最高指揮官は、それぞれの主力がどこにいるのかという情報を求めて戦況を追っていた。

嘉手納から南進する米軍に対する第三二軍の主陣地は、首里北方、南上原～我如古《がねこ》～牧港《まちなと》を結ぶ線を第一線としており、ここで米軍の進攻を待ち受けていた。しかし、米軍の航空基地推進阻止を任務として与えられている第三二軍の主陣地の前方には、自ら放棄した北飛行場、中飛行場が存在し、両飛行場の確保を放棄していた第三二軍は、ほぼ無抵抗のまま米軍に占領させた。これを良く思わない大本営、台湾の第一〇方面軍は、頻りに第三二軍に両飛行場の奪回を要求する。第三二軍司令部では、大本営に従うのか、自らの方針に沿って戦略持久を継続するのか二つの意見が対立するのである。牛島軍司令官は、最終的に飛行場奪回の決心をするが、攻撃直前に米軍の船団が湊川及び浦添海上に現れたため、これを中止する。攻勢に出た途端に、米軍の新たな部隊が南部地域に上陸し、背後を突かれることを恐れたのである。つまり、軍司令官としては、北から進攻してくる米軍を撃破すれば勝利となるのか、それとも勝利するために撃破すべき部隊は海上にあるのか、どこに第三二軍の戦力を集中すべきか迷っていたのである。

四月五日、米第七、第九六師団は、前進部隊であった賀谷支隊（独立歩兵第一二大隊）追撃の余勢を駆って、第三二軍の主陣地（南上原～我如古～牧港）[*4]にそのまま接触した。このため、四月一三日から一七日の間、米軍はそれぞれの正面で調整して第六二師団の第一線陣地を攻撃したが、米軍の攻撃はあらゆる地域で頓挫した。これを突破するため、四月中旬、バックナー中将は、新鋭の第二七師団を戦線に投入して、第九六師団の西翼に配置した。こうして米軍は、四月一九日、東から第七、第九六、第二七師団と三個師団を並列、周到な攻撃準備射撃のもと、与那原《よなばる》—那覇の地域を軍団の攻撃目標として攻撃した。

米軍には未だ南部上陸案が浮上していたが、バックナー中将はこれを却下、米軍の主力を現攻撃方向に決定した。四月二〇日には、第三二軍の北部第六二師団の嘉数《かかず》陣地は崩壊の危機に陥り、また、南部方面からの新上陸も懸念される状況にあり、牛島軍司令官は重大な決心を迫られた。つまり、防御の重点を形成するため無傷の第二四師団を主とする軍主力を北方北正面に投入するか否かである。四月二二日、遂に牛島軍司令官は、軍参謀長長勇中将の明快な意見具申により軍主力の北部戦線投入を決心し、第六二師団の陣地線の東側

牛島満中将

半分を第二四師団に占領させ、戦略持久を続行するに決した。[*5]

当時、戦線は嘉数高地の攻防戦が焦点となっており、ここで米第一〇軍主力と第三二軍主力が真正面からぶつかることとなった。しかし、米軍の攻撃は凄まじく、牛島軍司令官は、四月二三日、戦線を後退させ次の要線で防御させるべく、第二四師団に幸地以東地区の防衛を、第六二師団に前田高地以西の防衛を担任するよう命じた。

首里の複郭陣地と主力の攻勢

第三二軍司令部は、首里城跡に地下洞窟司令部を構築し、作戦開始頃には軍首脳部（軍司令官、参謀長、幕僚部、管理部など）が入った。首里軍司令部の壕は、延べ二キロに及ぶ長大なものであり、一トン爆弾や戦艦の主砲弾に直撃されても十分な耐久性があった。壕生活について、当時の第三二軍航空主任参謀神直道少佐は、「健康なものでも一〇日くらい壕生活をすると白便をするようになった」という過酷なものだった。[*6] 事実、首里の第三二軍司令部壕では、新鮮な空気が不足し、湿度は一〇〇%に近く、悪臭が漂っていたので、体がだるく、思考力さえも鈍り勝ちであった。このような蒸されるような生活の連続は、思考力を弱め、日一日と悲観的な空気も漂いはじめていたといわれる。[*7]

第三二軍司令部のある首里高地帯は、沖縄中南部地区のほぼ中心に位置する標高一四〇〜一五〇メートルの丘陵地帯であり、これを防御するための高地帯として、北に前田、仲間、幸地、西には天久台、東に運玉森《うんたまむい》がある。もし、米軍が前田、仲間、幸地一帯を保持した場合は、火力支援基盤を確立するなど首里高地を直接攻撃する足掛かりとなり、天久台、運玉森を確保した場合は、首里高地及び

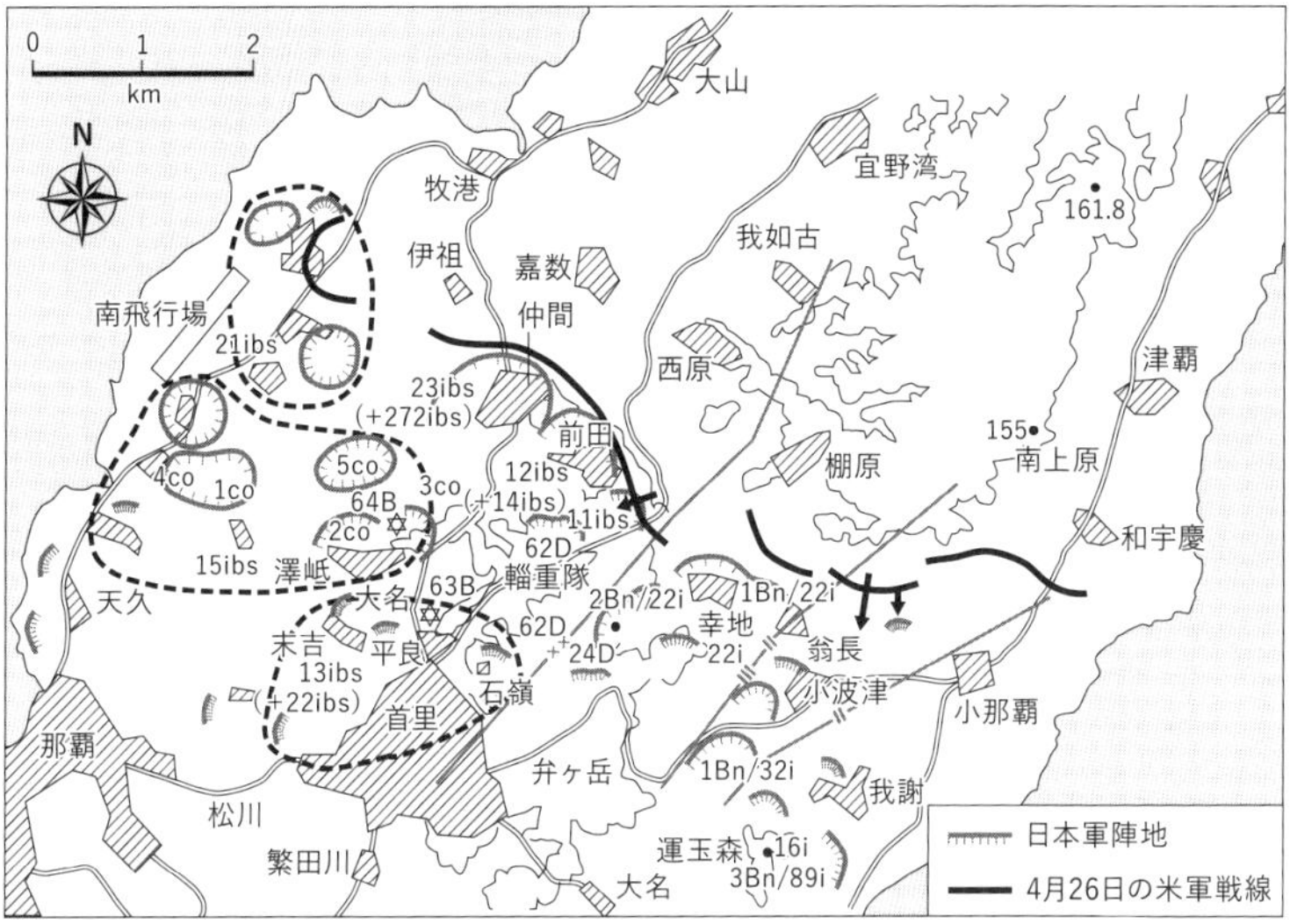

4 月26日頃の戦況図

防衛庁防衛研修所戦史室『戦史叢書　沖縄方面陸軍作戦』（朝雲新聞社、1968年）を参考に作成

その後方地域を見下ろし、同高地を包囲する態勢を確保することができる。よってなんとしてもまず第三二軍としては、前田、仲間、幸地一帯を確保しなければならなかった。

第三二軍主力の北方正面転用は、四月二七日～二八日頃概ね予定通り終了したが、力戦敢闘にもかかわらず、一日平均一〇〇メートル内外の陣地が米軍に蚕食されていた。第三二軍は、過去一ヶ月間の戦闘において米軍に相当の損害を与えたものの、陣地も相当の縦深にわたって突破され、この間、第六二師団の戦力が二分の一に減少するなど、軍の前途に関する第三二軍首脳部の憂愁は非常に深刻なものがあった。ここにおいて光明は、軍主力の第二四師団、独立混成第四四旅団、軍砲兵がまだほとんど無傷であったことであった。長参謀長は、一ヶ月の組織的戦闘を継続し、しかもなお主力を保有しているような戦例はどこにもないではないかと自ら豪語していた。[*8]

天長の佳節四月二九日、長参謀長は、各参謀を参集し、「今後の戦況の見通しと軍の攻勢」について幕僚会議を開いた。彼我の損耗はともに大きい、現態勢では組織的抵抗は五月一五日には終わるという前提のもと、長参謀長は、「攻撃戦力を保有している時期に攻勢を取り、運命の打開を策すべきである」との意見を提案した。各参謀は熱烈にこれを支持したが、高級参謀八原博道大佐唯一人が従来の戦略持久の作戦方針を堅持すべきと主張し、攻勢案に強く反対した。長参謀長は八原高級参謀に攻勢に賛成すべきことを熱烈に説得し、遂に同意させ、攻勢案が採択された。牛島軍司令官は、四月二九日攻勢を決心した。[*9]この際、軍司令官は、攻勢に反対する八原高級参謀に対し「俺も軍刀をもって敵に飛び込んでいく覚悟でいる」とその覚悟を示した。[*10]その構想は、「五月四日黎明、右正面から攻勢に転じ、昼夜連続北方に対し攻撃を続行し、普天間東西の線以南の米第二四軍団主力を捕捉撃滅する」[*11]というものであった。つまり、第六二師団が前田、仲間を確保している間に、これを攻勢の支とう（拠り所）として、第二四師団、独立混成第四四旅団をもって軍砲兵の支援下に右翼方面から攻勢を決行しようとするものであった。

五月四日午前二時頃から航空部隊による北、中飛行場及び艦艇の攻撃が始まり、午前四時五〇分からは猛烈な攻撃準備射撃のもと第一線は攻撃を開始した。軍の期待を担った攻撃は、損害が刻々と増加するのみで、一部、第二四師団第三二連隊の伊東大隊が棚原まで進出したが、全体としては遅々として進展しなかった。このため、軍司令官は、新たに独立混成第四四旅団を投入して攻勢を継続するべきか、攻勢を中止すべきか重大な決心の岐路に立たされていた。

牛島軍司令官は、八原高級参謀を呼び、「予は攻撃中止に決した。濫りに玉砕することは予の本意ではない。予が命を受けて、東京を出発するに当たり、陸軍大臣、参謀総長は軽々に玉砕してはならぬと申された。軍の主戦力は消耗してしまったが、なお残存する兵力と足腰の立つ島民とをもって、最後の一人まで、そして沖縄の島の南の涯、尺寸の土地の存する限り、戦いを続ける覚悟である。今後は、一切を貴官に任せる。予の方針に従い、思う存分自由にやってくれ」と伝えた。軍司令官は一切を八原高級参謀に委せると断言したのである。長参謀長はこの一部始終を側で聞いていた。[*12]この瞬間から第三二軍は八原高級参謀の考え方に従うこととなるのである。攻勢の失敗により、第三二軍の戦力は急激に低下し、その上、全軍の士気の停滞はおおうべくもなかった。牛島軍司令官は、五日午後六時攻撃を中止して戦略持久に転移することに決し、各部隊にもとの陣地に復帰することを命じた。攻勢中止時、第三二軍に残った戦力は、第六二師団は四分の一、第二四師団は五分の三、独立混成第四四旅団は五分の四、軍砲兵隊は二分の一、弾薬三基数（激戦下三日分程度）と見積もられる状態であった。[*13]

五月六日には、前田高地帯は米軍に占領され、逐次、戦線は南に移動した。軍は、攻勢失敗後の持久作戦において、首里を中心とする円形複郭的な態勢とするか、概ね現態勢を保持して防御戦闘を継続するかについて研究した。結果、首里を中心とする複郭陣地は持久困難であるばかりではなく、米軍に行動の自由を与え、米軍の継戦意志の破砕は期待し得ないとの結論に達し、「首里を包含し、両翼を東西両海岸に依託する現陣地に拠り、米軍に出血を強要しつつ、あくまで持久し、長期にわたる航空作戦の成果と相俟って米軍に継戦を断念させる」ということが軍の方針として五月六日頃決定された。この際、軍は今後の戦況の見通しとして、「現戦線による軍の組織的戦闘は今後二週間は確実なり」と判断し、この間に我が航空攻撃により米軍艦船に痛撃を加え、米軍の継戦意志を断念させるを要すとの判決を得た。[14]

翌七日、牛島軍司令官は、第三二軍の全将兵が歩兵となって敢闘したならば、二週間は組織的戦闘を継続できるので、その間に、国軍航空の主戦力をもって、洋上の米艦船を撃破することが必要である旨を、第一〇方面軍司令官、参謀総長、連合艦隊司令長官に意見具申を行った。そして最後に、「皇国の前途を深く省察し、敢て具申する次第なり」と念を押した。[15]

五月一六日になると、第三二軍は、「現戦線の保持逐次至難となり将に組織的戦略持久は終焉せんとす」として、武器なき戦闘員への武器の輸送、数個大隊の増援、全航空戦力による米艦船の撃破を第一〇方面軍及び大本営陸軍部に要請した。断末魔とも言えるこの要請に対し、大本営陸軍部の第一部長宮崎周一中将は、各種検討の結果、「兵力増援はしない、義号作戦だけは決行し、これを中心として沖縄周辺の艦船に大規模な航空作戦を実施する」と答えた。[16] 義号作戦とは、陸軍大尉奥山道郎指揮する義烈空挺隊による沖縄飛行場への攻撃である。五月二四日夜、義号作戦部隊搭乗の九七式重爆撃機一二機が熊本飛行場を離陸、午後一〇時過ぎ、北・中飛行場に八機が着陸成功と報告されたが、一時北飛行場の使用を制限する程度に終わってしまった。また、期待された義号作戦に関連する航空機による沖縄周辺の艦船攻撃は、海軍が同時期、九州爆撃を実施した米機動部隊を発見し、これに向けたため、沖縄周辺の艦船には向けられなかった。事実、この義号作戦が、大本営の第三二軍に対する最後の増援であった。

首里の西側、米軍がシュガーローフと呼ぶ安里五二高地では、米第六海兵師団に二六六二名の死傷と一二八九名の戦闘疲労症を出したものの五月一八日には占領され、松川一帯で阻止していた。五月二〇日になると米軍は、首里正面からはもちろん、東西から両翼を包囲するかのように逐次首里に迫ってきた。首里北側においては、大名、末吉、石嶺は確保していたが、一五〇高地の陣地は破壊され、やむなく放棄された。首里東側の運玉森においては、運玉森南側で激戦が行われ、南東斜面は米軍に占領された。米軍の五月攻勢の企図は、首里陣地の両翼包囲で、東翼の突進が成功するか否かは、運玉森の占領が鍵であった。ところが二二日未明、米軍は、第三二軍の包囲を促進するために新たに運玉森と東海岸の狭い正面で第七師団を投入、一気に運玉森東側を突破、午前六時頃、与那原南側雨乞森高地を占領した。

軍首脳部は、五月二一日、軍の組織的防御力は今や破断界に達しつつありと判断した。左翼那覇方面においては、与儀、国場、識名の縦深陣地により阻止し得るが、右翼方面においては、運玉森を攻略されると一挙に首里南方の津嘉山付近に殺到され、全陣地の組織は崩れると憂慮した。[*17]この頃までの軍首脳部の漠然とした考えでは、首里において玉砕することになっていたが、最終段階における計画など全く準備していなかった。しかし、八原高級参謀は、彼我一般の情勢より判断して、喜屋《きやん》武半島地区に後退し、新しい陣地に拠り、最後の抵抗を試みるのが軍の根本目的に照らし妥当であるとの印象を強めつつあった。[*18]八原高級参謀は、長参謀長に、①首里を中心とする複郭陣地に拠って最後の戦闘を実施するか、首里戦線を放棄し、残存兵力に適応し、地形堅固な②知念半島、若しくは③喜屋武半島の地域に後退してあらたに防御陣地を形成し持久作戦を実施するかを提示し、各兵団参謀長を召致して意見を聞いた上で決定することを促した。[*19]

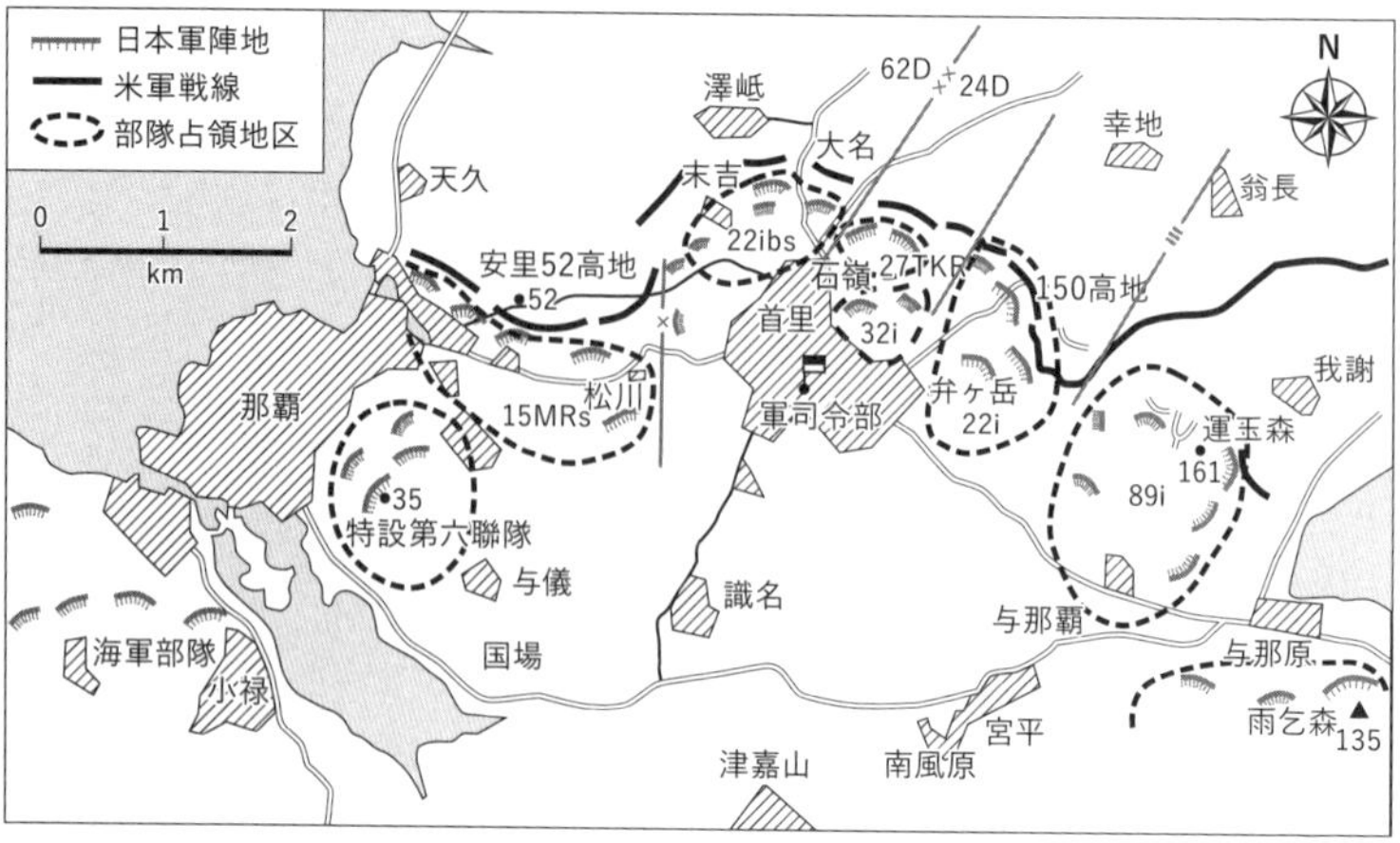

5月19日頃の戦況図
防衛庁防衛研修所戦史室『戦史叢書　沖縄方面陸軍作戦』（朝雲新聞社、1968年）を参考に作成

八原高級参謀は、軍司令官、長参謀長の了解を得て、第六二師団、第二四師団、独立混成第四四旅団、軍砲兵隊の参謀長等を召致し、自ら主宰して意見を確認した。第六二師団参謀長は首里複郭陣地案を支持、第二四師団参謀長、軍砲兵隊高級部員は喜屋武地区における防御案、独立混成第四四旅団参謀は知念地区防御案であった。海軍には別に意見はなかったが、各兵団、それぞれ自己の旧陣地に拠るよう主張していた。八原高級参謀は、会同の結果を報告し、心に秘めていた自身の案、喜屋武半島後退案が軍の作戦目的にかない最良であると報告した。当初首里複郭陣地案を押していた長参謀長も八原高級参謀に同意した。壕内では声が筒抜けなので、牛島軍司令官にはすべて聞こえており、八原高級参謀が「軍の最後の陣地は、喜屋武案でなければならぬ」と結んだとき、牛島軍司令官のあてどのない表情が、急に動いて嬉しそうな顔つきに一変したという[*20]。

こうして牛島軍司令官は、五月二二日夕、喜屋武半島に後退することを決心、第一線の後退は五月二九日頃と予定し、傷者及び軍需品の後送を直ちに開始するよう命令した。[*21] 作戦の当初には全く予想していなかった、また全く準備していない地域で防御することを決定したのだ。歴史的、運命の決断の時であった。この首里一帯には、師団、旅団、砲兵隊などの戦闘部隊のほかに津嘉山一帯の兵站部隊、南風原には戦傷病者約一万と見込まれた沖縄陸軍病院、各師団の野戦病院などがあった。撤退の際、収容不能となった多くの重傷患者は、手榴弾、爆薬、あるいは薬品で自決することになるのである。[*22]

喜屋武半島への後退と第三二軍の最後

第三二軍は、「残存兵力をもって玻名城《はなしろ》、八重瀬岳、与座岳、国吉、真栄里《まえざと》の線以南喜屋武半島地区を占領し、努めて多くの敵兵力を牽制抑留するとともに、出血を強要し、もって国軍全般作戦に最後の寄与をする」という方針の下に、第一線兵力の撤退時期を五月二九日とした。[*23] この件は、五月二六日、大本営その他に報告された。[*24]

一方、大本営では、沖縄の航空作戦を担っていた連合艦隊の指揮下にあった陸軍第六航空軍を五月二六日の大命をもって、航空総軍司令官の指揮下に復帰させた。大本営は、航空総軍司令官に対し、南西諸島の今後の作戦の目的は、「敵に最大の損失を与え、敵爾後の企図を阻止する」と命じた。これは陸軍にとって重点は本土決戦に移行したことを意味した。[*25]

第三二軍司令官は、五月二七日首里から津嘉山に移動して戦闘司令部を開設し、その他の大部分のものは直路摩文仁《まぶに》に向かった（軍司令官の摩文仁への移動は二九日）。東正面では、運玉森の一角を保持し、与那覇西方地域で何とか米軍の西進を阻止していた。五月二八日には、第六二師団の攻撃が意のように進まないので、予期の通り二九日夜を期して喜屋武半島に後退することを下令した[*26]。首里戦線の崩壊にともなう県民の南部への避難行動は混乱と悲惨をきわめ、戦場地域には、避難困難となった県民など非戦闘員約三〇万人がいた[*27]。

軍は、五月二二日、首里周辺の非戦闘員に戦場外になると予想される知念方面への避難を指示し、隷下各部隊、警察機関、鉄血義勇隊の宣伝班、さらに壕内隣組等を経て伝達させたが、十分に徹底しなかった。一方、米軍は、一般住民が知念半島に避難するのをさえぎるように島尻東側方向から南進したため、島尻南部地区は、後退する軍及び住民が各所に混在し、間断なき砲爆撃にさらされ、多大の死傷者を生じた[*28]。

一方、小禄に陣地を占領していた海軍部隊の撤退は、六月二日以降と予定し、軍から命令を出すことになっていた。しかし、海軍部隊は命令(電報)を誤解し、五月二六日から南部への移動を開始し、沖縄方面根拠地隊司令部も真栄平に移転した。これを知った軍司令部は、二八日、海軍部隊主力の小禄地区への再復帰を命令した。沖縄方面根拠地隊司令官大田実少将は、命令を誤解していたことを知り、海軍の名誉にも関することから、二八日夜直ちに小禄の旧陣地に復帰した。爾後、海軍部隊は、米軍に包囲され、再び撤退できず、六月一一日夜に組織的戦闘を終了する。大田沖縄方面根拠地隊司令官は、一三日午前一時司令部壕内で自決した[*29]。

米軍が日本軍の島尻南部への撤退企図を確定的に察知したのは五月三一日であった。当時は、天候不良であり、察知後の追撃行動も緩慢であった。米軍は、五月二六日以降、兵員、砲兵と機甲部隊の南進を確認したが、当時は混乱しており、単なる戦線の兵員交代と判断した。五月二八日となり、海兵隊斥候が、日本軍が首里の陣地から撤退していることを確認したため、バックナー中将は、日本軍

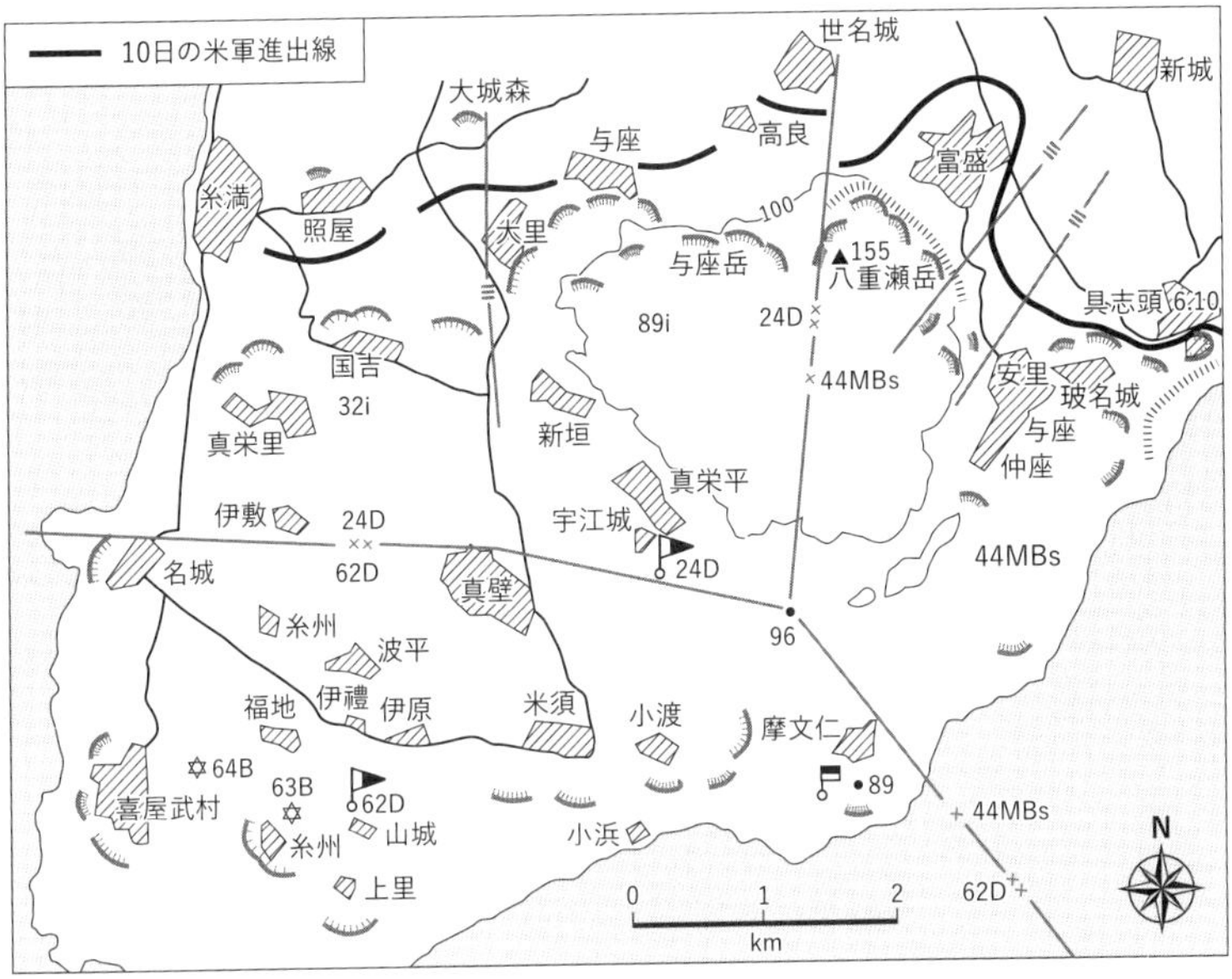

６月10日頃の戦況図

防衛庁防衛研修所戦史室『戦史叢書　沖縄方面陸軍作戦』（朝雲新聞社、1968年）を参考に作成

が南に後退を企図していることを認識した。五月三〇日、第一〇軍情報幕僚が、日本軍主力は首里戦線と別のところにおり所在不明であることを報告したため、バックナー中将は、三一日に、「牛島将軍はすでに首里撤退の決定を行った。我々は二日遅すぎた」と述べた。[*30]

首里陣地から島尻南部への撤退作戦は、概ね順調に進み、六月五日頃に各兵団は軍の計画した陣地配備に逐次つくことができた。第三二軍司令部においては、首里撤退時の兵力約五万、退却中の損耗約二万とみて、新陣地で掌握した兵力は約三万と判定した。しかし、その実質的戦力は、きわめて低下していた。第三二軍の主戦力であった第二四師団、第六二師団、独立混成第四四旅団の戦闘員は、当初の二〇％内外に過ぎないと判断され、現編成人員の大部分は、未訓練の後方部隊からの補充及び防衛召集者であった。これらの兵員の小銃の保有は人員の三分の一、あるいは四分の一ほどしかなかった。[*31]

与座岳、八重瀬岳を拠点とした新陣地も、米軍の強力な攻撃によって特に東側から逐次後退せざるを得なかった。六月一八日には、遂に八重瀬岳を放棄しなければならなくなった。軍司令部のある摩文仁までわずか二キロほどであった。牛島軍司令官は、訣別電を参謀次長及び第一〇方面軍司令官に送った。一九日には、米軍は摩文仁の東方数百メートルに迫り、戦車は摩文仁の八九高地を射撃するようになった。牛島軍司令官はいよいよ最後と認識し、「生存者中の上級者之を指揮し最後まで悠久の大義に生くべし」旨の軍命令を下達した。[*32]

六月二一日になると米軍戦車は摩文仁高地まで進出した。第三二軍司令部は、各司令部ごとに玉砕することに決し、これを各兵団に連絡した。この日、陸軍大臣、参謀総長から第三二軍司令官宛に訣別電報が到着し、この電報で第三二軍司令部では、米第一〇軍司令官バックナー中将が、六月一七日戦死したことが伝えられた。司令部では驚愕すべきビッグニュースと無情の優越感に浸ったが、牛島軍司令官は嬉しむことなく敵将の死を悼むかの如くであった。[*33] 二三日黎明(二二日の説もある)、牛島軍司令官と長参謀長は自決し、第三二軍の組織的な戦闘は終了した。

軍民の混淆

牛島第三二軍司令官が撤退を決心した五月二二日から撤退をした六月以降、島尻南部地域は軍民の混淆による損害が拡大した。島尻各地から首里付近に部隊が集結すると、兵隊の待避壕が不足した。

軍紀がみだれた中で、軍のなかには住民の壕に目をつけ、住民を追い出す者もいた。南部への避難指示もあり住民は南部に向かい避難するしかなく、砲弾が雨霰と降る戦場で「安全地帯」を求めて右往左往し、ガマや家畜小屋、岩や樹木の下、溝などに隠れた。[*34]

三ヶ月以上にわたる沖縄戦の損耗は、戦没者、日本軍軍人（軍属含む）九万四一三六人、沖縄県民九万四〇〇〇人、米軍一万二五二〇人とされている（沖縄県援護課史料）。さて、この中で第三二軍の計画になかった五月下旬（二六日）以降、六月末頃（三〇日）まで喜屋武半島地区に後退した結果失った人員はどのくらいだろう。日本軍戦没者約五万八〇〇〇人、沖縄県民戦没者数（六月のみ）約四万七〇〇〇人、米軍戦死傷者約一万四七〇〇人といわれる。[*35] 特に第三二軍の六月上旬の一日当たりの平均死傷者は一〇〇〇人、六月一九日には二〇〇〇人近くに跳ね上がり、翌二〇日は三〇〇〇人、二一日には四〇〇〇人以上に達したという。[*36] こうして六月の沖縄戦全体での損耗の比率をみると、日本軍戦没者約六二％、沖縄県民戦没者約五〇％、米軍戦死傷者約三七％である。つまり、三ヶ月以上にわたる沖縄戦のなかで、撤退以降約一ヶ月間の戦没者（戦傷者）は、日本側は全体の五〇％以上を占めているのに対して、米軍には全体の三〇％程度しか出血を与えていないのである。特に一般沖縄県民の場合、全戦没者の約半数がこの時期、喜屋武半島で亡くなっている。

一方、米軍を喜屋武半島に約一ヶ月間拘束した結果、本土の決戦準備はどのくらい進展したのだろうか。南部島尻への撤退を決断した翌日の五月二三日には、第三次兵備として、本土決戦に備え、新たに一九個師団及び一五個旅団を新設した。一方、六月七日には、軍令部総長が天号作戦（沖縄方面航空作戦）の上奏において沖縄地上戦の組織的作戦は六月中旬以降期待できない旨を述べた。また、翌八日には、御前会議で「今後採るべき戦争指導の基本大綱」が決定され、六月一七日には、千葉県九十九里一帯を防衛する第五二軍の防御配備が決定されるなど、本土決戦態勢が逐次整っていた。しかし、牛島軍司令官、長参謀長が自決したとされる六月二二日には、天皇が、戦争指導会議構成要員（首相、陸海外相、陸海両統帥部長）を召集、終戦方策推進方に関し指示するなど終戦にも進み始めたのである。

もし、牛島第三二軍司令官が撤退を決心せず首里にとどまり、最後の抵抗、もしくは降伏していたならば、沖縄戦における戦没者数は、五月までの数字で終わっていたかもしれない。

日本がはじめて経験した、大規模な国土防衛戦において、膨大な人命を失ったこの撤退に、大東亜戦争の結末を知り、さらには沖縄の歴史問題を抱える現代の我々はどのような意味をみつければいいのだろうか。決断する最高指導者は、作戦のみではなく深い教養と洞察力、将来に対する創造力、歴史観も持ち合わせる必要もあるのだろう。

第九章　ノモンハン事件における、第二三師団捜索隊の無断撤退

――自決に追い込まれた第二三師団捜索隊長――

井置栄一と小松原道太郎

第二三師団長小松原道太郎中将の日記、昭和一四（一九三九）年九月一三日の項には[*1]、「陸刑四三条　司令官軍隊を率い故なく守地若しくは配置の地を離れたるとき敵前なるときは死刑に処す、本則を知らずして軽易に軍隊を進退するものあり」、「井置部隊長は八月二四日無断にて『フイ』高地を部隊を率いて撤退せり、……火砲、重火器破壊せられ弾薬欠乏、守地を守るに戦力なきを理由とするならんも、之は理由となすに足らず、要するに将校が陸刑を知らず、或いは軽視し守地を離れることを軽く考えあるに源因す」とある。作戦を立案した第二三師団長小松原道太郎からみれば、理由はいかにせよ、第二三師団捜索隊長井置栄一中佐が命令によらず守地を離れたことが問題なのであった。

井置捜索隊長が第二三師団捜索隊長に補職されたのは、昭和一四年五月下旬、第二三師団捜索隊がハルハ河付近においてソ蒙軍と交戦の末、前捜索隊長東八百蔵中佐が戦死した後、六月下旬（発令六

井置栄一中佐

月五日）のことである。[*2] 井置捜索隊長は、大正五（一九一六）年士官学校を卒業（二八期）し、盛岡の騎兵第二四連隊付となった。井置捜索隊長は、東北人の素朴さを愛し、恵まれぬ立場の兵隊たちをよく救済した。また、自分の教養の偏狭さから他方面の知識を学ぶために、読書を好んだ。[*3] その範囲は、軍事図書はもちろんのこと、政治・経済・思想・哲学・自然科学・法律・心理・倫理・宗教あらゆる分野に及んだ。[*4] 昭和一三年七月からは騎兵第二連隊留守隊長として仙台に赴任した。井置留守隊長は、兵隊と直接接する立場ではなかったが、部下将校と同じく兵隊に接した。ある日には、仕事が終わると官舎の座敷の中央に新兵と井置留守隊長が座り、家族はその周囲に座って和気藹々の晩餐をともにした。兵士の帰隊に際しては十分な心付けをして送った。[*5] ノモンハンに赴任した八月六日付の井置捜索隊長の家族宛の手紙には、「沢山の部下を犠牲にした。その遺族の方々に対して何とも申し訳ない。この幾多貴き英霊のことを思うと益々責任の重且大なるを痛感する」[*6] とあり、兵士とその家族にも十分思いをはせていた。井置捜索隊長は、そんな人の気持ちを思いやる将校であったが、一方で性剛直とも捉えられており、上司に対してはどちらかというとツッパル人、[*7] つまり、理論家で弁舌が立ち、自分の意見を遠慮せずに主張、[*8] 理屈にそぐわないことには徹底的に抵抗する合理主義者という一面もあった。そんな中で第二三師団捜索隊長を命ぜられた井置は、すでに壊滅した捜索隊を全くの無から創り上げることになった。当時、第二三師団内の連隊長は陸士二三～二六期が大半で、二八期の連隊長（隊長）は井置一人であり、その点でも気を使わなければならなかった。[*9]

搜索隊は、七月六日の第二三師団命令をもって、「フイ高地付近に前進し、該方面ハルハ河河岸の警備に任せしむ」[*10]と命ぜられた。本来、標高七二一メートルのフイ高地のように孤立した小高い砂丘のような地形は、地形障害に乏しく、全周に陣地を築城せねばならなかったが、ソ蒙軍の本格的反攻のはじまる八月二〇日まで約四〇日間の時間があったものの井置には全周防御に対する着意が少なかった。[*11]つまり、正面及び北部の翼側にだけ陣地を構築し、背後に対する築城には十分な熱意を示さなかった。しかしこれは後退が前提の警備（掩護）という任務では当然であった。要するに自らの陣地の背後において戦闘が生起する前に自分の部隊は命ぜられ後退するものと考えていたともいえる。また、捜索隊は、増加された捜索隊支隊となり、捜索隊（乗馬一個中隊、重装甲車一個中隊）、歩兵第二六連隊第六・第九中隊、歩兵第二五連隊速射砲中隊（三七ミリ砲×四）、歩兵第二七連隊連隊砲中隊（七五ミリ山砲×四）、野砲兵第一三連隊第四中隊（七五ミリ野砲×二）、工兵第二三連隊第二中隊、計一〇一八名の編成であった。この中、歩兵、工兵各一個中隊はもともと工事援助部隊で、八月下旬のソ蒙軍の攻勢発揮とともにそのまま捜索隊長の指揮下に入れられたもので、井置が短期間に捜索支隊全部隊を掌握することなど到底無理な話であった。[*12]

小松原道太郎中将

ところでなぜ小松原は、ハルハ河右岸の最右翼に位置するフイ高地に捜索隊を配置したのだろうか。関東軍は、フイ高地がノモンハン戦場第二三師団の陣地の北翼の要点であるとともに、将来、この方面から攻勢に出る場合においても、有効な支とう（拠り所）たり得る重要な地形である

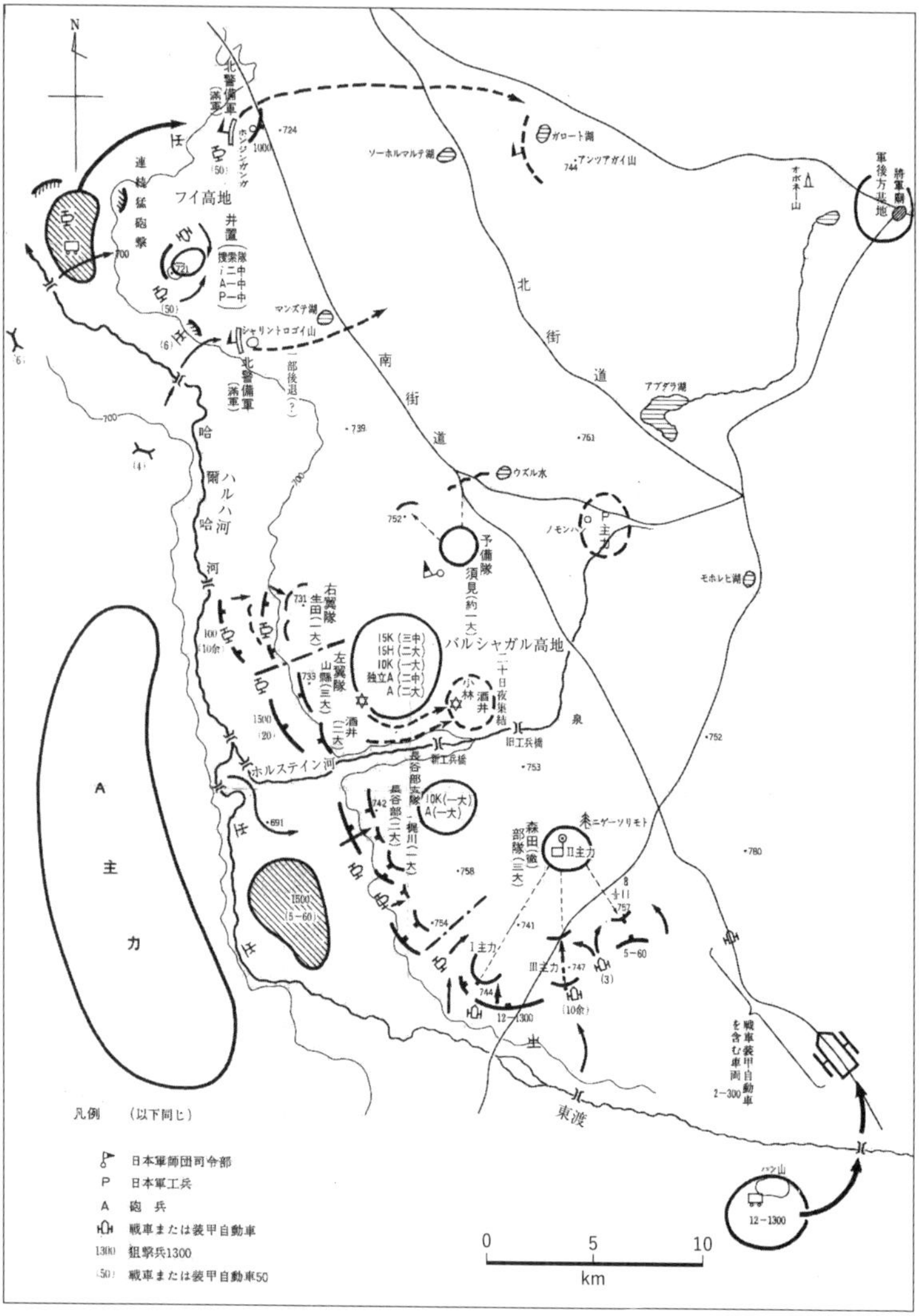

8 月20日の戦況図
出典：防衛庁防衛研修所戦史室『戦史叢書　関東軍〈1〉』（朝雲新聞社、1969年）

フイ高地台上（2005年 8 月 7 日著者撮影）

ことを認識していた。[13]このため、関東軍命令をもって、フイ高地、ホルステイン河両岸の要地など国境線の要点を確保せよ、と第二三師団に命じている。[14]また、「小松原将軍日記」には、「安岡来て以来、捜索隊を左翼に移し、『フイ』高地は確実な歩兵大隊長を長とせしと企図せるも其の実現出来ぬ内にソ連の八月攻勢に遭えり[15]」とあることから、小松原師団長は、七月の右岸総攻撃の際、攻撃部隊に歩兵部隊を集中するため、本来ならば歩兵部隊が守備すべきフイ高地を仕方なく井置捜索隊長に命じたものと考えられる。

一方、小松原師団長は井置捜索隊長をどのようにみていたのであろう。井置捜索隊長の前任の東捜索隊長は、五月二九日午前二時頃、第一次ノモンハン事件においてソ蒙軍に包囲された際、部下の撤退の意見具申に対し、「与えられたる任務は此地を確保するにあり、命令なき以上撤退せず」と却下している。小松原師団長はこれに対し、「捜索隊長が任務第一主義に邁進し、意志弱き隊付少佐の意見具申を排除せるは敬服に価す[16]」と、東前捜索隊長の任務第一主義に敬服している。当初、小松原師団長は井置捜索隊長にも東前捜索隊長と同様に任務第一主義を期待したことは容易に想像できる。

しかし、第二三師団捜索隊長としてノモンハンの戦場（フイ高地）に着任した井置捜索隊長から小松原師団長に来る報告[17]は、「『白銀オボ』の重砲の陣内に巨弾が落下し、我陣地保持上危険なるを以て師団に於いても適宜処置せられんことを希望す」（七月二五日）など常に悲観的情報を提供するものであった。小松原師団長は、

「SOSの報告を発すべからず、井置中佐の報告は、二、三割乃至五割半減して読むべし」（八月六日）、と井置捜索隊長を厳しく評価し、「戦闘報告によりその人の性格を判断し得べし。精神的恐怖病患者となるなかれ」（八月八日）と日記にまとめている。

七月下旬における敵情判断とフイ高地

七月二〇日、参謀本部においては、「ノモンハン事件処理要綱」を策定し、冬季に入るまでにノモンハン事件を終結させ、兵力（主力）をノモンハン地区より撤収しようと考えていた。[*18] 一方、関東軍参謀部第二課（情報）では、ソ軍が八月中旬（特に一四日）を期して攻勢をとる企図があると予期していた。[*19] それも、右翼フイ高地もしくは左翼方面から包囲的に攻勢をとる公算が大であるというのである。

この攻勢に対する対応策について関東軍司令官植田謙吉大将は、第二三師団のみで兵力が十分であろうかと苦慮し、第七師団の増加を提案し幕僚に研究させたが、[*20] 関東軍の最後の戦略予備であり、ことに七月中旬以来、全極東ソ連軍の動きが活発化している時、この兵団は軽々に動かすべきではない。また、越冬築城を急がなければならないノモンハン戦場に対して、この上さらに輸送量を増大させるような方策はとれないという意見を重視した。こうして結局、第七師団の増援については、同師団の一部をもって第二三師団諸隊の欠員を補充するという中途半端な案で決着を見た。[*21]

一方、ハルビン機関長秦彦三郎少将も、ソ連軍を軽視することなく、むしろ多すぎるぐらいの兵力が必要と軍司令官以下関係幕僚参集の席で意見具申をした。植田軍司令官は聴取後、これらの趣旨に沿うよう再検討すべき旨を要求したが、兵力増強に対する改善がないままソ蒙軍の攻勢が開始された。[22]関東軍においては、ノモンハンの戦場を重視しながらも、東部正面などにおいて極東ソ連軍が新作戦にでる公算があるとも判断していたのである。[23]

七月二四日、関東軍は、陣地構築に関する関東軍命令を下達し、敵の約一ヶ月間にわたる攻撃に対し独立して各陣地を保持し得る程度の堅固な野戦陣地の構築を命じた。[24]しかし、小松原師団長は、「築城実施の命令が消極退嬰の思想を換起せさるや」[25]と防勢的観念をもつ陣地構築自体に対し悲観的な態度をとった。なぜならば、当時、小松原師団長は、すでに主動権はソ連軍にあり、我は徹底的に不利な立場にあると考えていた。[26]そこで、小松原師団長は、七月三〇日、関東軍司令官に、「ハルハ河右岸の残敵勦滅《そうめつ》の大方針は毫末《ごうまつ》も失わず」と報告していた。[27]小松原師団長の考える築城は、「乗ずべき機会あらば攻撃を断行するの準備しあるを要す。もしそれ築城作業の動機を誤解し、守勢的精神に墜ち、消極退嬰の行動に陥ること断じてあるべからず[28]」と、防御のためではなく、明らかに攻勢のためのものであった。

また、七月三一日、関東軍は、「ノモンハン事件に伴う作戦準備促進要綱[29]」を策定、「『ノモンハン』方面に於ける敵の逆襲は、陣前に於いて之を破摧し、爾他の正面（『フイ』高地又は『ノロ』高地方面等）よりする敵の積極的攻勢に対しては、陣地を支とうとして之を撃破し得る如く作戦準備を促進する」を方針として、「甘珠爾廟《カンジュール》、阿穆古朗《アムグロ》『フイ』高地、『ホルステイン』両岸地区の築城は、適時戦闘に応し得る如く概成しつつ爾後既定計画に応する如く逐次之を補強す」とフイ高地など各要点の築城を重視することを明示した。そして八月二日に関東軍は、参謀を小松原師団長のもとに派遣し、八月攻勢に対する準備として、フイ高地を数日間孤立しても差しつかえないよう、陣地の強化、通信施設の完備、弾薬糧食水の準備を指示した。[*30] さらに小松原師団長は、砲兵情報第一連隊長福田一也中佐からも、「砲兵的見地より判断すると、敵は、フイ高地方面或いは、東渡方面より大規模なる渡河機動作戦をなさる得ざるべし」[*31] とフイ高地は砲兵的にみた場合、戦場となりやすいことを指摘されていた。しかし、小松原師団長がこれらを井置捜索隊長に指導し、実施させたという資料は見当たらず、一方、八月六日の段階で、ソ蒙軍は、「行動活発ならざるを以て渡河機動作戦はなさざるものと判断せらる」とそう重大視はしなかった。[*32]

そんな中、小松原師団長は、隷下部隊の各陣地を視察指導した。指導したそれぞれの陣地は、第一線大隊が密集して砂丘や凹地に位置している、陣地はソ蒙軍のように深くない、真剣味が足りない[*33] などの所感を持った。八月一〇日には、フイ高地井置部隊も視察している。[*34] しかし、その所見となる資料は見られない。よって八月二日の関東軍参謀の指示を真剣に検討、任務の変更、部下部隊の陣地指導などはしていなかったと考えられる。

以上のように関東軍としては、ソ蒙軍の八月攻勢を考慮しつつ、七月二五日以来攻勢作戦を打ち切り、戦場の諸隊をして防勢持久態勢に転換、築城工事に着手した。[*35] 八月上中旬におけるソ蒙軍の攻撃は、上旬、特に一、二日及び七、八日の両次において最も激烈を極め、第二三師団、第六軍[*36] 及び関東軍も、これが八月攻勢かと思い、一方、小規模に過ぎるので、なお警戒が必要であるなど意見が乱れた。[*37] 現地部隊では、ソ蒙軍の八月攻勢は切り抜けられると希望的な観測を懐いていた。[*38]

関東軍の考えとは裏腹に、攻勢を主として考えていた小松原師団長が指導した防御陣地については、戦場の特性上もあり、正面過広の一線陣地とならざるを得ず、また陣地設備なども、本来の工事に対する熱意不十分に加えて、ソ蒙軍の妨害のため、鉄条網の構築もなく、主陣地も立射散兵壕《りっしゃさんぺいごう》程度の掩《えん》体《たい》を連接したに過ぎない状態であった。[*39] こうして積極的攻勢を望んでいた小松原師団長指揮する第二三師団は、大攻勢を企図しているソ蒙軍の前に自らを差し出す形となっていたのである。「小松原将軍日記」には、八月一九日においても須見部隊の陣地構築状況を視察した、とあるので、まだ小松原師団長は、翌日から始まるソ蒙軍の大攻勢については何も知らなかったと思われる。

ソ蒙軍の本格的反攻

(一) フイ高地と師団の攻勢（八月二〇日〜二二日）

フイ高地正面においては、八月一八日から陣前に敵小部隊の活動が活発になり、また砲撃も激烈を極め、一九日には敵飛行機の爆撃も開始された。[*40] そして二〇日朝、フイ高地正面をソ蒙軍は大挙攻撃してきた。その兵力は、狙撃第六〇一連隊、第一一戦車旅団（一個大隊欠）、第七装甲旅団、榴弾砲一連隊、独立対戦車砲一大隊などで、フイ高地守備隊の戦力に比較すれば十数倍はあるかと思われた。[*41] 井置捜索隊長は、「捜索隊は、陣地を厳守しその敵を撃滅せんとす、各中隊は弾薬其の他戦闘準備を完了すへし、工兵中隊は野砲の掩護に任すへし」と命令を下達した。当時、捜索隊の陣地は、砲撃で黒煙濛々、地軸も裂けんばかりであり、散兵壕は至るところ崩壊し、食糧、給水用のドラム缶などはことごとく破壊された。[*42]

小松原師団長は、新兵団が一夜のうちにフイ高地方面二ヶ所、東渡南渡に二ヶ所架橋したことから、この北と南の二正面を主攻勢方向と考えた。師団はこの状況に応じて、「工事を中止し、須見部隊、酒井部隊、及び森田部隊の兵力を集結し、爾後の攻勢を準備す」、「捜索隊は依然現陣地を固守すべし」[*43]と二〇日午後八時、師団攻勢のための命令を下達した。
井置捜索隊長の当初の任務は、七月六日の第二三師団命令では〝警備〟、また、「ノモンハン事件に関する小沼メモ」には、「フイ高地付近を占領し、師団の右側を掩護すべし」[*44]と、〝掩護〟であることから、〝固守〟にレベルが上ったのである。あわせて小松原師団長は、師団独自の攻勢態勢をとるため、第二三歩兵団長小林恒一少将の指揮する酒井部隊（歩兵第七二連隊長酒井美喜雄大佐）主力を後方に集結、山縣部隊（歩兵第六四連隊長山縣武光大佐）をもってバルシャガル高地を確保させ、森田（徹）部隊（歩兵第七一連隊長森田徹大佐）には一部で七四四及び七四七両高地を確保させ、主力にはニゲーソリモト南側地区に集結を命じた。[*45]
ソ蒙軍の八月攻勢に関し、関東軍司令官は、八月二一日早朝、まず第二三師団長から、続いて第六軍司令官からの報告に接した。この二つの報告電を総合すると、狙撃三～四個師団と機甲四～五個旅団以上に及ぶ兵力で、ソ蒙軍が両翼包囲を狙っていることが明らかとなった。しかし、関東軍第一課では、第六軍の統帥も一応軌道に乗り、かつ陣地も強化され、戦場近くに進出している第七師団の一部（歩兵二個大隊、砲兵一個大隊）も直ちに作戦に投入できるということから、「我として最も好い時期に敵が攻勢に転じたるものにして、この機会において敵を捕捉し得べきものと信じたり」とかなり楽観していた。[*46]
フイ高地正面では、二一日にはすでにホンジンガンガ及びシャリントロコイ山の満州国軍は退却していた。そしてフイ高地も午前五時にはすでに包囲され、戦車が狙撃部隊をともない陣地に接近、手榴弾戦が展開された。[*47]
小松原師団長は、井置捜索隊長の陣地を「防戦甚だ勉む、他より工事進捗しありし為損害大ならず、この夜包囲圏を突破し、弾薬補充す[*48]」とその強度を楽観的にみていた。また、小松原師団長は、「包囲攻撃弾薬欠乏等悲観すべきことのみ現れ、精神を悩まし命を縮むることこれより大なるはなし[*49]」と、攻勢発揮を前に隷下部隊から逐次悲観的な報告が入ってくることに頭を悩ませていた。このため二一日夕、歩兵第二六連隊長須見新一郎大佐隷下の一個中隊をもってフイ高地に砲兵弾薬三〇〇、速射砲弾薬一〇〇〇、手榴弾二〇〇発を追走した[*50]。

そうして二二日午後五時三〇分、小松原師団長は、「師団は依然敵を陣前に破摧しつつ爾後の攻勢を準備せんとす[*51]」と攻撃準備命令を下達した[*52]。

(二) ソ蒙軍からみたフイ高地と師団攻勢態勢への移行（八月二二日〜二三日）

二二日早朝、戦車二十数両がマンズテ湖方面からフイ高地井置捜索隊野砲陣地に肉迫した。野砲中隊は頑強に応戦したものの多数が死傷し、砲は午後二時までに破壊された。また、午前一一時前後には捜索隊本部の掩蔽壕は全部破壊され、有線通信は二一日以来不通、無線機も破壊され、師団との通信は鳩通信に頼るしかなかった[*53]。しかしこの井置捜索隊の放った鳩もソ連軍に捕獲された。そこには、形勢が極めて悪く、敵はあらゆる方向から攻撃していること、師団司令部の今後の意図が不明で指示を請う、旨が書かれていた。これを捕獲したソ連軍部隊は、万事順調なりと書き直して送り返した[*54]。

午後二時以降になると彼我の戦況は猛烈を極め、各所において白兵戦が展開し、敵の後続部隊はますます前線に増加した。遂に陣地も一角から崩れ、交通壕及び散兵壕はほとんど埋没した。午後八時頃になると、火砲の大部は破壊され、多数の犠牲者を出した。将兵は、不眠不休と給水糧食の欠乏のため疲労困憊の極みに達し[*55]、尻を下ろせば立ち所に居眠りした[*56]。井置捜索隊長は、この状況を師団

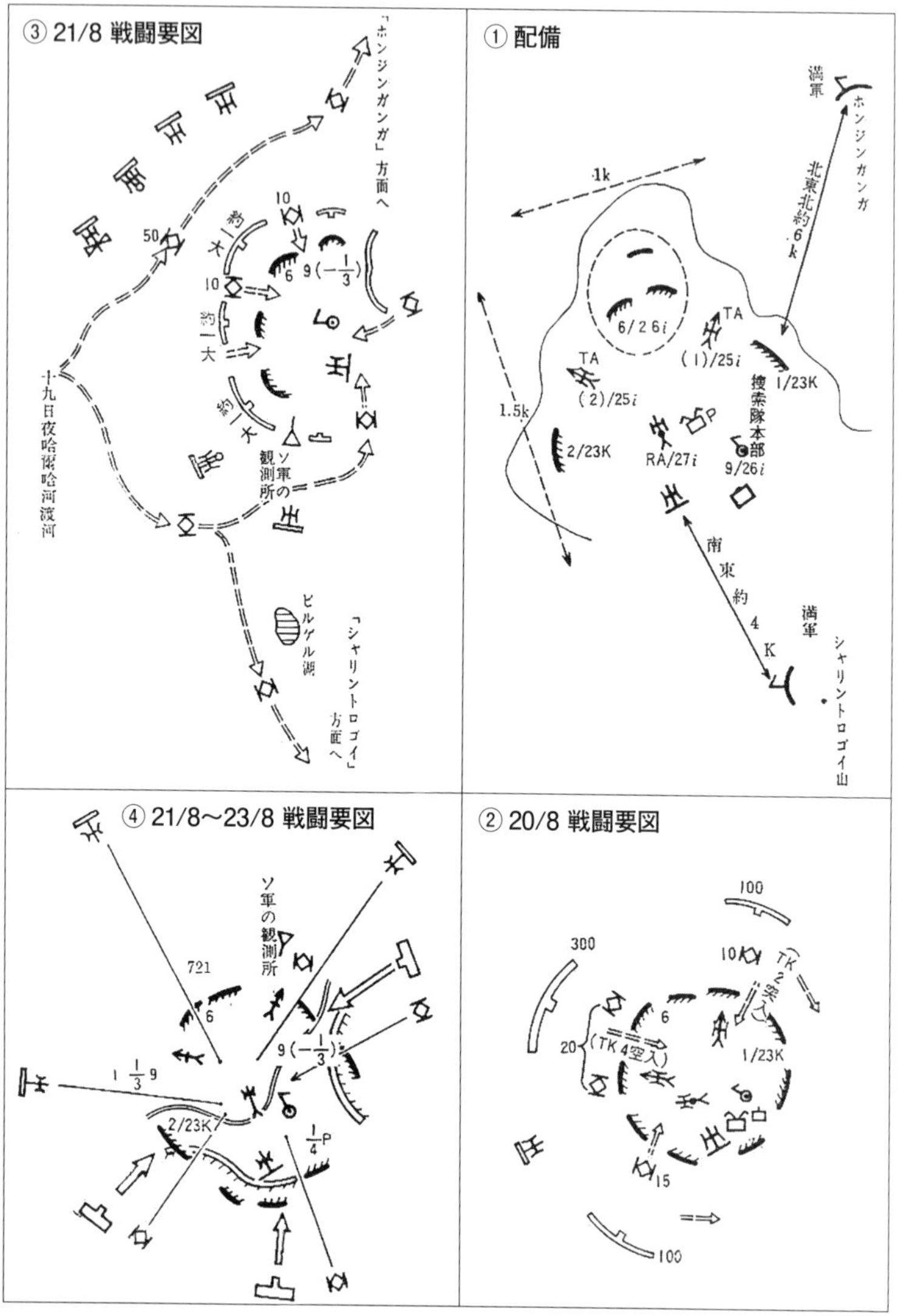

フイ高地における井置捜索隊戦闘経過概要図

出典：防衛庁防衛研修所戦史室『戦史叢書　関東軍〈1〉』(朝雲新聞社、1969年)

に報告するため、金竹副官を師団司令部に午後一〇時三〇分出発させた。[*57] また、夜に入ると陣地後方から敵の小部隊が侵入したため後方連絡線は脅威を受け、連絡は困難となり、糧食、弾薬の補給も途絶えた。[*58]

なぜソ蒙軍は執拗にフイ高地を攻撃したのだろうか、また、どのような意義があったのか、ソ連側資料には次のようにある。まず、二二日の戦闘における一番の成果はフイ高地敵部隊の壊滅であると[*59]し、この陣地の壊滅は北部集団全体の前線を保持することを可能とし、南北両集団の接近を二三日の夕暮れには可能にした、とある。[*60] つまりフイ高地は、ソ連軍からみるとノモンハンに向かう前に越えなければならない傾斜変換点の場所にあるため、この奪取は、ソ蒙軍北部集団全体にノモンハン方面への行動の自由を与え、さらに南部集団と連絡し、ノモンハン全体の包囲を形成する上での結節をなす緊要地形だったのである。当然ながら、フイ高地を奪取したソ蒙軍はホルスティン河右岸のバルシヤガル高地一帯にその背後から殺到し、山縣部隊の崩壊を早めることもできるのである。一方、南部正面では七八〇高地が同様の役割をもっていた。総じてソ連軍は、第二三師団の構築した陣地を評価して、「両翼の掩護確実ならず、作戦上の要求には全く合致せず、その正面は略《ほぼ》六〇粁《キロ》に延びて居たが両翼ともに攻者に対し開放し、強大な予備隊を設けることもしなかった」と酷評している。[*61]

一方、植田関東軍司令官は、爾後における作戦の推移を案じ、師団攻勢転移の前日（八月二三日）、第七師団主力を関東軍直轄のままハイラルに推進するとともに、独立守備一個大隊（四谷大隊）と所要の通信部隊を第六軍に増加し、かつ参謀副長矢野音三郎少将と参謀辻政信少佐をノモンハン戦場に急派する処置を講じた。[*62]

これと同時に小松原師団長は、二三日午後一時、翌二四日攻勢のための各部隊の攻撃部署を示し、捜索隊については、「フイ高地を固守」、山縣部隊、長谷部部隊には「現陣地を確保」[*63]とし、第二三師団攻撃命令を下達した。[*64]その要領は、攻撃前進開始概ね二四日午前六時と予定し、当初七八〇高地を奪取、爾後、七四四高地方向から東渡一帯を攻撃するとした。この際、「捜索隊、山縣支隊、長谷部支隊は飽迄現陣地を確保師団主力の攻撃を容易ならしむ」としたが、[*65]この命令は井置捜索隊長には届いていなかったと思われる。（※井置提出のフイ高地撤退の顛末書によると、八月二三日朝一〇時頃無線機破壊されるとある）[*66]

当時、第六軍、第二三師団の両司令部、第二三歩兵団及び砲兵団各司令部は師団攻勢のためいずれもモホレヒ湖付近に集まり、攻勢開始後は、ひたすらその攻勢方面の作戦、戦闘指導に追われ、守勢方面を顧みる余裕がなかった。そのため守備部隊は、各陣地とも圧倒的優勢なソ蒙軍の攻撃を受け、孤立化し、各個戦闘を余儀なくされた[*67]中放置された。つまり攻守ともに全体を俯瞰して指導する指揮官が不在、相互の意思疎通も不十分だった。

こうしてフイ高地正面では、二三日午後七時頃にはすでに陣地内の諸器材及び弾薬等がことごとく破壊されていた。この日までの戦闘においては戦傷者が続出し、次第に戦力が衰えていった。この状況下、井置捜索隊長は、当面の敵を夜襲するに決し、「各隊は二十三時を期し、各各当面の敵を夜襲すべし」[*68]と命じた。そのため、二四日午前〇時半前後には各所で夜襲実施の歓声が聞かれた。しかし、漸次捜索隊本部も危険となり、某中隊長が連隊本部の移転を勧誘するに至った。当初、井置捜索隊長はこれを入れなかったが、敵狙撃兵が井置捜索隊長の壕周囲に手榴弾を投擲するに至り、やむなく連隊砲中隊に捜索隊本部を移動した。当時、突撃を敢行した工兵中隊は陣地に帰って来なかった。[*69]そして、遂にソ蒙軍歩兵が陣地側背の東方から突入し陣内混戦状態となり、第一中隊などは、中隊長以下二八名となった。ここに戦闘第四日目が終わった。[70]

㈢ 師団の攻勢とフイ高地からの撤退（八月二四日）

二四日朝、濃霧の中、師団の攻撃前進は隠密に実施されたが、集結及び攻撃準備は予定通り実施しなかった。しかし小松原師団長は、右翼隊小林部隊に七八〇高地西方台端、森田（範）部隊（歩兵第一四旅団長森田範正少将）に七八〇高地西南方台端、四谷部隊に七八〇高地南方台端進出を命じ、砲兵団にこれへの協力を命じた。各隊は敵戦車を攻撃し、砂丘地帯に入るまでは概ね予期の通り攻撃前進したが、正面過広兵力分散の弊に陥り、砂丘林縁以南の攻撃は進捗しなかった。小林部隊及び四谷部隊は、正午、林縁線を占領したが、爾後、敵の狙撃兵及び戦車の逆襲を受け、日没時には約二分の一の損害を出し、小林部隊長、酒井部隊長も負傷し、後退整理せざるを得なくなった。[71]

かくて攻勢第一日は終わったが、第六軍司令官荻洲立兵中将は、二四日夜、依然攻撃続行を決心した。小松原師団長はこれに基づき、午後一〇時、右翼隊及び四谷大隊を予備隊とし、左翼隊のみをもって攻撃を続行するよう部署した。左翼隊長森田（範）少将は、二四日午後一一時、二五日に砲兵の突撃準備射撃に続いて蘆塚部隊（右第一線）をもって七八〇高地、須見部隊（左第一線）をもってその東側要線を攻略することを命じた。[72]

一方、フイ高地正面では、夜を通じ白兵戦が展開されていた。午前二時頃、第二中隊は中隊長以下逆襲したが、ほとんど全員が死傷した。火砲は連隊砲一門となり、小銃は砂のために射撃不能となり、その中で各隊は陣地を死守していた。[73]午前一〇時やや過ぎ、第一中隊長は、連隊砲掩蔽部内にいた井置捜索隊長と会し、今までの戦闘経過を報告した。井置捜索隊長は第一中隊長も負傷したと聞いたが大丈夫で良かったと非常に喜んだ。井置捜索隊長は、連日の苦戦、さらに部下の大部を失ったことによる心痛のため身体の衰弱ことに甚だしく伏臥して長く談話できない状態にあった。よって健在な各中隊長は協議し、それぞれ最後の一戦を覚悟した。しかし、将兵は、士気が沈滞し、敵兵をみても射撃すらしないものもおり、壕内に臥せる姿勢を取るようになった。[*74] また対戦車火器は全部破壊されたため、ソ蒙軍戦車は至近距離において縦横無尽に行動した。

井置捜索隊はこのように戦意を喪失し、ただ敵砲弾の餌食となり全滅するのを待つのみと判断されるに至った。当時ソ蒙軍は容易に近接せず、ただ砲撃を繰り返すのみであった。[*75] 残る武器は手榴弾及び銃剣のみであった。ここにおいて井置捜索隊長は、午前一一時頃より各中隊長と面接したが、各中隊長は、無為に全滅するよりはノモンハンにもどり再起するのがよいという意見で概ね一致していた。井置捜索隊長は、二三日以来通信途絶で任務不明であるが、フイ高地から撤退できるかどうかも不明であるとこれを諫めた。この後、井置捜索隊長は覚悟を決め自ら拳銃で自決しようとした。しかし、歩兵第二七連隊連隊砲中隊長辻清大尉は、自重することを願い、今後善処することを進言した。さらに辻大尉は、「陣地を脱出せんとする風説は、すでに二三日以前に醸成せられたり、今隊長死すとも、本状況においては陣地を死守せんこと難し、この際何れかの方法なきや」と述べた。[*76] この時井置捜索隊長は工兵中隊が二三日夜すでに陣地を脱出していたことを知る。敵戦車が陣地に侵入し掃討したことが重大要因である。ここで、井置捜索隊長は、彼が撤退を命令すれば自分一人の責任により幾多の中隊長を陣地脱出の汚名から救えると考えた。[*77] 井置捜索隊長の性格から、無為に損耗するのみの兵士とその補充、遺族などが頭に浮かんだと考えられる。

午後五時頃、井置捜索隊長は指揮下部隊の景況を確認、師団主力に合し戦闘を有利とすることを決心、「部隊は師団主力の戦闘を有利ならしむる目的を以て各当面の敵を撃破しノモンハンに向かひ前進せんとす」と命令を下達した。[*78] 捜索隊は五日間で七三％の損害を受け（増強された指揮下部隊全部では五一％）ほとんど戦力を喪失していた。[*79]

部隊は八月二五日午前二時、月の落ちるのを待って前進を開始し、ソ蒙軍の間隙を縫うようにして北方に向かった。脱出し得たのは総兵力の約四分の一の二六九名であった[*80]（「捜索第二三聯隊第一中隊戦闘詳報集録」では二四〇余名で小銃約一七〇程度[*81]）。途中ソ蒙軍戦車の急迫を受けたが、翌二六日将軍廟に到着し、第六軍命令によりオボネー山（将軍廟西北西約五キロ）の守備につけられた。[*82]

戦場を訪れていた関東軍辻参謀は、二六日夕、第六軍司令部において井置捜索隊の状況を承知、「今日迄新京に於て最も苦慮しつつありたるは『フイ』高地の保持可能なりや否やの問題と『ホルステイン』河南側の陣地確保の如何なりしか。本報告に依り『フイ』高地は八百の兵力中三百の死傷を生せしのみにして陣地を撤し而も捜索隊長井置中佐の師団長宛の報告には其の守地を棄てたるに対して謝罪の字句無きを知り且我左翼方面の攻勢不成功の報に依り暗然たるものあり[*83]」と述べた。（※実際は、総員七五九名中、死傷者（生死不明含む）は、三八六名[*84]）

結局、第二三師団による二五日、二六日の攻撃も失敗に終わり、第六軍は二六日午後一〇時、小松原師団長に「第二三師団長は、軍隊区分に基づき所要の転属を行い『ホルステイン』河両岸地区に於ける現陣地を確保すべし[*85]」と、戦線を概ね二四日朝の展開戦に後退整理することを命令した。これに対し小松原師団長は、午後一一時、師団の状況を、「フイ高地の部隊は連日の包囲攻撃を受け、事前集積等した弾薬もつき、補給の報告も遂に至難となり、小銃以外の火器は悉く破壊され、陣地は保持困難に陥り、その後消息不明、長谷部部隊は左翼を森田（徹）部隊は両翼を包囲され補給困難、山縣部隊は西北東の三方より攻撃を受けつつあるも陣地を保持している、攻勢前面の戦況は意の如く進展せず幹部以下相当多数の損耗を受けた」と、報告した。[*86]この時、小松原は、井置捜索隊、長谷部部隊がすでに後退していることを把握していなかった。

ここに二四日にはじまった第二三師団の攻勢転移に関する一連の作戦は終幕を告げることとなった。攻撃が失敗した理由は、攻勢の支とうとなるハルハ河右岸要地一帯の確保が困難になったことと、七八〇高地を奪取できなかったことが大きな要因であろう。七八〇高地を防御していたソ蒙軍部隊は、疎開し、陣地は遮蔽、偽装され、射撃及び突撃目標となる地形目標は戦場から影を潜め、見えない強力な火網が組織されていたため、[*87]伝統的な日本軍の歩兵による肉迫攻撃は通用しなかった。

そのような中、八月二八日、井置捜索隊の中隊長以上が軍司令部に出頭を命ぜられた。井置捜索隊長は、「終始、中隊長以下には責任はない。この井置の命令で行動したのだ。良く戦った。弾丸もなく、食糧もなく、師団との連絡もつかず、後せいぜい半日も守ることが出来るかどうかという戦況であった。最期は突撃したが不幸にして生き延びることになった。どうか今一度兵器と弾薬を補給して出撃させて頂きたい」と述べた。しかし、荻洲第六軍司令官や辻参謀等は、「なぜフイ高地を死守しなかったのか。もしあそこで全員戦死して居ったら、シベリヤ出兵の時全滅した田中支隊のように歌にも唄われただろう。貴様達のような意気地なしを部隊に帰すと将兵の士気が阻喪する。死んでしまえ」と語気強く詰め寄った。[*88]これに対して井置捜索隊長は、「後方の天幕の中にばかりいて、第一線部隊がどれほど苦労をしたか、あなた方にはわかるものか」と言い返した。[*89]

小松原師団長の井置観と井置捜索隊長の自決

小松原師団長は、九月一日、モホレヒ湖第六軍司令部に到達後、井置捜索隊長が八月二四日の段階で無断で撤退していたことを知り、これが師団攻勢の失敗及び中央陣地崩壊の主因であったと思い込んだことは容易に想像できる。第二三師団情報参謀鈴木善康少佐は、「小松原師団長が井置中佐に含むところはなかったはずだ。フイ高地撤退を二三師団の敗因と思い込んでおられたようだ。軍法会議の死刑より自決の勧告の方を選ばれたのだろう」[*90]と回想していることからも相違ないであろう。

井置捜索隊長は、九月六日、小松原師団長に「八月一九日より二四日迄攻囲を受く、戦車約百、砲弾は一日三万発を受く、二四日夜脱出す」と報告した。[*91]その反応は定かではないが、小松原は、（一）対戦車火砲ことごとく破壊せらる、爆薬欠乏、（二）狙撃兵陣内に進入、（三）指揮官意志薄弱、左の方法を講ずればさらに固守し得たるべし、この所感として、「一、指揮官の意志強固ならざる為部下脱出の下相談を為し、脱出の空気醸成す、二、砲弾恐るるに足らず、戦車又陣内に進入せず、陥落の直接源因を言はば、狙撃兵陣内に驀入《ばくにゅう》し、戦車と協同して攻撃し来れるが故なり」と記した。[*92]また、井置捜索隊長については、「フイ高地の警備に任じて以来悉くSOS的報告を出し上司の胸を驚かせり……果たせる哉、一／三―一／四の損耗（守兵八百の内死傷二五〇）を受けるや直ちに脱出せり」[*93]と記している。小松原師団長としては、ソ蒙軍攻勢前から指摘していた井置捜索隊長の心の弱さ、意志薄弱、つまり精神的恐怖病が本撤退最大の要因と考えたのである。「徒に要求多くして実状に疎く敵情の悲観過大視して任務遂行に関する熱意少なし、是は駄目だと考えし、今更直ちに人を取代こと能わず[94]」と痛烈に批判している。つまり、小松原師団長は、井置捜索隊長をその悲観的な性格から指揮官不適としていたのである。そして、「人と作戦は至大なる関係を有するを以て人を見通して人の個性を明らかにし適材適所に置くこと肝要なり[95]」と自らの教訓を述べている。小松原師団長と井置捜索隊長は、相性が悪かったとしか言いようがない。扇廣『私評　ノモンハン』には、戦闘終了後の師団幕僚会議において小松原師団長は、「俺の師団が壊滅的打撃を受けたのは、井置中佐が過早にフイ高地を捨てたためである」、「井置中佐には自決を勧告するのが至当であると思うが、諸君はどう思うか[96]」などと幕僚に問うたとあるが、この深層には平素からの積み重なった不満があったものと考える。

九月一七日朝、井置捜索隊長の自決が確認された。後任の捜索隊長高橋浩亮中佐が師団長の自決勧告を井置に伝えると、井置捜索隊長はさっぱりとした態度で「謹んでお受けする。このことは井置一人の責任である」と答えたという。井置捜索隊長の遺言状には、「一　休戦なり『フイ』高地撤退の意義水泡に帰す、二　部下の功績調査終了す、三　軍司令官師団長閣下以下僚友各位の御指導に対し深謝す[97]」とあった。また、九月一九日、小松原師団長は、井置中佐善後処置について荻洲第六軍司令官を訪問[98]、二三日には、井置捜索隊長を戦病死（進級せしめず）として関東軍経由陸軍大臣に報告した[99]。

果たして井置捜索隊長には小松原師団長のいうように、陸軍刑法第四三条が適用されるのであろうか。

（第九章「ノモンハン事件における、第二三師団捜索隊の無断撤退」は、『軍事史学』（第五十五巻第三号通巻第二一九号、二〇一九年一二月）に掲載された、齋藤達志「第二次ノモンハン事件における、いわゆる無断撤退について」を抜粋加筆したものである）

あとがき

　本書は、筆者が能力の範囲内で収集閲覧可能な資史料、先行研究などをもって、客観的に撤退の決断を九つの戦史をもって描いたものである。まだ不十分なところはあると思うが、読者諸兄は、それぞれの興味、視点から九つの戦いの歴史に多少なりとも入り込むことができたものと思う。これらから撤退に関し、総じていえることは、それぞれの戦闘正面の現地司令官から軍の最高統帥者、国家首脳までチームとして現状を認識し、特に現場の実相と問題点を共有していることが成功の大きな要因であるということである。つまり現地と国家首脳間で上下一貫した問題意識と解決のプロセスが共有されているということである。当然、問題解決の過程においては、試行錯誤、意見対立などもあるが、最終的には撤退へと方向性が一致し、多少の問題はあろうとも新たに案出した目的の達成に邁進するのである。中でも重要なのは責任ある現地軍人の勇気ある最初の決断である。ガリポリにおいて損害を包み隠さず報告したハミルトン将軍、撤退を進言したモンロー将軍、ダンケルクにおけるゴート卿、クリスマス作戦中止を決断したマッカーサー元帥、などは最小限の損害で撤退を成功させるに至った最大の功労者であろう。

　一方、日本の戦史ではどうであろう。ガダルカナル、キスカなどは天皇が最終的に裁可しているが、これは全く大本営が官僚的に決めたものであり、下からの積み上げの結果である。つまり、参謀本部、軍令部などの参謀が現地を確認して現状を認識し、それを各レベルの承認を得て撤退という方針を決め、最終的に御前会議で天皇の裁可を仰ぐという方式である。ここに現地司令官の決断は見られず、責任の分散があるのである。このため決断の時機が遅れ、新たな目的への対応も遅れ、爾後の行動はすべてが受動に陥るのである。幸運にも撤退作戦そのものは成功したとはいえ、ガダルカナルは「餓島」と化し、多くの戦病死者、航空機、艦艇の損耗をいたずらに増やし、キスカにおいては、アッツ島の玉砕があって初めて撤退となった。あまりにも決断に辿り着くまでの道のりが遠かった。昭和天皇がキスカ撤退について、「今度の如き戦況の出現は前から見通しがついていた筈である、然るに五月一二日に敵が上陸してから一週間かかって対応措置が講ぜられ、濃霧のことなど云々していたが、霧のことなど前以て解りていた筈である、早くから見通しがついていなければならぬ」[*1]という御言葉は金言であろう。

こう考えると現地司令官が現状を確実に掌握し、限界に達する前に先行的に決心し、また上層部はこれを現実として受け入れる土壌が必要であろう。もちろんこの決断は最善を尽くした結果であることが大前提である。さらに撤退成功の蔭にはガリポリ、ダンケルク、三八度線への撤退で見られるような現地司令官などによる最悪の場合を想定した事前の計画の存在及び補給及び後退経路の確保などがあった。取り上げてきた撤退の戦史から見ると現地司令官が最も重要な位置を占めるし、人材が求められるところである。

一方、決断できなかった戦史はどうであろう。スターリングラードではヒトラーの性格をよく知るパウルス軍司令官が、撤退を許さないヒトラーとこれを促すマンシュタイン元帥との間に板挟みになった例を示した。パウルス軍司令官は、ヒトラーのことを思うばかりに軍司令官としての決断という最大の職責を放棄した。マンシュタイン元帥の「将軍たるものは、会戦に敗れた場合、もっといい方法があったのに受けた命令通りに実行して敗れてしまった、といっても決して弁解は成り立たないのだ。このような場合、将軍には自分の首をかけた不服従の道が残されているだけである。そして結果が通例これに判決を下すのだ」[*2]は、金言であろう。また、インパール作戦では現地の第一五軍司令官、ビルマ方面軍司令官の両名が、喉まで出かかっていながらも撤退の決断を遂に口から出すことはできなかった。もちろん、第一五軍司令官は、最悪の場合など想定すらしていなかった。ビルマ方面軍司令官の方は、さすがに途中で危険を察知し、参謀に最悪を想定した計画を作成させるが、これを実行させる統率力に欠けた。こうして白骨街道といわれる多くの英霊を後退経路上に残すことになるが、幸運なことに、イギリス軍の追撃が緩慢であったため、概ね計画した行動を取ることができた。このような人間の決断の至らないところをこれからはＡＩが補完することになるのかもしれないが、現代の戦争は、複数の領域、ドメインに跨り、兵器のテクノロジーは、とどまるところを知らないため、到底一人の決断では一面的判断に過ぎなくなるなど限界があるであろう。しかし、どこかのレベルで誰かが決断し、撤退というテーマを投げかけないといけないことは変わらないであろう。

日本で元寇以来の国土防衛戦となった沖縄における第三二軍司令官の南部島尻への撤退の決断は、局部的に見ると沖縄に米軍を多くの日数、吸引・拘束することには成功したが、南部島尻地区での軍民混淆を生みだし、沖縄戦全体における半数以上の犠牲者を出す結果となった。このことは歴史的な長いスパンで考えた場合どうであろう。今も見られる沖縄と本土との温度差を生み出す大きな要因をなしている。このことからは撤退という行動が及ぼす影響は、作戦のみならず、歴史的な後世への影響も考える必要があるということである。軍司令官にはこのような幅広い教養に裏付けされた決断が求められる。もし、牛島中将が首里で包囲され、撤退せず包囲環で抵抗していたならばどのような様相となり、後の歴史はどのように評価したのであろうか。スターリングラードのパウルス将軍と比べてみると興味のあるところである。

一方、ノモンハン、フイ高地の第二三師団捜索隊長は、通信途絶、全く孤立し、フイ高地にとどまるかノモンハンへ撤退するかの決心を迫られる立場に立たされた。井置捜索隊長は部下の悲惨な状況を見て、撤退し新たな任務につくことが最善と考えた。しかし、上司である第二三師団長の考えは異なっていた。彼には、戦力が少なくなろうとも捜索隊がフイ高地に存在していることが重要だったのだ。なぜこのような認識の差が生じたのであろうか。それは事前に十分認識を一致させていなかったことによる。つまりシミュレーションしていなかったのだ。もし、通信が通じない場合はどう考えたらいいのか。最悪の場合を想定した準備ができていなかったのである。中佐と中将という階級を考えると責任は、明らかに中将の師団長にあるであろう。

本書では、一貫して撤退の決断をテーマとしてきた。冒頭にも述べたが、これらの中から読者諸兄が、決断を下した人々の哲学、勇気、決断力とリーダーシップ、教養と創造力、運、さらには人間としての懐の深さなど、それぞれの目線で感じ取っていただければ望外のよろこびである。

最後に、私のようなものにこのような機会を設けていただいた中央公論新社の登張正史氏に心から感謝します。

＊89　扇『私評　ノモンハン』299頁。
＊90　石川「独断撤退　空白への挑戦」（朝日新聞1989年7月28日夕刊）。
＊91　小松原「小松原将軍日記」（9月6日）。
＊92　同上、（9月6日）。
＊93　同上、（9月15日）。
＊94　同上。
＊95　同上。
＊96　扇『私評　ノモンハン』302頁。
＊97　小沼「ノモンハン事件に関する小沼メモ」。
＊98　小松原「小松原将軍日記」（9月19日）。
＊99　同上、（9月23日）。

あとがき

＊1　防衛庁防衛研修所戦史室編『戦史叢書　大本営陸軍部〈6〉』（朝雲新聞社、1973年）477頁。
＊2　エリッヒ・フォン・マンシュタイン著・本郷健訳『失われた勝利』（フジ出版社、1980年）402頁。

＊58　捜索第二三聯隊第一中隊「捜索第二三聯隊第一中隊戦闘詳報集録」38頁。
＊59　「第一七軍司令部　ノモンハン作戦全般報告」616頁。
＊60　同上、633頁。
＊61　ペー・ゲー・ヤルチェフスキー「沙漠大草原に於ける作戦の性質（『軍事思想』1940年５号）」（『隣邦軍事研究の参考』〔偕行社、昭和15年10月第90号〕）。
＊62　防衛庁防衛研修所戦史室編『戦史叢書　関東軍〈1〉』633頁。
＊63　小松原「小松原将軍日記」（８月23日）。
＊64　「二三師作命甲第一九八号（八・二三一四〇〇）」（防衛省防衛研究所戦史部編『ノモンハン事件関連史料集』399頁）。
＊65　「二三師作命甲第一九八号『第二三師団命令』別紙『第二三師団攻撃計画』」（防衛省防衛研究所戦史部編『ノモンハン事件関連史料集』407-408頁）、「第二三師団作戦命令綴」（防衛研究所戦史研究センター所蔵）。
＊66　扇『私評　ノモンハン』292頁。
＊67　防衛庁防衛研修所戦史室編『戦史叢書　関東軍〈1〉』644頁。
＊68　捜索第二三聯隊第一中隊「捜索第二三聯隊第一中隊戦闘詳報集録」30頁。
＊69　玉淵「『ノモンハン』事件戦闘業務詳報」。
＊70　捜索第二三聯隊第一中隊「捜索第二三聯隊第一中隊戦闘詳報集録」46頁。
＊71　小松原「小松原将軍日記」（８月24日）。
＊72　防衛庁防衛研修所戦史室編『戦史叢書　関東軍〈1〉』654頁。
＊73　玉淵「『ノモンハン』事件戦闘業務詳報」。
＊74　捜索第二三聯隊第一中隊「捜索第二三聯隊第一中隊戦闘詳報集録」48頁。
＊75　同上、49頁。
＊76　扇「第二十三師団捜索隊長二代の悲劇」355頁。
＊77　同上、356頁。
＊78　捜索第二三聯隊第一中隊「捜索第二三聯隊第一中隊戦闘詳報集録」50頁、扇「第二十三師団捜索隊長二代の悲劇」355頁。また、歩兵第二六連隊第九中隊長佐多直忠中尉は、「撤退に関して中隊長会議などはなかった。井置支隊長の撤退命令は、命令受領者の兵隊が筆記してきた文書で伝えられた」、これを読んだ佐多は、「こりゃ独断撤退じゃなかろうか、と、直ちに玉砕の意見具申をしようと思った」ということであるが、「兵隊は疲労困憊していました。やはり撤退すべきだろうか、そう考えなおした」と回想している。（石川「独断撤退　空白への挑戦」〔朝日新聞1989年８月５日夕刊〕）
＊79　防衛庁防衛研修所戦史室編『戦史叢書　関東軍〈1〉』683頁。
＊80　小沼「ノモンハン事件に関する小沼メモ」、扇「ノモンハン事件　井置中佐の自決」388頁。
＊81　捜索第二三聯隊第一中隊「捜索第二三聯隊第一中隊戦闘詳報集録」51頁。
＊82　防衛庁防衛研修所戦史室編『戦史叢書　関東軍〈1〉』686頁。
＊83　「第一三節　敵ノ八月攻勢ノ推移間ニ於ケル軍司令部ノ受ケタル感覚」（防衛省防衛研究所戦史部編『ノモンハン事件関連史料集』321頁）。
＊84　小沼「ノモンハン事件に関する小沼メモ」。
＊85　「六軍作命第二九号（〇八二六二二〇〇）」（防衛省防衛研究所戦史部編『ノモンハン事件関連史料集』412頁）。
＊86　「二三師参電五四八号其一－其四（一四・八・二六）二三〇〇発参謀長宛」（防衛省防衛研究所戦史部編『ノモンハン事件関連史料集』324-325頁）。
＊87　防衛庁防衛研修所戦史室編『戦史叢書　関東軍〈1〉』655頁、小沼大佐「対『ソ』近代戦に関する史的観察　其の他」（防衛研究所戦史研究センター所蔵）２頁。
＊88　小林勇夫編『士魂――歩兵第二六聯隊第一一中隊』（歩二六・第十一中隊会、1989年）、井置『ある軍人の生涯』56頁。

＊21　同上。
＊22　同上、626-627頁。
＊23　同上、628-629頁。
＊24　関東軍参謀部第一課「ノモンハン事件機密作戦日誌（関東軍）」273頁。
＊25　小松原「小松原将軍日記」（7月27日）。
＊26　同上、（7月28日）。
＊27　同上、（7月30日）。
＊28　同上、（7月31日）。
＊29　「『ノモンハン』事件に伴う作戦準備促進要綱（一四・七・三一）」（防衛省防衛研究所戦史部編『ノモンハン事件関連史料集』277-278頁）。
＊30　小松原「小松原将軍日記」（8月2日）。
＊31　同上、（8月3日）。
＊32　同上、（8月6日）。
＊33　同上、（7月29日）。
＊34　同上、（8月10日）。
＊35　防衛庁防衛研修所戦史室編『戦史叢書　関東軍〈1〉』590頁。
＊36　大本営では、満州北西地区に対する作戦防衛を担任させるため第六軍の設置を考えていたところ8月4日、大陸命第三三四号をもって第六軍の編組が発令され、第二三師団、第八国境守備隊、ハイラル第一、同第二陸軍病院が同軍司令官の隷下に属することになった。（防衛庁防衛研修所戦史室編『戦史叢書　関東軍〈1〉』597頁）
＊37　防衛庁防衛研修所戦史室編『戦史叢書　関東軍〈1〉』603頁。
＊38　第六軍高級参謀陸軍大佐浜田壽栄雄「浜田壽栄雄ノモンハン事件回想録」（防衛研究所戦史研究センター所蔵）。
＊39　防衛庁防衛研修所戦史室編『戦史叢書　関東軍〈1〉』601頁。
＊40　陸軍軍医中尉玉淵嘉平「『ノモンハン』事件戦闘業務詳報」（防衛研究所戦史研究センター所蔵）。
＊41　防衛庁防衛研修所戦史室編『戦史叢書　関東軍〈1〉』684頁、扇「ノモンハン事件　井置中佐の自決」388-389頁。
＊42　玉淵「『ノモンハン』事件戦闘業務詳報」。
＊43　小松原「小松原将軍日記」（8月20日）。
＊44　小沼治夫「ノモンハン事件に関する小沼メモ」（防衛研究所戦史研究センター所蔵）507頁。
＊45　防衛庁防衛研修所戦史室編『戦史叢書　関東軍〈1〉』640頁。
＊46　同上、632頁。
＊47　玉淵「『ノモンハン』事件戦闘業務詳報」。
＊48　小松原「小松原将軍日記」（8月21日）。
＊49　同上、（8月21日）。
＊50　須見新一郎『実戦寸描』（須見部隊記念会、1944年）115-116頁。
＊51　扇「第二十三師団捜索隊長二代の悲劇」355頁。
＊52　「二三師団作命（八・二二一七三〇）」（防衛省防衛研究所戦史部編『ノモンハン事件関連史料集』395頁）。
＊53　玉淵「『ノモンハン』事件戦闘業務詳報」。
＊54　「第一七軍司令部　ノモンハン作戦全般報告」（前線集団司令官シュテルンの報告）（防衛省防衛研究所戦史部編『ノモンハン事件関連史料集』616頁）。
＊55　玉淵「『ノモンハン』事件戦闘業務詳報」。
＊56　捜索第二三聯隊第一中隊「捜索第二三聯隊第一中隊戦闘詳報集録」（防衛研究所戦史研究センター所蔵）37頁。
＊57　玉淵「『ノモンハン』事件戦闘業務詳報」。

＊25　防衛庁防衛研修所戦史室編『戦史叢書　沖縄方面陸軍作戦』546頁。
＊26　同上、548-549頁。
＊27　陸戦史研究普及会編『陸戦史集９　沖縄作戦』239頁。
＊28　八原『沖縄決戦』328頁。
＊29　防衛庁防衛研修所戦史室編『戦史叢書　沖縄方面陸軍作戦』579頁。
＊30　同上、561-562頁。
＊31　同上、580-581頁。
＊32　同上、600頁。
＊33　八原『沖縄決戦』377頁。
＊34　沖縄県教育庁文化財課史料編集班編『沖縄県史　各論編　第六巻　沖縄戦』（沖縄県教育委員会、2017年）123、186頁。
＊35　葛原和三「第32軍、首里撤退の是非」（『沖縄決戦』〔学研、2013年〕）155、157頁。
＊36　アメリカ陸軍省戦史局編・喜納健勇訳『沖縄戦　第二次世界大戦最後の戦い』（出版舎 Mugen、2011年）483頁。

第九章

＊１　小松原道太郎「小松原将軍日記」（９月13日）（防衛研究所戦史研究センター所蔵）
＊２　井置正道『ある軍人の生涯』（井置栄一の追悼録を出版する会、2006年）34頁。陸軍省調整「昭和14.3.28～14.6.30　陸軍命課通報綴　2/5」（防衛研究所戦史研究センター所蔵）には、６月５日発令とある。
＊３　井置『ある軍人の生涯』10頁。
＊４　同上、34頁。
＊５　同上、28頁。
＊６　田中雄一『ノモンハン　責任なき戦い』（講談社、2019年）211頁。
＊７　扇廣「第二十三師団捜索隊長二代の悲劇」『増刊　歴史と人物　秘史・太平洋戦争』（中央公論社、1984年12月）358頁。
＊８　石川巌「独断撤退　空白への挑戦」（朝日新聞1989年７月20日夕刊）。
＊９　井置『ある軍人の生涯』34頁。
＊10　小松原「小松原将軍日記」（７月７日）。
＊11　扇廣「ノモンハン事件　井置中佐の自決」『増刊　歴史と人物　実録・太平洋戦争』（中央公論社、1981年９月）388-389頁。その他、扇廣『私評　ノモンハン』（芙蓉書房、1986年）269頁には、工事の欠陥として、防御陣地の築城計画が悪く、工事は正面と側面だけで、後方は解放されていた、などが挙げられている。
＊12　防衛庁防衛研修所戦史室編『戦史叢書　関東軍〈1〉』（朝雲新聞社、1968年）683頁。
＊13　同上。
＊14　「関東軍命令（関作命甲第50号〔07100600〕）」（防衛省防衛研究所戦史部編『ノモンハン事件関連史料集』〔防衛省防衛研究所、2007年〕174-175頁）。
＊15　小松原「小松原将軍日記」（９月15日）。
＊16　同上、（５月29日）。
＊17　同上、（７月25日）、（８月６日）、（８月８日）。
＊18　大本営陸軍部「極秘『ノモンハン』事件処理要綱（14・７・20）」（防衛省防衛研究所戦史部編『ノモンハン事件関連史料集』189-190頁）。
＊19　関東軍参謀部第一課「ノモンハン事件機密作戦日誌（関東軍）」（防衛省防衛研究所戦史部編『ノモンハン事件関連史料集』273頁）。
＊20　防衛庁防衛研修所戦史室編『戦史叢書　関東軍〈1〉』588-589頁。

＊92　防衛庁防衛研修所戦史室編『戦史叢書　北東方面海軍作戦』644頁。
＊93　有近「奇跡作戦　キスカの撤収　其の二」200頁。
＊94　新潟県偕行会編『北海に捧げて——陸軍中将峯木十一郎追悼録——』175頁。
＊95　千早『呪われた阿波丸』138頁。
＊96　「昭和40.4　座談会『キスカ戦記について』」98頁。
＊97　有近「奇跡作戦　キスカの撤収　其の二」216頁。
＊98　「昭和二一年六月　アリューシャン作戦記録」189頁。
＊99　木村「木村昌福第一水雷戦隊司令官日記」。
＊100　防衛庁防衛研修所戦史室編『戦史叢書　大本営陸軍部〈7〉』（朝雲新聞社、1973年）64頁。
＊101　防衛庁防衛研修所戦史室編『戦史叢書　大本営海軍部・聯合艦隊〈4〉』320頁。
＊102　千早『呪われた阿波丸』139頁。
＊103　同上、140頁。
＊104　木村「木村昌福第一水雷戦隊司令官日記」。
＊105　防衛庁防衛研修所戦史室編『戦史叢書　北東方面海軍作戦』673-674頁。
＊106　二水戦司令部「昭和18.7.22〜昭和18.8.31第一水雷戦隊戦時日誌戦闘詳報」（防衛研究所戦史研究センター所蔵）148頁。

第三部

第八章

＊1　「第十方面軍関係戦史資料」（防衛研究所戦史研究センター所蔵）航空20年2月17日。
＊2　防衛庁防衛研修所戦史室編『戦史叢書　沖縄方面陸軍作戦』（朝雲新聞社、1968年）135-136頁。
＊3　陸戦史研究普及会編『陸戦史集9　沖縄作戦』（原書房、1968年）93頁。
＊4　八原博通『沖縄決戦』（読売新聞社、1975年）155頁。
＊5　陸戦史研究普及会『陸戦史集9　沖縄作戦』178頁。
＊6　同上、72頁。
＊7　同上、184-185頁。
＊8　八原『沖縄決戦』234頁。
＊9　防衛庁防衛研修所戦史室編『戦史叢書　沖縄方面陸軍作戦』460-461頁。
＊10　八原『沖縄決戦』240頁。
＊11　「昭和二〇年五月　南西諸島電報綴　其の一」（防衛研究所戦史研究センター所蔵）。
＊12　八原『沖縄決戦』255-257頁。
＊13　防衛庁防衛研修所戦史室編『戦史叢書　沖縄方面陸軍作戦』486-487頁。
＊14　同上、488-489頁。
＊15　「昭和二〇年五月　南西諸島電報綴　其の一」
＊16　防衛庁防衛研修所戦史室編『戦史叢書　沖縄方面陸軍作戦』515-516頁。
＊17　同上、530頁。
＊18　八原『沖縄決戦』287頁。
＊19　防衛庁防衛研修所戦史室編『戦史叢書　沖縄方面陸軍作戦』530-531頁。
＊20　八原『沖縄決戦』292-293頁。
＊21　防衛庁防衛研修所戦史室編『戦史叢書　沖縄方面陸軍作戦』533頁。
＊22　同上。
＊23　同上、533-534、546頁。
＊24　大本営陸軍参謀部「戦況手簿（沖縄、濠北、ビルマ、タイ、内地、中部太平洋、北方方面）昭和一九年〜二〇年」（防衛研究所戦史研究センター所蔵）107頁。

＊48　元海軍大佐有近六次「奇跡作戦　キスカの撤収　其の一」（防衛研究所戦史研究センター所蔵）43頁。
＊49　防衛庁防衛研修所戦史室編『戦史叢書　北東方面海軍作戦』614頁。
＊50　有近「奇跡作戦　キスカの撤収　其の一」46頁。
＊51　防衛庁防衛研修所戦史室編『戦史叢書　北東方面海軍作戦』605頁。
＊52　同上、611頁。
＊53　同上、614頁。
＊54　千早『呪われた阿波丸』126頁。
＊55　防衛庁防衛研修所戦史室編『戦史叢書　北東方面海軍作戦』606頁。
＊56　千早『呪われた阿波丸』126頁。
＊57　元海軍大佐有近六次「奇跡作戦　キスカの撤収　其の二」（防衛研究所戦史研究センター所蔵）108頁。
＊58　千早『呪われた阿波丸』128頁。
＊59　防衛庁防衛研修所戦史室編『戦史叢書　北東方面海軍作戦』614頁。
＊60　同上、609頁。
＊61　「昭和二一年六月　アリューシャン作戦記録」180-181頁。
＊62　木村昌福「木村昌福第一水雷戦隊司令官日記」（防衛研究所戦史研究センター所蔵）。
＊63　防衛庁防衛研修所戦史室編『戦史叢書　北東方面海軍作戦』615-616頁。
＊64　同上、617頁。
＊65　同上、618頁。
＊66　同上、619頁。
＊67　有近「奇跡作戦　キスカの撤収　其の二」136頁。
＊68　防衛庁防衛研修所戦史室編『戦史叢書　北東方面海軍作戦』619頁。
＊69　同上、620頁。
＊70　同上、627-628頁。
＊71　同上、15頁。
＊72　同上、629頁。
＊73　有近「奇跡作戦　キスカの撤収　其の二」144頁。
＊74　防衛庁防衛研修所戦史室編『戦史叢書　北東方面海軍作戦』631頁。
＊75　防衛庁防衛研修所戦史室編『戦史叢書　大本営海軍部・聯合艦隊〈4〉』319頁。
＊76　防衛庁防衛研修所戦史室編『戦史叢書　北東方面海軍作戦』633頁。
＊77　有近「奇跡作戦　キスカの撤収　其の二」163-164頁。
＊78　「昭和二一年六月　アリューシャン作戦記録」189頁。
＊79　防衛庁防衛研修所戦史室編『戦史叢書　北東方面海軍作戦』633-634頁。
＊80　同上、635-636頁。
＊81　同上、639頁。
＊82　有近「奇跡作戦　キスカの撤収　其の二」183頁。
＊83　防衛庁防衛研修所戦史室編『戦史叢書　北東方面海軍作戦』641頁。
＊84　同上、642頁。
＊85　同上、644頁。
＊86　有近「奇跡作戦　キスカの撤収　其の二」184頁。
＊87　「昭和40.4　座談会『キスカ戦記について』」（防衛研究所戦史研究センター所蔵）97頁。
＊88　防衛庁防衛研修所戦史室編『戦史叢書　北東方面海軍作戦』644頁。
＊89　木村「木村昌福第一水雷戦隊司令官日記」。
＊90　防衛庁防衛研修所戦史室編『戦史叢書　北東方面海軍作戦』644頁。
＊91　木村「木村昌福第一水雷戦隊司令官日記」。

北海守備第二地区隊（編成未完結部隊欠）、北千島要塞歩兵隊の主力、独立歩兵第三〇三大隊、船舶工兵第六連隊第二中隊、独立無線第一一中隊、司令部人員の一部、第三〇碇泊場司令部熱田支部、野戦病院の一部。
*9 防衛庁防衛研修所戦史室編『戦史叢書　北東方面海軍作戦』12頁、457頁。
*10 「昭和二一年六月　アリューシャン作戦記録」111-113頁。
*11 防衛庁防衛研修所戦史室編『戦史叢書　大本営陸軍部〈6〉』（朝雲新聞社、1973年）428-429頁。
*12 「昭和二一年六月　アリューシャン作戦記録」141頁。
*13 同上、141-142頁。
*14 同上、142-144頁。
*15 同上、146頁。
*16 防衛庁防衛研修所戦史室編『戦史叢書　大本営陸軍部〈6〉』431-433頁。
*17 同上、435頁。
*18 同上、436頁。
*19 同上、442-445頁。
*20 「昭和二一年六月　アリューシャン作戦記録」157頁。
*21 防衛庁防衛研修所戦史室編『戦史叢書　大本営陸軍部〈6〉』449頁。
*22 同上、451-452頁。
*23 海軍大佐佐薙毅「S17.6.1～18.5.19 軍令部作戦日記（佐薙日記抜萃）」（防衛研究所戦史研究センター所蔵）。
*24 防衛庁防衛研修所戦史室編『戦史叢書　大本営陸軍部〈6〉』455-457頁。
*25 軍事史学会編『大本営陸軍部戦争指導班　機密戦争日誌上』（錦正社、1998年）385頁。
*26 防衛庁防衛研修所戦史室編『戦史叢書　大本営陸軍部〈6〉』456頁。
*27 防衛庁防衛研修所戦史室編『戦史叢書　大本営海軍部・聯合艦隊〈4〉』（朝雲新聞社、1970年）285頁。
*28 防衛庁防衛研修所戦史室編『戦史叢書　大本営陸軍部〈6〉』458-459頁。
*29 同上、462頁。
*30 同上、477頁。
*31 「昭和二一年六月　アリューシャン作戦記録」162-163頁。
*32 防衛庁防衛研修所戦史室編『戦史叢書　大本営陸軍部〈6〉』465頁。
*33 防衛庁防衛研修所戦史室編『戦史叢書　北東方面海軍作戦』567頁。
*34 「昭和二一年六月　アリューシャン作戦記録」165-166頁。
*35 米側資料によるとアッツ島の地上戦で日本軍は戦死2351名、捕虜28名を出した（米軍は上陸兵1万1000名中戦死者約600名、傷者1200名）。（防衛庁防衛研修所戦史室編『戦史叢書　北東方面陸軍作戦〈1〉』〔朝雲新聞社、1968年〕457頁）
*36 新潟県偕行会編『北海に捧げて――陸軍中将峯木十一郎追悼録――』159頁。
*37 「昭和二一年六月　アリューシャン作戦記録」204頁。
*38 防衛庁防衛研修所戦史室編『戦史叢書　北東方面海軍作戦』565頁。
*39 防衛庁防衛研修所戦史室編『戦史叢書　北東方面陸軍作戦〈1〉』467頁。
*40 「昭和二一年六月　アリューシャン作戦記録」175-177頁。
*41 千早正隆『呪われた阿波丸』（文藝春秋新社、1961年）128頁。
*42 防衛庁防衛研修所戦史室編『戦史叢書　北東方面海軍作戦』568頁。
*43 新潟県偕行会編『北海に捧げて――陸軍中将峯木十一郎追悼録――』160頁。
*44 防衛庁防衛研修所戦史室編『戦史叢書　北東方面海軍作戦』604-606頁。
*45 「北方方面の作戦」（防衛研究所戦史研究センター所蔵）。
*46 「昭和二一年六月　アリューシャン作戦記録」180頁。
*47 新潟県偕行会編『北海に捧げて――陸軍中将峯木十一郎追悼録――』164頁。

＊70　防衛庁防衛研修所戦史室編『戦史叢書　インパール作戦』582頁。
＊71　同上、593頁。
＊72　陸戦史研究普及会編『陸戦史集17　インパール作戦下巻』（原書房、1969年）163-164頁。
＊73　防衛庁防衛研修所戦史室編『戦史叢書　インパール作戦』589頁。
＊74　同上、595頁。
＊75　河辺「緬甸日記抄録　河辺正三回想手記　昭18.3.18〜19.10.5」昭和19年6月25日。
＊76　「米軍に提出したビルマ作戦関係資料」4頁。
＊77　防衛庁防衛研修所戦史室編『戦史叢書　インパール作戦』607頁。
＊78　河辺「緬甸日記抄録　河辺正三回想手記　昭18.3.18〜19.10.5」昭和19年6月30日。
＊79　同上、昭和19年6月26日。
＊80　防衛庁防衛研修所戦史室編『戦史叢書　インパール作戦』607頁。
＊81　同上、608頁。
＊82　防衛庁防衛研修所戦史室編『戦史叢書　大本営陸軍部〈8〉』519頁。
＊83　同上、520頁。
＊84　河辺「緬甸日記抄録　河辺正三回想手記　昭18.3.18〜19.10.5」昭和19年6月30日。
＊85　防衛庁防衛研修所戦史室編『戦史叢書　大本営陸軍部〈8〉』521頁。
＊86　同上、521-522頁。
＊87　河辺「緬甸日記抄録　河辺正三回想手記　昭18.3.18〜19.10.5」昭和19年7月3日。
＊88　同上。
＊89　「米軍に提出したビルマ作戦関係資料」6頁。
＊90　防衛庁防衛研修所戦史室編『戦史叢書　大本営陸軍部〈8〉』523頁。
＊91　陸戦史研究普及会編『陸戦史集17　インパール作戦下巻』157-158頁。
＊92　同上、170-171頁。
＊93　同上、173-176頁。
＊94　同上、179-180頁。
＊95　同上、158-161頁。
＊96　同上、182頁。
＊97　同上、189-190頁。
＊98　陸戦史研究普及会編『陸戦史集17　インパール作戦下巻』（原書房、1969年）191-194頁。
＊99　河辺「緬甸日記抄録　河辺正三回想手記　昭18.3.18〜19.10.5」昭和19年8月29日。
＊100　陸戦史研究普及会編『陸戦史集17　インパール作戦下巻』203-206頁。

第七章

＊1　「昭和二一年六月　アリューシャン作戦記録」（防衛研究所戦史研究センター所蔵）11頁。
＊2　同上、55-56頁。
＊3　防衛庁防衛研修所戦史室編『戦史叢書　北東方面海軍作戦』（朝雲新聞社、1969年）6頁。
＊4　「昭和二一年六月　アリューシャン作戦記録」54頁。
＊5　新潟県偕行会編『北海に捧げて――陸軍中将峯木十一郎追悼録――』（新潟県偕行会、1981年）155頁。
＊6　「昭和二一年六月　アリューシャン作戦記録」62-63頁。
＊7　第一地区隊（北海守備第一地区隊長　佐藤政治大佐）
北海守備第一地区隊（編成未完部隊欠）、独立歩兵第三〇一大隊、独立歩兵第三〇二大隊、独立野戦高射砲第二二中隊、独立野戦高射砲第三二中隊、船舶工兵小隊、司令部人員の一部、第三〇碇泊場司令部キスカ支部。
＊8　第二地区隊（北海守備第二地区隊長　山崎保代大佐）

＊27　同上、394頁。
＊28　小口「インパール作戦の梗概とその兵站的観察（2）」94頁。
＊29　防衛庁防衛研修所戦史室編『戦史叢書　インパール作戦』193-194頁。
＊30　防衛庁防衛研修所戦史室『戦史叢書　大本営陸軍部〈8〉』（朝雲新聞社、1974年）297頁。
＊31　同上、250-251頁。
＊32　田中信男「インパール作戦史的観察」（防衛研究所戦史研究センター所蔵）9頁。
＊33　防衛庁防衛研修所戦史室編『戦史叢書　インパール作戦』411頁。
＊34　高木俊朗『抗命』（文藝春秋、1966年）125頁。
＊35　片倉『インパール作戦秘史』148頁。
＊36　防衛庁防衛研修所戦史室編『戦史叢書　インパール作戦』620頁。
＊37　牟田口廉也「不破事務官の質問に対する回答文」不破博『ビルマ関係重要来簡綴』（防衛研究所戦史研究センター所蔵）。
＊38　防衛庁防衛研修所戦史室編『戦史叢書　インパール作戦』623頁。
＊39　同上、621頁。
＊40　同上、622-623頁。
＊41　吉川「インパール作戦における連合軍の戦略（2）」79頁。
＊42　防衛庁防衛研修所戦史室編『戦史叢書　大本営陸軍部〈8〉』300頁。
＊43　河辺「緬甸日記抄録　河辺正三回想手記　昭18.3.18～19.10.5」昭和19年4月16日。
＊44　同上、昭和19年4月17日。
＊45　防衛庁防衛研修所戦史室編『戦史叢書　インパール作戦』507-508頁。
＊46　河辺「緬甸日記抄録　河辺正三回想手記　昭18.3.18～19.10.5」昭和19年4月19日。
＊47　片倉『インパール作戦秘史』183頁。
＊48　後勝『ビルマ戦記』（日本出版協同、1953年）30頁。
＊49　河辺正三「大東亜戦争ビルマ方面　緬甸日記抄録」昭和19年4月27日（防衛研究所戦史研究センター所蔵）。
＊50　豊田穣『名将宮崎繁三郎』（光人社、1986年）194頁。
＊51　防衛庁防衛研修所戦史室編『戦史叢書　インパール作戦』525-526頁。
＊52　同上、528頁。
＊53　同上、529頁。
＊54　防衛庁防衛研修所戦史室編『戦史叢書　大本営陸軍部〈8〉』441頁。
＊55　河辺「緬甸日記抄録　河辺正三回想手記　昭18.3.18～19.10.5」昭和19年5月2日。
＊56　片倉『インパール作戦秘史』185頁。
＊57　「後勝少佐回想録（緬甸戦史）」（防衛研究所戦史研究センター所蔵）35頁。
＊58　防衛庁防衛研修所戦史室編『戦史叢書　大本営陸軍部〈8〉』441-442頁。
＊59　読売新聞社編『昭和史の天皇9』（読売新聞社、1969年）114-115頁。
＊60　吉川「インパール作戦における連合軍の戦略（2）」80頁。
＊61　「昭和18.4.11～19.7.31　河邊正三大将日記　4/5」昭和19年5月21日（防衛研究所戦史研究センター所蔵）32頁。
＊62　佐藤幸徳「烈兵団作戦概要」（防衛研究所戦史研究センター所蔵）。
＊63　防衛庁防衛研修所戦史室編『戦史叢書　インパール作戦』560-561頁。
＊64　河辺「緬甸日記抄録　河辺正三回想手記　昭18.3.18～19.10.5」昭和19年6月5日。
＊65　「米軍に提出したビルマ作戦関係資料」（防衛研究所戦史研究センター所蔵）4頁。
＊66　牟田口廉也「イムパール作戦回想録　其の二」（防衛研究所戦史研究センター所蔵）201頁。
＊67　「米軍に提出したビルマ作戦関係資料」（防衛研究所戦史研究センター所蔵）4頁。
＊68　防衛庁防衛研修所戦史室編『戦史叢書　インパール作戦』579頁。
＊69　陸戦史研究普及会編『陸戦史集17　インパール作戦下巻』（原書房、1969年）163頁。

＊52　宮崎「ガ島作戦秘録」（ザンガイ録）133-134頁。
＊53　山本筑郎『ガダルカナル島作戦に於ける百武十七軍敗北の真相』（非売品、1989年）103-104頁。
＊54　同上、106頁。
＊55　防衛庁防衛研修所戦史室編『戦史叢書　南太平洋陸軍作戦〈2〉』489頁。
＊56　山本『ガダルカナル島作戦に於ける百武十七軍敗北の真相』107頁。
＊57　防衛庁防衛研修所戦史室編『戦史叢書　南太平洋陸軍作戦〈2〉』493-494頁。
＊58　軍事史学会編『大本営陸軍部作戦部長　宮崎周一中将日誌』（錦正社、2003年）376頁。
＊59　防衛庁防衛研修所戦史室編『戦史叢書　南太平洋陸軍作戦〈2〉』503-507頁。
＊60　陸戦史研究普及会編『陸戦史集22　ガダルカナル島作戦』（原書房、1971年）236頁。
＊61　防衛庁防衛研修所戦史室編『戦史叢書　大本営海軍部・聯合艦隊〈3〉』516-517頁。
＊62　東久邇稔彦『東久邇日記　日本激動期の秘録』（徳間書店、1968年）115頁。

第六章

＊1　不破博「ビルマ防衛戦略の考察」『軍事史学』（第6巻第1号　通巻第21号）26頁。
＊2　防衛庁防衛研修所戦史室編『戦史叢書　インパール作戦』（朝雲新聞社、1969年）98-99頁。
＊3　河辺正三「緬甸日記抄録　河辺正三回想手記　昭18.3.18～19.10.5」昭和18年6月6日（防衛研究所戦史研究センター所蔵）。
＊4　片倉衷『インパール作戦秘史』（経済往来社、1975年）59頁。
＊5　「稲田正純昭南日記〈2〉」（防衛研究所戦史研究センター所蔵）288-292頁。
＊6　河辺正三「大東亜戦争ビルマ方面　緬甸日記抄録」昭和18年6月28日（防衛研究所戦史研究センター所蔵）。
＊7　防衛庁防衛研修所戦史室編『戦史叢書　インパール作戦』119-120頁。
＊8　同上、121頁。
＊9　同上、124-125頁。
＊10　同上、126頁。
＊11　片倉『インパール作戦秘史』121頁。
＊12　同上、122-124頁。
＊13　吉川正治「インパール作戦における連合軍の戦略（1）」『幹部学校記事』（昭和32年11月第5巻通巻第50号）63-64頁。
＊14　吉川正治「インパール作戦における連合軍の戦略（2）」『幹部学校記事』（昭和32年12月第5巻通巻第51号）73頁。
＊15　同上、75-76頁。防衛庁防衛研修所戦史室編『戦史叢書　インパール作戦』355頁。
＊16　防衛庁防衛研修所戦史室編『戦史叢書　インパール作戦』353頁。
＊17　吉川「インパール作戦における連合軍の戦略（2）」75頁。
＊18　防衛庁防衛研修所戦史室編『戦史叢書　インパール作戦』192頁。
＊19　片倉『インパール作戦秘史』124頁。
＊20　防衛庁防衛研修所戦史室編『戦史叢書　インパール作戦』390頁。
＊21　同上、391頁。
＊22　陸戦史研究普及会編『陸戦史集17　インパール作戦上巻』（原書房、1969年）166頁。
＊23　小口徳二「インパール作戦の梗概とその兵站的観察（2）」『幹部学校記事』（昭和32年2月第5巻通巻第41号）88頁。
＊24　同上、90頁。
＊25　小口徳二「インパール作戦の梗概とその兵站的観察（3・完）」『幹部学校記事』（昭和32年3月第5巻通巻第42号）42-44頁。
＊26　防衛庁防衛研修所戦史室編『戦史叢書　インパール作戦』393頁。

＊8　木俣滋郎『日本空母戦史』（図書出版社、1977年）415頁。
＊9　小沼治夫「ガ島における第17軍の作戦」（防衛研究所戦史研究センター所蔵）266頁。
＊10　野村実編『侍従武官城英一郎日記』（山川出版社、1982年）207頁。
＊11　宇垣纏『戦藻録』（原書房、1968年）244頁。
＊12　防衛庁防衛研修所戦史室編『戦史叢書　南太平洋陸軍作戦〈2〉』421頁。
＊13　瀬島竜三「ガ島撤収作戦について」（防衛研究所戦史研究センター所蔵）。
＊14　防衛庁防衛研修所戦史室編『戦史叢書　南太平洋陸軍作戦〈2〉』425頁。
＊15　同上、422頁。
＊16　防衛庁防衛研修所戦史室編『戦史叢書　大本営海軍部・聯合艦隊〈3〉』481頁。
＊17　防衛庁防衛研修所戦史室編『戦史叢書　南太平洋陸軍作戦〈2〉』425頁。
＊18　同上、426頁。
＊19　同上、426-427頁。
＊20　同上、427頁。
＊21　同上、427-428頁。
＊22　防衛庁防衛研修所戦史室編『戦史叢書　大本営海軍部・聯合艦隊〈3〉』487頁。
＊23　防衛庁防衛研修所戦史室編『戦史叢書　南太平洋陸軍作戦〈2〉』428頁。
＊24　同上。
＊25　防衛庁防衛研修所戦史室編『戦史叢書　大本営陸軍部〈5〉』（朝雲新聞社、1973年）528頁。
＊26　宇垣『戦藻録』263頁。
＊27　防衛庁防衛研修所戦史室編『戦史叢書　大本営陸軍部〈5〉』532-534頁。
＊28　同上、554-555頁。
＊29　防衛庁防衛研修所戦史室編『戦史叢書　南太平洋陸軍作戦〈2〉』429頁。
＊30　同上、431-432頁。
＊31　防衛庁防衛研修所戦史室編『戦史叢書　大本営陸軍部〈5〉』545-546頁。
＊32　防衛庁防衛研修所戦史室編『戦史叢書　南太平洋陸軍作戦〈2〉』433頁。
＊33　同上、434-435頁。
＊34　井本熊男『大東亜戦争作戦日誌』（芙蓉書房出版、1998年）243-244頁。
＊35　同上、249頁。
＊36　防衛庁防衛研修所戦史室編『戦史叢書　南太平洋陸軍作戦〈2〉』436-437頁。
＊37　「再検討ガダルカナル」『増刊歴史と人物　実録・太平洋戦争』（中央公論社、1981年9月）130頁。
＊38　防衛庁防衛研修所戦史室編『戦史叢書　南太平洋陸軍作戦〈2〉』439頁。
＊39　「眞田穰一郎少将日記　昭和17.11.20～17.12.27 No.10」（防衛研究所戦史研究センター所蔵）。
＊40　防衛庁防衛研修所戦史室編『戦史叢書　南太平洋陸軍作戦〈2〉』440頁。
＊41　同上、441頁。
＊42　「眞田穰一郎少将日記　昭和17.12.28～18.2.15 No.11」1頁。
＊43　「嶋田繁太郎大将備忘録第五　自昭和16年4月至昭和19年5月」（防衛研究所戦史研究センター所蔵）。
＊44　坪島『草水——坪島文雄の生涯——』152頁。
＊45　防衛庁防衛研修所戦史室編『戦史叢書　南太平洋陸軍作戦〈2〉』443頁。
＊46　同上、444-445頁。
＊47　同上、454頁。
＊48　同上、453頁。
＊49　同上、446-450頁。
＊50　同上、454-456頁。
＊51　同上、458頁。

＊23　同上、338頁。
＊24　同上、361-362頁。
＊25　同上、363頁。
＊26　Doerr, *Der Feldzug Nach Stalingrad*, p. 95.
＊27　前原透「パウルス元帥と第6軍（4・完）スターリングラードへの道」（『陸戦研究』1974年4月、第22巻第247号）39頁。
＊28　ゲ・カ・ジューコフ著・清川勇吉・相場正三久・大沢正訳『ジューコフ元帥回想録』（朝日新聞社、1970年）343頁。
＊29　マンシュタイン『失われた勝利』371-372頁。
＊30　前原「パウルス元帥と第6軍（4・完）スターリングラードへの道」41頁。
＊31　マンシュタイン『失われた勝利』373頁。
＊32　同上、375頁。
＊33　同上、377頁。
＊34　同上、380-381頁。
＊35　同上、384頁。
＊36　前原「パウルス元帥と第6軍（4・完）スターリングラードへの道」44-45頁。
＊37　マンシュタイン『失われた勝利』386頁。
＊38　同上、390-391頁。
＊39　同上、392頁。
＊40　Doerr, *Der Feldzug Nach Stalingrad*, p. 114.
＊41　ジューコフ『ジューコフ元帥回想録』348頁。
＊42　マンシュタイン『失われた勝利』394-395頁。
＊43　Doerr, *Der Feldzug Nach Stalingrad*, p. 108-113.
＊44　マンシュタイン『失われた勝利』396頁。
＊45　同上、398頁。
＊46　同上、400頁。
＊47　同上、402頁。
＊48　Doerr, *Der Feldzug Nach Stalingrad*, p. 116.
＊49　Ibid., p. 118.
＊50　前原「パウルス元帥と第6軍（4・完）スターリングラードへの道」49-50頁。
＊51　同上、51-52頁。
＊52　Doerr, *Der Feldzug Nach Stalingrad*, p. 118.

第二部

第五章

＊1　坪島茂彦『草水――坪島文雄の生涯――』（私家版、2000年）152頁。
＊2　伊藤隆・廣橋眞光・片島紀男編『東條内閣総理大臣機密記録』（東京大学出版会、1990年）112頁。
＊3　「作戦関係重要書類綴　第2巻　自昭和17.1～至昭和17.12」（防衛研究所戦史研究センター所蔵）
＊4　防衛庁防衛研修所戦史室編『戦史叢書　大本営海軍部・聯合艦隊〈3〉』（朝雲新聞社、1974年）516頁。
＊5　井本熊男『作戦日誌で綴る大東亜戦争』（芙蓉書房、1979年）227頁。
＊6　宮崎周一「ガ島作戦秘録」（ザンガイ録）（防衛研究所戦史研究センター所蔵）77頁。
＊7　防衛庁防衛研修所戦史室編『戦史叢書　南太平洋陸軍作戦（2）』（朝雲新聞社、1969年）420頁。

＊50　マッカーサー『マッカーサー回想記〈下〉』274-275頁。
＊51　同上、276-277頁。
＊52　トルーマン『トルーマン回顧録２』285-286頁。
＊53　マッカーサー『マッカーサー回想記〈下〉』278頁。
＊54　陸戦史研究普及会編『陸戦史集21（朝鮮戦争６）中共軍の攻勢』188頁。
＊55　佐々木『朝鮮戦争／韓国篇〈下〉』449頁。
＊56　マッカーサー『マッカーサー回想記〈下〉』279頁。
＊57　陸戦史研究普及会編『陸戦史集21（朝鮮戦争６）中共軍の攻勢』218頁。
＊58　同上、219頁。
＊59　トルーマン『トルーマン回顧録２』288-289頁。
＊60　陸戦史研究普及会編『陸戦史集21（朝鮮戦争６）中共軍の攻勢』234頁。
＊61　佐々木『朝鮮戦争／韓国篇〈下〉』450頁。
＊62　トルーマン『トルーマン回顧録２』293-295頁。
＊63　マッカーサー『マッカーサー回想記〈下〉』280-284頁。
＊64　袖井『マッカーサーの二千日』329頁。

第四章

＊１　ピーター・ヤング著・加登川幸太郎監修『第二次世界大戦通史　全作戦図と戦況』（原書房、1981年）192頁。
＊２　前原透「パウルス元帥と第６軍（2）スターリングラードへの道」（『陸戦研究』1974年２月、第22巻第245号）67頁。
＊３　同上、68-69頁。
＊４　Hams. Doerr, *Der Feldzug Nach Stalingrad*（Darmstalt: E. S. Mittler & Sohn Gmbh. 1955), p. 125.
＊５　Ibid., p. 127.
＊６　前原「パウルス元帥と第６軍（2）スターリングラードへの道」80頁。
＊７　同上、81頁。
＊８　前原透「パウルス元帥と第６軍（1）」（『陸戦研究』1974年１月、第22巻第244号）73頁。
＊９　加登川幸太郎「史伝ワシリー・イヴァノヴィッチ・チュイコフ」（『陸戦研究』1983年４月、第31巻第355号）36-37頁。
＊10　同上、38-39頁。
＊11　Doerr, *Der Feldzug Nach Stalingrad*, p. 52-53.
＊12　前原「パウルス元帥と第６軍（2）スターリングラードへの道」85頁。
＊13　同上。
＊14　加登川幸太郎『史伝』（陸戦学会、1995年）364-366、368頁。
＊15　Doerr, *Der Feldzug Nach Stalingrad*, p. 70.
＊16　Ibid., p. 69-70.
＊17　Ibid., p. 70.
＊18　前原透「パウルス元帥と第６軍（3）スターリングラードへの道」（『陸戦研究』1974年３月、第22巻第246号）66頁。
＊19　エリッヒ・フォン・マンシュタイン著・本郷健訳『失われた勝利』（フジ出版社、1980年）341頁。
＊20　Doerr, *Der Feldzug Nach Stalingrad*, p. 74-75.
＊21　前原「パウルス元帥と第６軍（3）スターリングラードへの道」71頁。
＊22　マンシュタイン『失われた勝利』333-334頁。

252頁。
＊5　トルーマン『トルーマン回顧録２』264頁。
＊6　マッカーサー『マッカーサー回想記〈下〉』254頁。
＊7　袖井『マッカーサーの二千日』324-325頁。
＊8　マッカーサー『マッカーサー回想記〈下〉』254頁。
＊9　同上、256頁。
＊10　トルーマン『トルーマン回顧録２』265頁。
＊11　同上、269-270頁。
＊12　マッカーサー『マッカーサー回想記〈下〉』260頁。
＊13　A・V・トルクノフ著・下斗米伸夫訳『朝鮮戦争の謎と真実』（草思社、2001年）175-176頁。
＊14　袖井『マッカーサーの二千日』327頁。
＊15　トルーマン『トルーマン回顧録２』275頁。
＊16　マッカーサー『マッカーサー回想記〈下〉』264頁。
＊17　トルーマン『トルーマン回顧録２』275頁。
＊18　陸戦史研究普及会編『陸戦史集21（朝鮮戦争６）中共軍の攻勢』４頁。
＊19　同上、７頁。
＊20　佐々木春隆『朝鮮戦争／韓国篇〈下〉』（原書房、1977年）434頁。
＊21　陸戦史研究普及会編『陸戦史集21（朝鮮戦争６）中共軍の攻勢』8-9頁。
＊22　同上、19-20頁。
＊23　同上、22-23頁。
＊24　佐々木『朝鮮戦争／韓国篇〈下〉』436頁。
＊25　同上、437頁。
＊26　陸戦史研究普及会編『陸戦史集21（朝鮮戦争６）中共軍の攻勢』25-26頁。
＊27　同上、34頁。
＊28　同上、36頁。
＊29　同上、48-49頁。
＊30　同上、50頁。
＊31　同上、177頁。
＊32　マッカーサー『マッカーサー回想記〈下〉』266-267頁。
＊33　同上、268頁。
＊34　トルーマン『トルーマン回顧録２』280-281頁。
＊35　陸戦史研究普及会編『陸戦史集21（朝鮮戦争６）中共軍の攻勢』98-99頁。
＊36　同上、92頁。
＊37　同上、186-187頁。
＊38　トルーマン『トルーマン回顧録２』281頁。
＊39　陸戦史研究普及会編『陸戦史集21（朝鮮戦争６）中共軍の攻勢』112頁。
＊40　同上、127頁。
＊41　マッカーサー『マッカーサー回想記〈下〉』269頁。
＊42　トルーマン『トルーマン回顧録２』280頁。
＊43　陸戦史研究普及会編『陸戦史集21（朝鮮戦争６）中共軍の攻勢』144-145頁。
＊44　同上、182-183頁。
＊45　同上、195頁。
＊46　マッカーサー『マッカーサー回想記〈下〉』276頁。
＊47　陸戦史研究普及会編『陸戦史集21（朝鮮戦争６）中共軍の攻勢』200-201頁。
＊48　同上、205頁。
＊49　トルーマン『トルーマン回顧録２』285頁。

うちの約14万5000名が病気によるものとしている。

第二章

＊1　A・J・バーカー著・小城正訳『ダンケルクの奇跡』（早川書房、1980年）50頁。
＊2　W・S・チャーチル・佐藤亮一訳『第二次世界大戦　上』（河出書房新社、1972年）201頁。
＊3　バーカー『ダンケルクの奇跡』54頁。
＊4　同上、61-62頁。
＊5　同上、63頁。
＊6　チャーチル『第二次世界大戦　上』254頁。
＊7　同上、256-258頁。
＊8　バーカー『ダンケルクの奇跡』69頁。
＊9　同上。
＊10　チャーチル『第二次世界大戦　上』259頁。
＊11　同上。
＊12　ピーター・ヤング著・加登川幸太郎監修『第二次世界大戦通史　全作戦図と戦況』（原書房、1981年）40頁。
＊13　バーカー『ダンケルクの奇跡』65-66頁。
＊14　同上、70頁。
＊15　同上、76-78頁。
＊16　チャーチル『第二次世界大戦　上』260-267頁。
＊17　同上、261-262頁。
＊18　ヤング『第二次世界大戦通史　全作戦図と戦況』39-40頁。
＊19　チャーチル『第二次世界大戦　上』262-263頁。
＊20　同上、268頁。
＊21　同上、266頁。
＊22　バーカー『ダンケルクの奇跡』88頁。
＊23　同上、89頁。
＊24　チャーチル『第二次世界大戦　上』268-269頁。
＊25　同上、270頁。
＊26　バーカー『ダンケルクの奇跡』90-91頁。
＊27　チャーチル『第二次世界大戦　上』270、273頁。
＊28　同上、278-279頁。
＊29　チャーチル『第二次世界大戦　上』275頁。
＊30　ヤング『第二次世界大戦通史　全作戦図と戦況』41頁。
＊31　チャーチル『第二次世界大戦　上』279-282頁。
＊32　同上、283頁。
＊33　ヤング『第二次世界大戦通史　全作戦図と戦況』41頁。
＊34　チャーチル『第二次世界大戦　上』284頁。

第三章

＊1　陸戦史研究普及会編『陸戦史集21（朝鮮戦争6）中共軍の攻勢』（原書房、1971年）3頁。
＊2　袖井林二郎『マッカーサーの二千日』（中央公論社、1974年）324頁。
＊3　ハリー・S・トルーマン著・堀江芳孝訳『トルーマン回顧録2』（恒文社、1966年）244頁。
＊4　ダグラス・マッカーサー著・津島一夫訳『マッカーサー回想記〈下〉』（朝日新聞社、1964年）

＊29　同上、33-36頁。
＊30　ムーアヘッド『ガリポリ』418頁。
＊31　同上、419頁。
＊32　同上、419-420頁。
＊33　チャーチル『世界大戦　第四巻』425-427頁。
＊34　ムーアヘッド『ガリポリ』424頁。
＊35　チャーチル『世界大戦　第四巻』438頁。
＊36　ムーアヘッド『ガリポリ』423頁。
＊37　同上、424-425頁。
＊38　同上、435-436頁。
＊39　『欧州戦史叢書　第三二巻　ダーダネルスニ対スル英仏軍ノ作戦（巻二）』36頁。
＊40　ムーアヘッド『ガリポリ』437頁。
＊41　同上、439-440頁。
＊42　チャーチル『世界大戦　第四巻』441頁。
＊43　ムーアヘッド『ガリポリ』442頁。
＊44　チャーチル『世界大戦　第四巻』447-448頁。
＊45　ムーアヘッド『ガリポリ』448頁。
＊46　チャーチル『世界大戦　第四巻』454頁。
＊47　ムーアヘッド『ガリポリ』443-444頁。
＊48　チャーチル『世界大戦　第四巻』457頁。
＊49　同上、459-460頁。
＊50　ムーアヘッド『ガリポリ』449-450頁。
＊51　チャーチル『世界大戦　第四巻』447-450頁。
＊52　ムーアヘッド『ガリポリ』450頁。
＊53　同上、451-452頁。
＊54　同上、453頁。
＊55　同上。
＊56　同上、441頁。
＊57　チャーチル『世界大戦　第四巻』471-473頁。
＊58　ムーアヘッド『ガリポリ』457頁。
＊59　同上、459-461頁。
＊60　チャーチル『世界大戦　第四巻』473-474頁。
＊61　ムーアヘッド『ガリポリ』463頁。
＊62　チャーチル『世界大戦　第四巻』478頁。
＊63　ムーアヘッド『ガリポリ』463頁。
＊64　チャーチル『世界大戦　第四巻』478-479頁。
＊65　同上、481-482頁。
＊66　同上、485-486頁。
＊67　同上、486-488頁。
＊68　田尻『千九百十五年　ガリポリに於ける上陸作戦』306頁。
＊69　『欧州戦史叢書　第三二巻　ダーダネルスニ対スル英仏軍ノ作戦（巻二）』38-40頁。
＊70　同上、41-42頁。
＊71　同上、42-48頁。
＊72　Dr Phylomena Badsey MA「The Unexpected British Medical Emergency in the Gallipoli Campaign 1915-1916」『令和元年度戦争史研究国際フォーラム報告書』（防衛研究所、2019年）。フィロミーナ・バズイー氏は、ガリポリにおけるイギリス側の死傷者は21万3000名とし、その

注

はしがき

＊1　クラウゼヴィッツ著・篠田英雄訳『戦争論（上）』（岩波書店、1968年）28頁。
＊2　村川堅太郎責任編集『世界の名著5　ヘロドトス　トゥキュディデス』（中央公論社、1991年）331頁。

第一部

第一章

＊1　『欧州戦史叢書　第三一巻　ダーダネルスニ対スル英仏軍ノ作戦（巻一）』（偕行社本部、1919年）（防衛研究所戦史研究センター所蔵）39頁。
＊2　同上、40-41頁。
＊3　リデル・ハート著・上村達雄訳『第一次世界大戦　上』（中央公論新社、2000年）298頁。
＊4　ウィンストン・チャーチル著・広瀬将・村上啓夫・内山賢次訳『世界大戦　第四巻』（非凡閣、1937年）64頁。
＊5　同上、61頁。
＊6　リデル・ハート『第一次世界大戦　上』298頁。
＊7　『欧州戦史叢書　第三一巻　ダーダネルスニ対スル英仏軍ノ作戦（巻一）』53-55頁。
＊8　同上、63頁。
＊9　同上、93頁。
＊10　同上、93-102頁。
＊11　チャーチル『世界大戦　第四巻』219-225頁。
＊12　同上、237頁。
＊13　同上、238-239頁。
＊14　同上、294-296頁。
＊15　同上、328-329頁。
＊16　『欧州戦史叢書　第三二巻　ダーダネルスニ対スル英仏軍ノ作戦（巻二）』（偕行社本部、1919年）（防衛研究所戦史研究センター所蔵）12頁。
＊17　同上、19-22頁。
＊18　同上、28-29頁。
＊19　チャーチル『世界大戦　第四巻』366-368頁。
＊20　『欧州戦史叢書　第三二巻　ダーダネルスニ対スル英仏軍ノ作戦（巻二）』29頁。
＊21　同上、30頁。
＊22　同上、31-32頁。
＊23　アラン・ムーアヘッド著・小城正訳『ガリポリ』（フジ出版社、1986年）401頁。
＊24　同上、411頁。
＊25　チャーチル『世界大戦　第四巻』371-374頁。
＊26　ムーアヘッド『ガリポリ』412頁。
＊27　田尻昌次『千九百十五年　ガリポリに於ける上陸作戦』（織田書店、1929年）295頁。
＊28　『欧州戦史叢書　第三二巻　ダーダネルスニ対スル英仏軍ノ作戦（巻二）』7-11頁。

主要人物一覧

（数字は各章初出頁、2-54は第二章54頁を表す）

齋藤達志（さいとう・たつし）

1964年生まれ。陸上自衛隊普通科２佐（再任用）、1987年、防衛大学校卒業、2010年、早稲田大学大学院社会科学研究科修了（学術修士）。陸上自衛隊第一線部隊、幹部学校指揮幕僚課程、筑波大学研究生（史学）、富士学校、幹部学校で戦術・戦史教官として勤務、現在、防衛省防衛研究所戦史研究センター所員として戦史研究・教育、史料室業務（認証アーキビスト）を担当。専門は近代日本軍事史、戦略・作戦・戦闘、戦史研究、陸軍大学校、旧軍の公文書管理など論文多数。「西南戦争にみる日本陸軍統帥機関の成立過程とその苦悩」（『軍事史学』第52巻第３号（2016年12月））で2017年、軍事史学会「阿南・高橋学術奨励賞」受賞、ほかにロバート・レッキー『南太平洋戦記――ガダルカナルからペリリューへ』（中央公論新社、2014年）の解説を務めた。

撤退戦《てったいせん》――戦史《せんし》に学《まな》ぶ決断《けつだん》の時機《じき》と方策《ほうさく》

2022年８月10日　初版発行
2022年11月30日　再版発行

著　者　齋藤《さいとう》 達志《たつし》

発行者　安 部 順 一

発行所　中央公論新社
〒100-8152　東京都千代田区大手町1-7-1
電話　販売 03-5299-1730　編集 03-5299-1740
URL https://www.chuko.co.jp/

印　刷　図書印刷
製　本　大口製本印刷

Published by CHUOKORON-SHINSHA, INC.
Printed in Japan　ISBN978-4-12-005558-4 C0020

地図作成／高木真木　DTP・地図作成／市川真樹子